Vorsprung beim Bauen

Tradition und Fortschritt

Seit über 125 Jahren sind wir erfolgreich als Bauunternehmen tätig. Heute bieten wir unseren Kunden alles zur Erstellung seines Traumhauses Erforderliche aus einer Hand an.

Als Hochbau- und Tiefbauunternehmen leisten wir neben Erd- und Kanalisationsarbeiten, Straßenbau und Betonspurwegebau auch den Massiv-Fertigteilbau von schlüsselfertigen Häusern, Ausbauhäusern oder begleiten Sie beim Selbstbau Ihres Eigenheimes.

Unterstützt werden wir darin von unserem güteüberwachten Beton- und Fertigteilwerk. Hier stellen wir auf einem Firmenareal von über 6 ha Hohlwände, Plattendecken, Liapor-Massivwände, Liapor-Steine, Beton-Fertigtreppen, Beton-Hohlblocksteine, Beton-Schalungssteine sowie Spurwegplatten und Transportbeton her. Die hohe Fertigungstiefe und unser 30 Fahrzeuge umfassender Fuhrpark, davon allein 15 LKW's, garantieren Ihnen einen raschen Baufortschritt und hohe Flexibilität in der Planung.

Unser Planungsteam besteht aus hochqualifizierten Fachkräften, Architekten und Bauingenieuren, die Sie kompetent beraten und bei der Erstellung Ihres Traumhauses individuell betreuen.

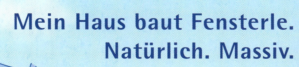

**Mein Haus baut Fensterle.
Natürlich. Massiv.**

Fensterle Bauunternehmen GmbH
Fensterle Beton- und Fertigteilwerk GmbH
Schwarzachstraße 14
88521 Ertingen
Tel.: 0 73 71 / 95 00 - 0
Fax: 0 73 71 / 95 00 - 59
www.fensterle.de
eMail: info@fensterle.de

MINDESTENS HALTBAR BIS: DEZEMBER 2100.

Massivbau mit Beton. Es lohnt sich, darüber nachzudenken.

InformationsZentrum Beton

Mehr Information zum Thema „Bauen mit Beton":
Süd Zement Marketing GmbH, Gerhard-Koch-Str. 2-4, 73760 Ostfildern, Tel. 07 11 / 3 27 32-200
E-Mail: info@suedzement.de, Internet: www.betonmarketing.de

Beton

DIE EIGENEN VIER WÄNDE ZUM PREIS VON DREIEN.

Kostengünstiger Wohnungsbau mit Beton. Es lohnt sich, darüber nachzudenken.

Mehr Information zum Thema „Bauen mit Beton":
Internet: www.betonmarketing.de

Beton

Wir wissen, woran wir gemessen werden

Holcim ist der Name für hochwertigen Zement, Kies und Beton. Weil wir überall an unserer Qualität gemessen werden, wollen wir richtungsweisend bleiben.

Holcim (Baden-Württemberg) GmbH
72359 Dotternhausen
Telefon   07427 79 300
Telefax   07427 79 248
info-deub@holcim.com
www.holcim.de/bw

und künftige Bedeutung unter besonderer Berücksichtigung von Umweltbeeinträchtigungen. Diss. RWTH Aachen, 1990 **16** Grafik des Verfassers, vgl. B. Schwaiger / G. Bader: Validierung eines integrierten, dynamischen Modells des deutschen Gebäudebestandes. Zwischenbericht, Ifib, Universität Karlsruhe, 2001 **116|7** Grafik des Verfassers, Daten aus: H. Görg: Entwicklung eines Prognosemodells für Bauabfälle als Baustein von Stoffstrombetrachtungen zur Kreislaufwirtschaft im Bauwesen. Diss. TU Darmstadt. Verein zur Förderung des Instituts WAR, WAR Schriftenreihe 98, Eigenverlag, 1997 **117|8** Grafik des Verfassers, Daten nach: K. Rawles: Wiederverwertung von Baustoffen im Hochbau, 32. Darmstätter Seminar Abfalltechnik: Kreislaufwirtschaft Bau – Stand und Perspektiven beim Recycling von Baurestmassen, 1993, WAR Schriftenreihe 67, S. 120–141 **119|9** Grafik des Verfassers, Daten Radio und Fernsehen aus: R. Abler / J. S. Adams / P. Gould: Spatial Organization. The Geographer's View of the World. Prentice/Hall International, Englewood Cliffs 1971, S. 142–144 **124** Cord Woywodt www.faltplatte.de **126, 130, 131, 140, 141** Firmenarchiv der Züblin AG **148, 149** Stadtarchiv Stuttgart, Fotograf J. Gauss **152|1–2** Angelo Mangiarotti, Mailand **153|4** Verena von Gagern, Harpfing **156, 157** Firmenarchiv der Züblin AG **158|1** R. Ahnert / K. H. Krause: Typische Baukonstruktionen von 1860 bis 1960. 5. Aufl. Berlin 1996 **159|2–3** R. Saliger: Der Eisenbeton in Theorie und Konstruktion. 1. Aufl. A. Kröner, Stuttgart 1906 **160|4** J. K. Merinsky: Hochbau. Wien 1949 **161|5–6** R. Saliger: Der Eisenbeton in Theorie und Konstruktion. 3. Aufl. Stuttgart 1911 **17** R. Saliger: Der Eisenbeton in Theorie und Konstruktion. 1. Aufl. Stuttgart 1906 **162, 163|8–9** H. Bargmann: Historische Bautabellen. 1. Aufl. Düsseldorf 1993 **164, 165|10–12** R. Ahnert / K. H. Krause: Typische Baukonstruktionen von 1860 bis 1960, 5. Aufl. Berlin 1996 **166|13–114** Hennebique, österreichisches Patent Nr. 10178 einer Kassettendecke, 1901 **168|16–18** D. P. Billingten: Robert Maillart's Bridges. Princeton University Press, New Jersey, 1979 **170|1** Alfred Pauser: Eisenbeton 1850–1950. Wien 1994. **173|2** G. U. Breymann: Allgemeine Baukonstruktionslehre, Bd. III: Die Konstruktionen in Eisen, 6. Aufl. Leipzig 1902. **|3** A. Ackermann: Deckenstein mit Nuthen zur Aufnahme von Trageisen. Patentschrift Nr. 134958, Klasse 37a **174|4** C. Pötsch: Aus Blech hergestellter Hohlträger. Patentschrift Nr. 113422, Klasse 37b, C **175|5** G. Wolf: Wolf's praktische Ausführung der Mauerarbeiten, Bd. 1. Leipzig 1908 **|6** A. Pauser: Eisenbeton 1850–1950. Wien 1994 **178, 179** Stadtarchiv Stuttgart **191|1–2, 194, 195** Firmenarchiv der Wayss & Freytag Schlüsselfertigbau AG **198, 199** Stadtarchiv Stuttgart, Fotograf R. Zeller **200|1–2** L'Ossature Métallique 4 (1993) **201|3** L'Ossature Métallique 6 (1937) **202|5** Anatole Kopp: L' architecture de la période stalienne. Grenoble 1978. **203|6–7** Pierre Joly: Textes critiques 1958–90. Paris 1983 **204|8** Jean-François Dhuys: L'architecture selon Emile Aillaud. Paris 1983 **|9** Diener & Diener. Bauten und Projekte 1978–1990. Basel 1991 **204, 205|10–12** La Grande Borne. Ville d'Emile Aillaud. Paris 1972. **206, 207|13–15** Georg Aerni Fotografie, Zürich

Alle übrigen Abbildungen wurden von den Verfassern zur Verfügung gestellt.

HÄUSER AUS BETON

VOM STAMPFBETON ZUM GROSSTAFELBAU

von Uli Boyer, Juli 2007
Danke Falirakis

HÄUSER AUS BETON

HERAUSGEBER:
PROF. DR.-ING. UTA HASSLER
UNIVERSITÄT DORTMUND
PROF. DR.-ING. HARTWIG SCHMIDT
RWTH AACHEN

© 2004 Ernst Wasmuth Verlag Tübingen · Berlin
und Lehrstuhl Denkmalpflege und Bauforschung
der Universität Dortmund

Gestaltung und Redaktion: Sara Stroux, Petra Gerlach

Reproduktion: Dieter Franke, graphic+layout, Karlsruhe

Druck und Bindung: Gulde Druck Tübingen

ISBN 3 8030 0638 4

Umschlagabbildung: Markthalle in Mülhausen im Elsass, 1905–1907
Archiv der Wayss & Freytag AG

Innentitel: Speicherbau im Freihafen Stettin, um 1927
Deutsches Museum, München

INHALT

EINFÜHRUNG

Uta Hassler	8	

DIE HÄUSER DER ERFINDER

Hartwig Schmidt	12	Häuser aus Beton
Jacques Gubler	27	Les Beautés du Béton Armé
Klaus Stiglat	40	François Martin Lebrun und Erich Feidner
Matthias Seeliger	47	Betonbau in der Provinz

DIE WOHNUNGSBAUFABRIKEN

Hartwig Schmidt | Winfried Brenne | Ulrich Borgert	60	Die Baustelle als Experimentierfeld. Industrieller Wohnungsbau in Berlin 1924–1931
Ulrich Borgert	77	Eine Plattenbausiedlung der 1920er-Jahre
Andreas Schwarting	88	Rationalität als ästhetisches Programm
Marieke Kuipers	97	Concrete Houses in Holland

100 JAHRE BAUEN MIT BETON

Niklaus Kohler	110	Wieviel Beton ist in einem Haus?
Horst Schäfer	125	100 Jahre Betonnorm

ORTBETON ODER VORFERTIGUNG

Christian Schädlich	132	Die Anfänge des industriellen Montagebaus im Wohnungsbau der DDR
Peter Sulzer	142	Meine Erfahrungen im Großtafelbau 1960–1965
Roland Krippner	150	Bausysteme aus Stahlbeton
Gerald Hannemann	158	Zur Entwicklung der Massivdecken
Michael Fischer	170	Innovation durch Konkurrenz – Steineisendecken
Werner Lorenz	180	Von den Mühen des Alltags – Ein Eisenbeton-Skelett von 1911 in Berlin
Karl Josef Bollenbeck	191	Sichtbeton im Kirchenbau – Anmerkungen zum Erzbistum Köln
Bruno Krucker	200	Zum entwerferischen Potenzial der »Schweren Vorfabrikation«
	210	Abbildungsnachweis

Uta Hassler

Wie das 19. Jahrhundert das Zeitalter des Eisens und Stahls und der heroischen Anfänge der Ingenieurwissenschaft, so ist das 20. das Jahrhundert des Betons.

Die Anfänge der neuen Technik reichen allerdings noch in das letzte Drittel des älteren Jahrhunderts zurück – in seinen Anfängen gehört der Beton zu den typischen ‚Surrogatmaterialien' der Baukunst des Historismus. Zuerst ‚unverottbarer Ersatz' von Holzkonstruktionen, in den ersten Erfindungen des Gärtners Monier beispielsweise noch in kopierten ‚Naturformen' präsent, wird die Entwicklung des Betons bald durch die Erwartung gesteuert, mithilfe vergleichsweise billiger Produkte die Aura teurer und knapper Natursteinmaterialien zu reproduzieren. Betonprodukte sind schon im ausgehenden 19. Jahrhundert ‚Katalogware', überall verfügbar, in Gussformen beliebig reproduzierbar. Firmen wie Dyckerhoff & Widmann in Karlsruhe oder die Freiburger Brenzinger & Cie. übernahmen Herstellung und Gewinn bringende Vermarktung.

Es ist bemerkenswert, dass fast alle führenden Unternehmen der Bauindustrie des 20. Jahrhunderts mit der Entwicklung von Betonteilen und Patenten groß geworden sind, oft in einer Kombination von Generalunternehmerleistungen und Architektur. Die frühen Generalunternehmer und Großbaufirmen – mit noch heute klangvollen Namen wie »Boswau und Knauer AG«, Berlin, später Düsseldorf, »Philipp Holzmann AG«, Frankfurt, »Bilfinger Berger« in Mannheim, »Wayss & Freytag« in Frankfurt, »Hochtief«, Frankfurt, oder die »Eduard Züblin AG« in Stuttgart – bedienen sich zwar der allgemein verfügbaren billigen Rohstoffe, gewinnen aber im Wettbewerb mit den traditionellen Handwerksbetrieben durch eine Kombination bautechnischer, baubetrieblicher und ingenieurwissenschaftlicher ‚Erfindungen' – bei oft eher konventioneller Architektur.

Eine Geschichte der Entwicklung des Betonbaus ginge daher ganz fehl, beschränkte sie sich auf die formengeschichtliche Analyse der Bauwerke und Konstruktionen – man denke nur an die zauberhaften Alpenpanoramen aus Rabitz. Eine neue Würdigung der bemerkenswerten Verzögerungs- und Verlangsamungseffekte bei der Umsetzung konstruktiver Möglichkeiten in gebaute Architekturform würde durchaus lohnend sein, die Analyse muss aber zuerst beim Verständnis der ‚Produktionsbedingungen' und der Theorien der Ingenieurwissenschaft ansetzen. Der Frage also: Wie sind die Dinge gemacht, welches Wissen hat sie ermöglicht?

Die Beiträge des vorliegenden Bandes »Häuser aus Beton«, der aus einer Tagung an der Fakultät Bauwesen der Universität Dortmund entstanden ist, diskutieren die Industrialisierungsutopien des frühen 20. Jahrhunderts – noch idealistisch beginnend mit der von Jacques Gubler wieder aufgefundenen »Hymne auf den armierten Beton«, deren Aufnahme für Männerchor auch die

Tagung eröffnete –, im Weiteren die Konstruktionsgeschichte der Jahrhundertmitte, um schließlich die Zukunft des Montagebaus und der im Bestand existierenden Beton-Massen zu debattieren. Der Schwerpunkt der Aufsätze liegt bei den Entwicklungen in der Mitte des 20. Jahrhunderts, jener Epoche also, in welcher der Beton zunächst programmatisch zum Material der ‚Moderne' avancierte, um dann in einer idealtypischen Kurve der ‚Sättigung' die Märkte und das gesamte Bauwesen des 20. Jahrhunderts zu erobern – bis hin zum Scheitern durch Überangebot. Unsere Fragen nach Gründen für die Durchsetzung, Erfolgsgeschichte und den Paradigmenwechsel zurück zum Surrogat – zumindest im Hinblick auf die ästhetischen Leitbilder der Massengesellschaft des ausgehenden 20. Jahrhunderts – werden beantwortet aus der fachlichen Perspektive verschiedener Wissenschaften. Im Sinne des ‚Dortmunder Modells' tragen Ingenieure und Architekten, Bauhistoriker und Geisteswissenschaftler ihre Beobachtungen zusammen. Waren zu Beginn des 20. Jahrhunderts »Häuser aus Beton« Avantgarde, wäre ein Bauwerk, das auf Beton ganz verzichtete, zu Beginn des 21. Jahrhunderts die Ausnahmeerscheinung. Bei der massenhaften Durchsetzung der Betonkonstruktionen handelt es sich freilich um ein kollektiv vergleichsweise unbewusstes, eher ‚unsichtbares' Phänomen. Denn Betonstrukturen bleiben meist – vielleicht der Einsicht in die Probleme längerfristiger Haltbarkeit oder bautechnischer Fragen etwa zum Wärmeschutz folgend – ins Innere der Baukonstruktionen verbannt. Der wohl letztlich ausschlaggebende Impuls für die ‚Rückkehr der Verkleidung' ist aber der Wunsch nach der Überwindung der Ästhetik der Industriemoderne. Unser Buch schließt mit einem nachdenklichen Ausblick auf eine nachindustrielle Ästhetik: Bruno Kruckers Umprägung und Neuinterpretation der Leitbilder der heroischen Phase der Industrialisierungsutopien für das Bauwesen, nicht als ironisches Zitat, sondern, wie er sagt, im Sinne einer »poetischen Bejahung des Bestehenden«.

Die Tagung war die dritte einer zunächst an der RWTH Aachen konzipierten Reihe zur Geschichte des Stahlbetonbaus. Eine Fortsetzung planen die Herausgeber mit einer Tagung 2004 zum Thema »Kuppeln, Schalen, Leichtbau«.
Die Süd Zement Marketing Gesellschaft und die nordwestdeutsche Zementindustrie haben bei der Finanzierung der Tagung geholfen – auch für die Publikation dürfen sich die Herausgeber bei der Industrie bedanken. Die Illustrationen des Bandes verdanken wir der Hilfsbereitschaft und Unterstützung von Traditionsfirmen des Betonbaus, Wayss & Freytag und die Züblin AG haben sehr großzügigen Zugang zu ihren Archivbeständen erlaubt.

Abb. vorherige Seite links
Bau der Fabrik Lucas durch die Baufirma Betonbau Seelbach und Cramer, Elberfeld im Mai 1928. Laut Bauschild „7 Etagen in 40 Arbeitstagen"

Abb. vorherige Seite rechts
Bürohaus von Peter Behrens am Alexanderplatz, Berlin 1931. Text auf der Hinweistafel: „Eisenbetonbau. Alle 8 Tage 1 Stockwerk"

Abb. links
Beton-Kugelhaus von Johann Wilhelm Ludowici, in der Nähe von Neupotz

Abb. rechts
Betonskelett in Griechenland

Abb. folgende Doppelseite
Umsetzen eines Bahnwärterhäuschens von François Hennebique mittels Drehkran, Fertighaus aus Beton, 1896

DIE HÄU

Hartwig Schmidt

Häuser aus Beton – Der Beginn einer neuen Bauweise

Häuser aus Beton – eine erste Assoziation richtet sich auf die Plattenbauten der ehemaligen DDR: monotone Wohnsiedlungen, die als Ersatz für die zerfallenden Bauten in der historischen Stadt und als Ausdruck sozialistischen Städtebaus entstanden. Die ‚Platte' war Symbol für die Hoffnung der Architekten, die Wohnungsfrage durch die Industrialisierung des Wohnungsbaus zu lösen, unter Einsatz modernster Technik und bewusstem Verzicht auf traditionelle Baumethoden. Für ihre Bewohner waren die Großsiedlungen Ausdruck ‚modernen' Wohnens unter den gesellschaftlichen Verhältnissen der DDR, einschließlich der damit verbundenen Mängel: schlechte Bauqualität, Hellhörigkeit, undichte Fugen und lieblose Details.[1] Aber Großtafelbauweise und industrielle Vorfertigung sind nicht gleichzusetzen mit Bautechnik im Sozialismus. Auch im Westen wurden in der Nachkriegszeit Hunderttausende von Wohnungen mit Beton-Großplatten erbaut, die noch heute das Gesicht der Städte und ihrer Randbereiche prägen – und nicht immer so angenehm wie ihre Vorbilder in Skandinavien. Dabei hatte alles so viel versprechend angefangen.

Vom Pisébau zum Stampfbeton

Fast genau ein Jahrhundert hat die Entwicklung des Portlandzements gedauert – von 1755, beginnend mit den ersten Versuchen von John Smeaton (1724–1792), einen hydraulischen Mörtel für den Bau des Edystone-Leuchtturms zu finden, bis zur fabrikmäßigen Herstellung in der Mitte

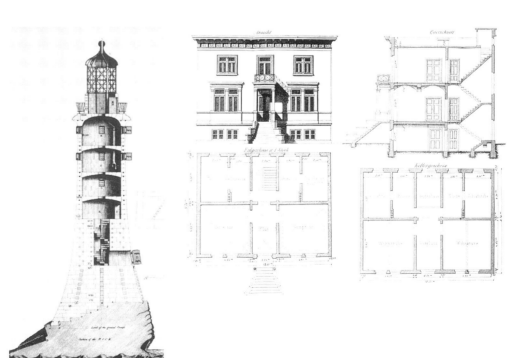

Abb. 1
Firmenfestschrift zum 50-jährigen Bestehen der Firma E. Schwenck in Ulm 1897. Titelblatt mit der Darstellung der Produktionsstandorte

Abb. 2
Der 1759 fertig gestellte Leuchtturm auf dem Ed(d)ystone Rock vor Plymoth / Südengland. Zeichnung aus der Publikation (1791) von John Smeaton über den Bau des Leuchtturms

Abb. 3
»Bau-Bureau der Berliner Cement-Actien-Gesellschaft« in der Kolonie »Victoriastadt« in Berlin-Rummelsburg (1873), Stampfbetonbau

des 19. Jahrhunderts.² Die Entwicklung der darauf beruhenden Bauweise – des Stahlbetonbaus – benötigte hingegen nur noch ein halbes Jahrhundert. Zwei Entwicklungsstränge lassen sich hierbei erkennen:
- die Entwicklung des Stampf- und Gussbetons aus dem traditionellen Pisébau und
- die Entwicklung des Stahlbetonbaus, des mit Eiseneinlagen bewehrten Betons, aus den mit Zementmörtel umhüllten Drahtgefäßen Joseph Moniers (1823–1906).

Der Pisébau, das Bauen mit gestampfter Erde zwischen hölzernen Schalungen, war in Südfrankreich in der Gegend von Lyon traditionell üblich. Jean-Baptiste Rondelét (1743–1829) schildert und illustriert den Bauprozess in seinem Buch »l'Art de Batir« in allen Einzelheiten, die notwendigen Geräte für die Schalung ebenso wie den Sockel aus Stein als Schutz gegen Spritzwasser.³ Aus Lyon kam auch François Coignet (1814–1888), der den großen Nachteil des Pisébaus, das sehr langsame Austrocknen der feuchten Erde, dadurch zu umgehen versuchte, dass er Kies, Sand und Wasserkalk zu einer erdfeuchten Masse vermischte, diese lagenweise in die Schalung einbrachte und kräftig stampfte. »Béton aggloméré« nannte er das neue Material und baute 1855 in Suresnes an der neuen Bahnstrecke von Paris nach Versailles ein monolithisches Bahnwärterhaus. In gleicher Bauweise errichtete er sein Privathaus in St. Denis, ein dreigeschossiges Wohngebäude in traditionellen Architekturformen. Die im Mittel 27 cm hohen Geschossdecken wurden mit 12 cm hohen T-Trägern als Zugstangen bewehrt. »*Bisher wurden Eisenträger als Unterzüge, jedoch nicht als Zugstangen verwendet. Unter den Bedingungen, unter denen ich sie verwende, erfüllen sie den Zweck, monolithische Konstruktionen zu verwirklichen,*« schreibt er in seinem Patent von 1855.⁴
1861 erschien sein Buch »Béton agglomérés appliqués à l'Art de Construire« und machte damit die Öffentlichkeit auf die neue Bauweise aufmerksam, die er als billig, schnell und solide pries. Doch erst sein Sohn, Edmond Coignet (1856–1915), entwickelte auf Grund neuer theoretischer Kenntnisse und der in der Baupraxis gewonnenen Erfahrungen die in die Baugeschichte als »System Coignet« eingegangene Betonbauweise.

In gleicher Bauweise, als Zement-Pisé-Bau, entstand 1872–1875 in Rummelsburg am östlichen Rand von Berlin die Arbeiterkolonie »Victoriastadt«. Auf billigem Bauland wurden 60 zwei- bis dreigeschossige Häuser als Doppel- und Reihenhäuser aus Schlackenbeton errichtet. Vorbild für diese neuartige Bautechnik, zu der sich die Baugesellschaft »Berliner Cementbau AG« auf Grund der hohen Preise für Mauerziegel entschlossen hatte, waren englische Arbeitersiedlungen. Die Schalung war eine gerüstlose Kletterschalung mit eisernen Leitständern. Die Außenwände waren 25–30 cm dick, die Geschossdecken bestanden aus »preußischen Kappen« mit Gussbeton. Um die

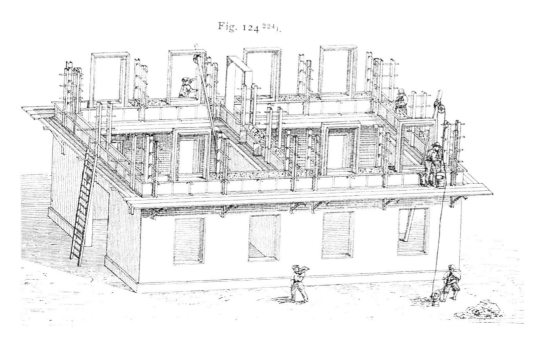

Abb. 4
Ein im Bau begriffenes Betonhaus (aus: Handbuch der Architektur, nach einer Vorlage von B. Liebold)

Abb. 5
Bahnwärterhaus der Oberschwäbischen Eisenbahn aus Stampfbeton.
Architekt Dollinger (1870)

schwarzen Wandflächen zu verdecken, erhielten die Bauten traditionelle Stuckfassaden.

Schon im Jahre 1875 beendete die Baugesellschaft ihre Tätigkeit. Von den 60 Häusern wurden einige bereits um 1900 durch viergeschossige Mietskasernen ersetzt, die Hälfte der übrig gebliebenen Bauten wurde noch in den 1970er-Jahren abgebrochen, nur sechs Bauten sind heute noch erhalten. Deutlich erkennt man im Bereich der abgebrochenen Hausteile die schwarzen Schlackenbetonwände, die aus einem Gemisch von Zement, Sand und Herdschlacken der Gasfabriken bestehen, mit einer Packung aus Rüdersdorfer Kalksteinen und Steinbrocken aus eingerissenen Häusern.[5]

Die neuartige Bauweise setzt sich jedoch nicht durch. In »Breymanns Allgemeiner Baukonstruktionslehre«, einem der wichtigsten deutschen Baukonstruktionslehrbücher des 19. Jahrhunderts, finden wir in dem von Otto Warth bearbeiteten Band I, »Die Konstruktionen in Stein« (1896), nur ganze sechs Seiten (von 400) zu unserem Thema. Die Bautechnik war dem Verfasser wohl bekannt, doch sie schien ihm wenig zukunftsträchtig zu sein. »*Die Versuche, den Beton in erheblichem Umfange zum Bau ganzer Häuser zu verwenden,*« lesen wir, »*haben bisher keinen großen Erfolg gehabt. Die formale Durchbildung ist eine beschränkte, wenn die Wände ganz in Beton durchgeführt werden, obgleich sich bei angemessen einfacher Gliederung auch ansprechende Wirkungen erzielen lassen, wie das nach Plänen Dollingers errichtete Wärterhaus der oberschwäbischen Eisenbahn zeigt.*[6] *Reichere Anlagen erfordern große Kosten wegen Mannigfaltigkeit der zur Herstellung notwendigen Formen, die Umfassungswände müssen etwa in derselben Stärke gehalten werden, wie bei Ausführungen in Backstein, wenigstens bei Wohngebäuden, um Feuchtigkeit und Kälte von den Wohnräumen abzuhalten, so daß eine Kostenverringerung gegenüber den Backsteinbauten nicht vorhanden ist. (...) Es wird deshalb auf die Verwendung des Betons zu ganzen Häusern nicht zu rechnen sein, dagegen eignet er sich ganz vorzüglich zu Fundationen, Decken- und Treppenkonstruktionen und dergleichen mehr.*«[7]

Nur wenige Jahre später, 1900, findet sich im »Handbuch der Architektur« eine weitaus ausführlichere Darstellung des Betonbaus. Der Verfasser ist gut informiert und gibt einen detaillierten Überblick über Mörtelmischungen, Schalgerüste und Bautechniken. Ausführlich werden die Vor- und Nachteile der Bauweise gegeneinander abgewogen, wobei keine deutliche Entscheidung für oder gegen den Betonbau getroffen wird. Die einzigen Bauten, auf die der Verfasser hinweist, sind ein Bahnwärterhaus der oberschwäbischen Eisenbahn sowie das Böttchereigebäude und Lagerhaus der Vorwohler Zementfabrik. Dem Direktor dieser Firma erbaute die Firma B. Liebold 1877 in Holzminden ein stattliches Wohnhaus.[8]

Die Idee, Häuser nicht wie bisher aus Holz, Naturstein oder Ziegeln zu bauen, sondern möglichst

Abb. 6
Früher Stahlbetonbau in USA.
Das »Monolithic House« von
Thomas A. Edison 1906.
Architekten: Manning & Macneille

Abb. 7
Ein »Monolithic House« im Bau.
Philippsburg (N. J.) 1909

schnell und billig aus Beton, hat Erfinder immer wieder gereizt, so auch Thomas Alva Edison (1847–1931), den Erfinder der Glühlampe und des Phonographen (des Plattenspielers). 1902 wandte er sich dem Hausbau zu und errichtete als Grundlage des Projekts eine Zementfabrik, da zu dieser Zeit noch Zement aus Europa importiert wurde, vorzugsweise aus England oder von der Firma Dyckerhoff & Söhne, die seit 1864 in Amöneburg bei Mainz-Castel Portlandzement herstellte.

Edisons Idee war es, nicht wie bei den bisherigen Beispielen die Häuser nach dem Vorbild des Pisébaus Schicht für Schicht zu stampfen,[9] sondern sie in einem Stück zu gießen, indem man an der höchsten Stelle das flüssige Betongemisch einfüllt, das langsam die Schalung ausfüllt. Vorbild war das »Monocast« Haus, das der Architekt C. Pauli 1906 in Haworth (N. J.). errichtet hatte.[10] Edisons Haus sollte eine Fassade im Stil »François I« erhalten, einen Grundriss von 30 x 25 Fuß und zwei Räume in jedem Geschoss; das erste wurde 1909 errichtet, zwei weitere 1911 in Montclair (N. J.). Die Schalung bestand aus gusseisernen Formen, die geschliffen, vernickelt und poliert waren. Die Aufstellung dauerte vier Tage, die Abnahme vier Tage, das Füllen mit Beton nur sechs Stunden. Alle Leitungen (Wasser, Gas, Elektrizität) waren bereits in der Schalung verlegt. Die Experimente mit ‚gegossenen Häusern' wurden von Edison nicht zu Ende geführt, denn das System hatte mehrere Nachteile:

- Die Kosten für die Ausrüstung waren zu hoch. Der Unternehmer musste die teuren gusseisernen Schalungen ‚vorhalten', für deren Aufstellung zwei Kräne erforderlich waren.
- Man benötigte 3–4 Mischmaschinen, um ausreichend Beton für den Guss bereit zu haben, und ein Transportgerät, um den Beton bis zum höchsten Punkt des Hauses zu bringen.
- Außerdem zeigte sich, daß die Gussbetonhäuser an Wohnlichkeit viel zu wünschen übrig ließen. Sie fielen durch schlechten Wärmeschutz auf – durch die damit in Zusammenhang stehende Schwitzwasserbildung – und boten infolgedessen keine einwandfreien Wohnräume.

Doch trotz der schlechten Erfahrungen mit Kiesbeton findet man in der Umgebung Chicagos noch Betonhäuser aus dieser Zeit. Von weitem glaubt man nicht, eine monolithische Konstruktion vor sich zu haben, denn die Architekturform ist ganz traditionell. Betrachtet man die Fassade jedoch genauer, so erkennt man, dass die bei einer Natursteinfassade notwendigen Fugen fehlen und das scheinbare Natursteinmauerwerk mit Ölfarbe gestrichen ist.

Schon vor den Experimenten Edisons hatte sich F. L. Wright (1869–1959) mit Beton beschäftigt und 1907 die kleine Trinity Church in Oak Park errichtet, einem Vorort von Chicago, in dem auch das Büro Wrights war. Auf zeitgenössischen Fotos erkennt man deutlich die einzelnen Schütt-

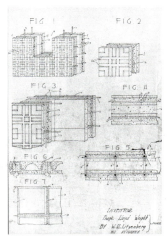

Abb. 8
Frank Lloyd Wright, Charles Ennis House, Los Angeles (California) 1923/24

Abb. 9
»Textile Blocks«. Heutiger Zustand der Fassade des Charles Ennis Houses

Abb. 10
Frank Lloyd Wright, Konstruktionszeichnung für den Bau mit »Textile Blocks«

grenzen und die raue Oberfläche, die das Gebäude als monolithisches Bauwerk auszeichnet.[11] Nach seiner Rückkehr aus Japan 1923 eröffnete Wright ein Büro in Los Angeles und baute in den nächsten beiden Jahren vier Häuser aus einem selbst erfundenen System aus Betonblöcken, den »Textile Blocks«,[12] die in ornamentierten Holzformen hergestellt wurden. Die Wände bestanden aus zwei Schichten mit einer Luftschicht in der Mitte, die als Isolierung dienen sollte. Die vier Häuser, bei denen ausschließlich »Textile Blocks« verwendet wurden, waren die Häuser für Dr. John Storer, Los Angeles, Alice Millard, Pasadena, genannt »La Miniatura«, Charles Ennis, Los Angeles, und 1924 das Haus für Samuel Freeman, Los Angeles. Die »Textile Blocks« waren nicht so erfolgreich, wie es sich Wright erhofft hatte.

Alle diese Häuser basieren auf einem 40-x-40-cm-Raster der Betonblöcke. Die Wanddicke beträgt 20 cm. Das Konstruktionsmodul misst 120 cm (3 x 40 cm). Der typische Block ist 40 x 40 x 10 cm groß. Die Blöcke haben senkrecht und waagerecht eingelegte Bewehrungsstäbe, die über jede Fuge und über den Hohlraum beim Aneinanderstoßen der Blöcke verlaufen und die beiden Lagen oder Schalen miteinander verbinden. Die Kanten jedes Blocks haben eine runde Nut, um die Stäbe aufzunehmen, die in ein Mörtelbett von 4 cm Dicke eingebettet wurden.[13] Die Konstruktion war auch im trockenen kalifornischen Klima nicht sehr dauerhaft. In kurzer Zeit entstanden erhebliche Schäden an den Häusern, da Feuchtigkeit in das Mauerwerk drang und die Eisen rosteten.

Stahlbetonskelettbauten, Prototypen

Neben den Möglichkeiten, Häuser aus Stampfbeton, Schüttbeton oder Betonsteinen zu errichten, bot sich als weitere Konstruktionsmöglichkeit die Trennung von Tragstruktur und Füllmaterial an, der Stahlbetonskelettbau, die erfolgreichste Baumethode überhaupt. Das bekannteste Beispiel hierfür ist das »Dom-ino«-Haus von Le Corbusier,[14] das er 1914 mit Hilfe des Ingenieurs Max Du Bois entwickelte, kein Haus im traditionellen Sinne, sondern ein Konstruktionssystem aus Eisenbeton, das der Eigentümer selbst ausbauen musste und das dazu dienen sollte, die zu Beginn des Ersten Weltkriegs in Flandern zerstörten Dörfer wieder aufzubauen. Die einzelnen Häuser ließen sich zu ganzen Siedlungen zusammenstellen, so wie man Dominosteine aneinander legt.[15] Die berühmte Zeichnung des Hauses im Rohbau zeigt die Ansicht des aus Fundamentblöcken, Stützen, Decken und Treppen bestehenden Bausystems. Im Schnitt erkennt man die Deckenkonstruktion genauer: ein unterzugloses Raster von Deckenbalken, zwischen die nicht tragende Elemente eingelegt sind. Zwischen die Deckenplatten konnten vom Bauherrn die vorgefertigten Ausbauteile

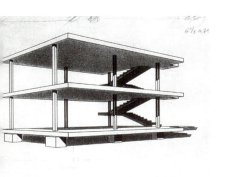

Abb. 11
Le Corbusier, Konstruktionssystem »Dom-ino« (1914), Grundstruktur für die Herstellung in großer Serie

Abb. 12
Le Corbusier, Haus »Citrohan« (1920–1922), Villa für die Herstellung in großen Serien

Abb. 13
Le Corbusier, Einfamilienhaus in der Weißenhofsiedlung (1927) im Bau. Ausmauerung des Betongerüsts mit Bimshohlblock- und Backsteinen.
Zeichnung von A. Roth

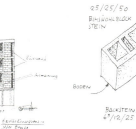

eingestellt werden – Fenster, Türen, Schränke, Zwischenwände –, die serienmäßig produziert werden sollten.
Die Idee des industriellen Bauens ließ Le Corbusier sein ganzes Leben nicht mehr los. In den 1920er-Jahren entwarf er eine ganze Reihe von Prototypen mit den unterschiedlichsten Konstruktionen:

- *1919, »das Haus ‚Monol' mit Wänden aus 7 mm dickem Asbestzement, die man mit groben, an der Baustelle selbst gefundenen Materialien füllt, mit Kies, Abbruchmaterialien, die man mit Kalkmörtel verbindet, wobei zwischen ihnen größere Löcher bleiben, die den Mauern die so wichtige isolierende Wirkung sichern. Decken und Böden werden aus (sehr flachen) Well-Asbest-Platten hergestellt, die eine Verschalung für einen Betonüberzug von einigen Zentimetern bilden. (...) Das ganze Haus wird von einer einzigen Handwerkergruppe hergestellt ...«*
- *1919, »Häuser aus grobem Beton. Der Boden bestand aus Kies. Der dem Gelände selbst entnommene Kies wird zusammen mit Kalk in eine Stampfmasse von 40 cm Dicke gegossen. Fußböden aus Eisenbeton. Eine besondere Ästhetik ergibt sich unmittelbar aus dem Bauverfahren.«*
- *1920, »Häuser aus Gußbeton. Sie werden von oben mit flüssigem Beton vollgegossen, wie man eine Flasche füllen würde. Das Haus ist in drei Tagen fix und fertig. Es entsteigt der Verschalung wie ein Gußstück.«*
- *1921, »Haus ‚Citrohan'. Tragkonstruktion aus Beton, die unmittelbar am Bauplatz gegossen und mit dem Kran aufgerichtet wird. Mauern als Doppelschalen von je 3 Zentimeter Dicke, aus zementbeworfenem Eisengeflecht (Torkretbeton) mit einem Zwischenraum von 20 cm.«*
- *1922, »Villa im Serienbau. 72 qm Bodenfläche. Eisenbetongerippe. Zementspritzverfahren.«*
- *1922, »Haus aus Eisenbeton für einen Künstler. Mauern aus Doppelschalen im ‚Zement-Spritzverfahren' von je vier Zentimeter Dicke.«*
- *1922, Arbeiterhäuser im Serienbau. »Vier Zementpfähle; die Mauern in Zementspritzverfahren. Die Ästhetik? Die Baukunst ist Sache schöpferischen Bildens, nicht der Romantik.«*[16]

Alle diese Prototypen publizierte er in »Vers une Architecture« 1922. Mit der Erfindung des Domino-Systems hatte Le Corbusier die Eisenbetonkonstruktion und die Verwendung von standardisierten Elementen in den Mittelpunkt seiner Bemühungen gestellt, doch äußerlich verrieten die gebauten Siedlungen wenig über die neuen Konstruktionsmethoden.
1923 erhielten Le Corbusier und Pierre Jeanneret den Auftrag für eine Gartenstadt mit 150 Häuser in Pessac, in der Nähe von Bordeaux. Auftraggeber war der Industrielle Henri Frugès, der, beeindruckt durch einen Artikel in »l'Esprit Nouveau«, die Architekten beauftragte, eine Siedlung mit modernen Baumethoden zu bauen. Die einzelnen Häuser wurden nach einem modularen System

Abb. 14
Die beiden Wohnhäuser von Le Corbusier in der »Weißenhofsiedlung« (1927) im Bau

Abb. 15
Le Corbusier, Siedlung in Pessac bei Bordeaux. Foto nach der Fertigstellung 1923

Abb. 16
Die »Cement-Gun«. Werbung der Firma Ingersoll-Rand, Paris, für Spritzbeton

mit einem Stützenraster von 5 x 5 m entworfen. Für die Geschossdecken sah Le Corbusier die bevorzugten Stahlbetonrippendecken vor, die Wände sollten aus Spritzbeton erstellt werden – nach dem neuen Torket-Verfahren. Hierfür wurde sogar eine »Cement-Gun« angeschafft, doch zeigte sich bald, dass das Ausschalen der zweiten Wandseite erhebliche Probleme machte. So wurden die meisten Wände aus Leichtbetonsteinen gemauert und anschließend verputzt. Das, was wirklich neu war an den Häusern, war die Polychromie, die lebhafte Farbigkeit, die bei der Restaurierung 1985 wiederhergestellt wurde. Von den geplanten 150 Häusern wurden nur 53 errichtet.[17]

Einen Überblick über den Stand des europäischen Wohnungsbaus sollte die Werkbundausstellung 1927 in Stuttgart verschaffen. Mies van der Rohe, der künstlerische Leiter der Ausstellung, hatte auch Le Corbusier eingeladen und ihm eines der schönsten Grundstücke offeriert. Das Pariser Büro entwarf für die Ausstellung zwei Gebäude: ein Einfamilienhaus nach dem »Citrohan«-Typ und ein Doppelhaus auf Stützen, mit einem Terrassengeschoss entlang der Rathenaustraße. Die Bauleitung lag in Händen des Schweizer Architekten Alfred Roth (geb. 1903), der 1926/27 als Mitarbeiter im Pariser Architekturbüro von Le Corbusier und Pierre Jeanneret tätig war.

Beide Häuser waren wie jene in Pessac Stahlbetonskelettbauten mit einem Stützenabstand von 2,50 m. Die Geschossdecken – Stahlbetonrippendecken – waren Rohrzellendecken der Stuttgarter Baufirma Ludwig Bauer. Die Wände wurden in traditioneller Weise aus Bimshohlblocksteinen gemauert und anschließend mit Kalkmörtel verputzt. Als Hinweis auf die wenig industrielle Bauweise zeichnete Roth in seiner Publikation über die »Weißenhofsiedlung« eine Schubkarre neben den Bau.[18] Beide Bauten gehörten jedoch zu den bedeutendsten der Ausstellung, erregten allgemeines Interesse und machten den Namen Le Corbusiers in Deutschland bekannt.

Massenwohnungsbau

Die Bauten der Werkbundsiedlung waren in Hinblick auf eine industrielle Fertigung, auf eine Massenproduktion von Häusern, entworfen worden. Die einzelnen Häuser waren Prototypen, deren Konstruktionen bei den Großsiedlungen in Berlin, Frankfurt, Magdeburg oder Dessau weiter erprobt wurden. Im Grunde waren es aber nur drei Baumethoden, mit denen experimentiert wurde.

Dazu gehörten:
- die monolithische Bauweise mit Schüttbeton,
- die Plattenbauweise mit vorgefertigten Bauelementen, wie sie May in Frankfurt praktizierte,

Abb. 17
Schüttbetonbauweise der Firma Zollbau. Siedlung in Halle/Saale. Durch Förderbänder wird der Beton direkt von den Mischern in die Zollbauschalung eingebracht.

- und die Stahlskelettbauweise, bei der die Wände anschließend mit Schüttbeton ausgegossen oder mit Hohlblocksteinen ausgemauert wurden.

Schüttbetonbauweisen

Zu den bekanntesten Schüttbauweisen zählte die ‚Zollbauweise', die von dem Merseburger Stadtbaurat Friedrich Zollinger (1880–1945) entwickelt worden war – ebenso wie das ‚Zollbau Lamellendach'. Schon 1919, bei dem ersten Merseburger Siedlungsprojekt am Rittersplan, entstanden Wohnhäuser in ‚Zollbauweise'. Da die Aufrichtung der Schalungen und die Betonförderung mit Schwierigkeiten verbunden war, wurde 1928 das ‚Bauschiff' entwickelt, ein mehrgeschossiges hölzernes Gerüst auf Schienen, das beim Bauen das stationäre Transportband oder die Gießtürme ersetzte. Für die »Gemeinnützige Aktiengesellschaft für Angestelltenheimstätten« (GAGFAH) baute der Berliner Bauunternehmer Adolf Sommerfeld damit in Merseburg 1929–1931 die Großsiedlung Markwardstraße mit 750 Wohnungen[19] und im benachbarten Bad Dürrenberg eine Großsiedlung für die Leuna-Werke bei Merseburg mit 1000 Wohnungen.[20]

Plattenbauweise

Die Wirtschaftlichkeit der Schüttbetonbauweise war in erster Linie abhängig von der Mechanisierung des Arbeitsprozesses und dem System der Schalung. Die hohe Baufeuchtigkeit und die damit verbundene Gefahr der Rissbildung waren nachteilig im Verhältnis zu den Trockenbau-Systemen, die in der Fabrik hergestellt wurden und austrocknen konnten. Deren Größe und Gewicht war jedoch beschränkt durch die Tragfähigkeit der Baukräne und der vorhandenen Transportmöglichkeiten. Um ein in der Fabrik hergestelltes Bausystem, das am Ort nur noch versetzt wurde, handelte es sich bei der Plattenbauweise »System Stadtrat Ernst May«, das May auf dem Experimentiergelände in Stuttgart 1927 vorgestellt hatte.

Ausgehend von der Idee eines Baukastensystems, mit dessen einzelnen Elementen verschiedene Haustypen zusammengesetzt werden können, hatte May das tragende Wandgefüge in drei horizontale Schichten aufgelöst. Die Platten der Brüstungs- und Fensterschicht waren jeweils 1,10 m hoch, die der Sturzschicht 40 cm hoch. Die Dicke der Platten betrug 20 cm, die Montage erfolgte mit einem gleisgebundenen Turmdrehkran. Als Montagehilfen benutzte man über Eck einge-

Abb. 18
Frankfurt/M., Großblockbauweise »System Stadtrat Ernst May«. Blick in die Fertigungshalle, 1926

Abb. 19
Frankfurt/M., Siedlung Praunheim, Bauabschnitt II (1927). Montage von Einfamilienreihenhäusern, Haustyp 6

schlagene Stahlklammern. Die Platten wurden in Bimsmörtel versetzt, die Stoßfugen ausgegossen. Dadurch entstand ein homogenes Wandgefüge, was positiv war hinsichtlich der Übertragung der Kräfte, des Wärmedurchgangs und der Feuchtigkeitsaufnahme. Anschließend wurden die Wände innen und außen verputzt. Die Geschoss- und Dachdecken wurden aus fabrikgefertigten Stahlbetonhohlbalken zusammengesetzt. Die Geschossdecken erhielten einen Gipsestrich, auf den Linoleum verlegt wurde. Für die Montage benötigten 18 Mann etwa eineinhalb Tage.

Die 1926 eingerichtete Plattenfabrik befand sich in einer leer stehenden Maschinenhalle auf dem Messegelände, später im Frankfurter Osthafen. Hier wurde der Beton (Zement, rheinischer Bimskies und Wasser) gemischt, in Holzformen gestampft und, um die Abbindezeit zu verringern, anschließend in einer ‚Härteanlage' getrocknet. Die Tagesleistung betrug ca. 100 m³ für etwa zweieinhalb Häuser von je 65 m² Wohnfläche. 1926 wurde ein Versuchsblock mit zehn Wohnungen in Praunheim errichtet, anschließend mit der Fabrikation von 204 Häusern für den zweiten Bauabschnitt der Siedlung Praunheim begonnen. Für den dritten Bauabschnitt 1928–1930 wurden etwa 350 Wohnungen im Montageverfahren erstellt. In der letzten Siedlung des »Neuen Frankfurt«, Westhausen, wurden 1929/30 noch einmal 400 Wohnungen in Plattenbauweise bei einer durchschnittlichen Rohbaumontage von 1,3 Tagen/Haus errichtet.[21] Im Herbst 1930 wurde die Liquidierung der Plattenfabrik durch die »Preußisch-Hessische Bau- und Finanzgesellschaft« in die Wege geleitet.

Auch das von Walter Gropius für die Versuchssiedlung in Dessau-Törten 1926–1928 entwickelte Bausystem war nach dem Baukastenprinzip konzipiert und bestand aus vor Ort produzierten Bauteilen und Fertigprodukten.[22] Die tragenden Brandwände wurden aus Schlackenbetonhohlkörpern (22,5 x 25 x 50 cm) gemauert, die so groß waren, dass ein Mann sie noch versetzen konnte. Die Geschossdecken bestanden aus von Brandwand zu Brandwand frei gespannten Betonrapidbalken, die am Ort betoniert und Balken neben Balken trocken verlegt wurden. Die schweren Bauteile wurden mit dem Turmdrehkran versetzt, dessen Schienen in der Straßenmitte verliefen. Auf diese Weise konnten beide Häuserzeilen und die dahinter liegenden Werkplätze bedient werden.[23]

Stahlskelettbauweise

Plattenbauweisen aus tragenden Bimsbetonwänden eignen sich nur für ein- bis zweigeschossige Bauten, da sie nur relativ geringe Lasten aufnehmen können. Für den mehrgeschossigen Wohnungsbau entwickelten deshalb einzelne Baufirmen Stahlskelettbausysteme, die vorgefertigt

Abb. 20
Eduard Jobst Siedler: Die Lehre vom Neuen Bauen. Ein Handbuch der Baustoffe und Bauweisen. Bauwelt-Verlag, Berlin 1932

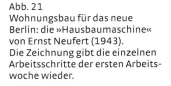

Abb. 21
Wohnungsbau für das neue Berlin: die »Hausbaumaschine« von Ernst Neufert (1943).
Die Zeichnung gibt die einzelnen Arbeitsschritte der ersten Arbeitswoche wieder.

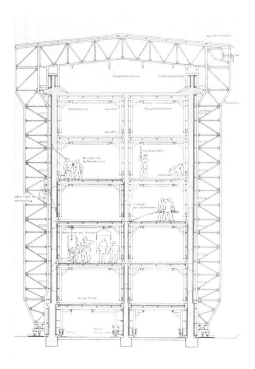

innerhalb kürzester Zeit aufgestellt werden konnten. Für die Herstellung der Außenwände nach der Aufstellung des Stahlgerüsts hatten die Firmen unterschiedliche Verfahren entwickelt. So konnten die Außenwände aus geschüttetem Leichtbeton sein, in den der Stahl fugenlos eingebettet wurde, das Stahlgerippe konnte mit Steinen oder Platten ausgefacht werden – der Stahl wurde ummauert – oder das Stahlgerippe wurde mit den verschiedensten Baustoffen verkleidet.[24] Ein grundsätzliches Problem dieser Bausysteme war die unterschiedliche Ausdehnung von Stahl und Verkleidungsmaterial. Hierdurch entstanden Risse, in die Feuchtigkeit eindringen konnte und zum Rosten des Stahls führte. Risse entstanden aber auch durch das Schwinden des Leichtbetons und ließen sich auch nicht durch die Überspannung mit einem Ziegeldrahtgewebe vermeiden. Auch die unvermeidliche Schwitzwasserbildung führt zum Rosten. Die Schnelligkeit des Aufbaus wurde mit einer wenig soliden Bautechnik erkauft. Trotzdem entstanden Ende der 1920er-Jahre eine ganze Anzahl von mehrgeschossigen Stahlskelettwohnungsbauten.[25]

Die Experimente zur Industrialisierung des Wohnungsbaus in Deutschland fanden ihr Ende durch die Weltwirtschaftskrise 1929, das Abflauen der Mittel aus der Hauszinssteuer, den Anstieg der Kapitalzinsen und die veränderten politischen Verhältnisse, die auch dazu führten, dass die »Reichsforschungsgesellschaft für Wirtschaftlichkeit im Bau- und Wohnungswesen e. V.« (RfG), welche die verschiedenen Versuchssiedlungen teilweise finanziert und betreut hatte, am 5. Juni 1931 aufgelöst wurde. Wie viel jedoch in den 1920er-Jahren auf dem Gebiet der Bautechnik experimentiert und ausprobiert worden war, macht das Buch von Eduard Jobst Siedler, »Die Lehre vom neuen Bauen« (1932), deutlich.[26]

Die »Hausbaumaschine«

Aber die Ideen der 1920er-Jahre gerieten nicht in Vergessenheit. In monumentaler Form fand das Sommerfeld'sche »Bauschiff« seine Auferstehung in dem Vorschlag Ernst Neuferts (1900–1986) zum Berliner Wohnungsbau an der neu zu erstellenden Nord-Süd-Achse, für die unzählige Altbauten weichen sollten. Die von ihm 1939–1941 im Auftrag des Generalbauinspektors für die Reichshauptstadt, Albert Speer, erarbeiteten Vorschläge für ein Schüttbeton-Bausystem für 25–30.000 Wohnungen jährlich veröffentlichte er in seinem Buch »Bauordnungslehre« 1943. *»Mit dieser Hausbaumaschine, diesem mechanischen Gießen von Mehrgeschoßbauten, rückt das Herstellen von Häusern aus der handwerklichen Maurerei und Putzerei heraus und wird gleichbleibender Gebäudeguß«*, schreibt Neufert. *»Es ist selbstverständlich möglich, durch Verschieben der*

Abb. 22
Die »Hausbaumaschine« von Ernst Neufert: »Die Bauschale im Wintermantel fertigt unabhängig von Schnee und Eis, Tag und Nacht, Woche für Woche, Haus für Haus.«

Fensteröffnungen, Umänderung der Fenstergößen, Fensterrahmen, Gesimse oder gar der ganzen Hausabmessungen beliebigen Architektenwünschen gerecht zu werden. Aber eine solche typisch deutsche Anpassung an jedwede Bestellerwünsche ist gar nicht beabsichtigt, beweist doch die Praxis, dass die Grundrisse der verschiedenen Siedlungsgesellschaften oder deren Architekten gar nicht so wesentlich verschieden sind. (...) Deshalb werden jetzt auch die Wohnungsgrößen (3-, 4- und 5-Raumwohnungen) einheitlich festgelegt, ebenso ihre Fenster, Türen, Treppen, Geschoßhöhen, Raumbreiten und Hausbreiten, ggfls. auch die Installation, Möbel und Ausstattungen. Übrig bleibt dann nur noch die äußere Gestaltung.«[27]

Die »Hausbaumaschine« kam nicht mehr zum Zuge, galt es doch in den letzten beiden Kriegsjahren nicht mehr, neu zu bauen, sondern nur noch die immer umfangreicher werdenden Schäden durch die Luftangriffe zu beseitigen. Bis zum Ende des Krieges 1945 waren in Europa Wohnungen in bisher unbekanntem Umfang zerstört. Die Anknüpfung an die 1920er-Jahre – eine jetzt als politisch unverfängliche Zeit der »Moderne« gesehen – führte wieder zu Vorfertigung und Großsiedlungen. Die alten Ideen bereiteten den Neuanfang in der Nachkriegszeit mit vor, doch dieser Neuanfang stand unter einem besseren Stern als in der Weimarer Republik, politisch wie ökonomisch. Das wohl bedeutendste und auch am meisten beachtete europäische Beispiel des Nachkriegs-Wohnungsbaus war Le Corbusiers 1947–1952 entstandene »Unité d'habitation de grande conforme« in Marseille. Mit diesem Bau begann eine neue Ära des Betonbaus, die bedeutende Einzelbauten hervorbrachte, doch auch dazu führte, dass das Material zu einem Problemfall der Bauunterhaltung wurde, verleitete es doch zu einer wenig exakten Herstellung und Verarbeitung auf der Baustelle. Viele der Sichtbetonflächen dieser Zeit sind bereits unter Spachtel und Kunstharzfarbe verschwunden und oft ist nichts mehr übrig geblieben von der »rauen Erhabenheit des schalungsrauen Betons« (Le Corbusier). Der Schwerpunkt des industriellen Wohnungsbaus aus Beton verlagerte sich hingegen vom Ortbeton auf die Fertigteilsysteme aus der Fabrik, die Großtafelbauweisen, die »Schwere Vorfertigung«.[28] Mit dem Aufkommen dieser neuen Bausysteme, die sich so sehr von den Anfängen in den 1920er-Jahren unterschieden, wurden die Siedlungen des »Neuen Bauens« zu denkmalwerten Objekten, die in das Blickfeld von Historikern und Denkmalpflegern rückten, um erforscht und erhalten zu werden.[29]

Anmerkungen

1. Christine Hannemann: Die Platte. Industrialisierter Wohnungsbau in der DDR. Berlin 2000.
2. 1853 brannte Hermann Bleibtreu (1824–1881) in Züllchow bei Stettin aus Kreide von der Insel Wollin und dem Septarienkalk aus der Gegend von Züllchow Portlandzement. 1858 ging Bleibtreu an den Rhein zurück und gründete dort die Portland-Cementwerke in Oberkassel bei Bonn.
3. Jean-Baptiste Rondelet: Traité théoretique et pratique de l'Art de Batir. Paris 1802–1817.
4. Gustav Haegermann: Vom Caementum zum Spannbeton, Bd. A. Wiesbaden 1964, S. 17.
5. Handbuch der Architektur, Bd. III,2,1, S. 112ff.; E. Kanow: Colonie Victoriastadt, Architektur der DDR 30 (1981), Heft 1, S. 50–53; A. Niemeyer: Ein Vorläufer des Betonbaues am Rande Berlins. In: Aus Forschungen des Arbeitskreises für Haus- und Siedlungsforschung, herausgegeben vom Arbeitskreis für Hausforschung. Marburg 1991, S. 97–108; Vossische Zeitung 1914, Nr. 341 (8. 7.), Nr. 348 (12. 7.), Nr. 354 (15. 7.); Th. Goecke: Der Kleinwohnungsbau. Die Grundlage des Städtebaus, Der Städtebau 12 (1915), Heft 2, S. 23; Christina Czymay: Die Kolonie Victoriastadt. Betonhäuser in Berlin-Rummelsburg. In: Beton- und Stahlbetonbau, Sonderheft 1999, S. 11–15; H.H. / B.B.: Die Denkmalpflege 61 (2003), Heft 1, S. 58–60.
6. Dieses war bereits 1870 errichtet worden. Handbuch der Architektur, Bd. III,2,1, S. 124 (Abb. 141).
7. G. A. Breymann: Allgemeine Baukonstruktionslehre mit besonderer Beziehung auf das Hochbauwesen. Ein Handbuch zu Vorlesungen und zum Selbstunterricht, begründet von G. A. Breymann, neu bearbeitet von H. Lange, O. Wirth, O. Königer und A. Scholz. J. M. Gebhardt's Verlag, Leipzig 1885–1905. Bd. I: Die Konstruktionen in Stein, 6. Aufl., bearbeitet von Otto Warth. Leipzig 1896, S. 56.
8. Vgl. den Beitrag von Matthias Seeliger in diesem Band.
9. Das erste ganz aus Stahlbeton gebaute Haus in den USA ist »Ward's Castle«, errichtet 1870 von dem Architekten Robert Mook als eigenes Haus in Port Chester (N. Y.) und heute noch erhalten.
10. Peter Collins: Concrete: The Vision of a New Architecture. A Study of Auguste Perret and his Precursors. New York / London 1959, S. 90.
11. Leider haben die Sanierungsarbeiten die alte Oberfläche beseitigt.
12. Zu gleicher Zeit hatte der Architekt W. B. Griffin ein ähnliches Ortbetonblock-System entwickelt, das er »Knit-Lock-System« nannte.
13. Edward R. Ford: Das Detail in der Architektur der Moderne, Bd. 1. Basel 1990, S. 204–211.
14. Le Corbusier et Pierre Jeanneret. Œuvre complète 1910–1929, herausgegeben von W. Boesiger und O. Storonow. Zürich 1964, S. 23–26.
15. Der Name bezieht sich wahrscheinlich auf den Domino-Stein mit sechs Punkten, die den sechs Fundamentblöcken entsprechen, auf denen das Haus aufgebaut wurde.
16. Le Corbusier: Häuser im Serienbau. In: L. C.: Kommende Baukunst, übersetzt und herausgegeben von Hans Hildebrandt. Berlin / Leipzig 1926; Le Corbusier et Pierre Jeanneret, wie Anm. 14, S. 29–54.
17. M. Ferrand / J.-P. Feugas / B. Le Roy / J.-L. Veyret: Le Corbusier: Les Quartiers Modernes Frugès. Fondation Le Corbusier, Paris 1998.

18 Alfred Roth: Zwei Wohnhäuser von Le Corbusier und Pierre Jeanneret. Stuttgart 1927 (Reprint Stuttgart 1977, 1991); Alfred Roth: Drama und Glorie am Weißenhof in Stuttgart, Bauwelt 18 (1927), Heft 38/39, S. 1451 ff.
19 Kurt Junghanns: Das Haus für alle. Zur Geschichte der Vorfertigung in Deutschland. Berlin 1994, S. 110, Abb. 160–163; 16.000 Wohnungen für Angestellte, Denkschrift herausgegeben im Auftrag der GAGFAH anlässlich ihres zehnjährigen Bestehens. Berlin 1928, S. 86, Abb. S. 127 f.
20 F. Zollinger (Hg.): Merseburg. Deutschlands Städtebau. Berlin 1929.
21 Ernst May: Mechanisierung des Wohnungsbaues, Das Neue Frankfurt 1 (1926/27), Heft 2, S. 33–40; Besuch in der Frankfurter Bauplattenfabrik. In: Stein, Holz, Eisen 42 (1928), Heft 37, S. 678; Christoph Mohr / Michael Müller: Funktionalität und Moderne. Das neue Frankfurt und seine Bauten 1925–1933. Köln 1984; Peter Sulzer: Die Plattenbauweise »System Stadtbaurat Ernst May« – Versuch einer technikgeschichtlichen Einordnung, Bauwelt 77 (1986), Heft 28, S. 1062 f. Der Bau der Siedlung Praunheim wurde durch die »Reichsforschungsgesellschaft für Wirtschaftlichkeit im Bau- und Wohnungswesen e. V.« (RfG) unterstützt. Einen abschließenden Bericht über die Versuchssiedlungen Praunheim und Westhausen verfasste E. J. Siedler 1933.
22 Vgl. den Beitag von Andreas Schwarting in diesem Band.
23 Walter Gropius: Bauhausbauten Dessau, bauhausbücher 12. Fulda 1930 (Reprint Mainz 1974, Berlin 1997).
24 Hans Schmuckler: Stahlskelett-Wohnungsbau, Groß-Berliner Bau-Zeitung 5 (1929), Nr. 8, S. 23–27.
25 Eduard Jobst Siedler: Der Stahlskelettwohnungsbau, Die Baugilde 12 (1930), S. 317–325.
26 Eduard Jobst Siedler: Lehre vom neuen Bauen. Ein Handbuch der Baustoffe und Bauweisen. Bauwelt-Verlag, Berlin 1932.
27 Ernst Neufert: Bauordnungslehre. Volk und Reich Verlag, Berlin 1943, S. 471.
28 Vorfertigung. Atlas der Systeme. Essen 1967.
29 Ein hervorragendes Beispiel hierfür ist die Publikation: Siedlungen der zwanziger Jahre – heute. Vier Berliner Großsiedlungen 1924–1984, herausgegeben vom Senator für Bau- und Wohnungswesen. Berlin 1985.

Abb. nächste Doppelseite
Betontransport für einen Eisenbetonbau mittels Kabelkran,
Foto Deutsches Museum

Les Beautés du Béton Armé

Jacques Gubler

« Notre passion, C'était du vrai béton … »   Ricet Barrier, L'obus

Le duo ingénieur-architecte cache-t-il l'entrepreneur ?

Depuis quelque cent-cinquante ans, l'histoire du béton armé est constellée de merveilles, d'accidents, de calculs, de disputes, de chantiers et de chansons, sans oublier tout un palmarès photographique, vitrine des prouesses sculpturales et structurelles du matériau. Si Flaubert revenait aujourd'hui pour admettre le béton armé dans son « Dictionnaire des idées reçues », la *vox populi* lui offrirait-elle autre chose que la rumeur d'une grisaille et d'une morne morosité ? Est-il exact que dans la chanson française, seul Ricet Barrier[1] ait réussi à capter la vertu première du béton armé : « *notre passion, c'était du vrai béton …* » ? Quoi de plus solide qu'un alibi en béton armé ? Mais quoi de plus marécageux aussi que cet usage constant de la métaphore qui conduit à prêter au verbe bétonner le pouvoir aveugle d'une force démoniaque, négatrice de la Nature divinisée ? La métaphore première du béton armé, s'il en est une, a été proposée au début des années 1860 déjà par l'entrepreneur François Coignet,[2] pour être reprise dans la dernière décennie du XIXe siècle par l'entrepreneur François Hennebique, et cette métaphore se situe dans le monolithe, grande pierre formant un seul bloc, pierre tombée parfois des étoiles, associée le plus souvent à quelque pylône, obélisque, colonne ou mégalithe. Que la pierre puisse être remplacée par un artifice pierreux, cette proposition confine davantage au slogan publicitaire qu'à l'information technique. Pour l'ingénieur Robert Maillart, le béton armé serait bien loin de la pierre et tout proche de la fonte du sculpteur.[3] Ici l'image correspond à la coulée de la matière pâteuse dans le moule du coffrage.

Il est vrai que depuis un siècle et demi, le béton armé s'est prêté à tout un jeu explicatif de métaphores. La plus ancienne n'est-elle pas la coque de la barque de Joseph Louis Lambot, patentée en 1855, au moment d'apparaître à l'Exposition universelle. La barque pouvait conduire aux caisses, bassins et jardinières, patentés en 1867 par Joseph Monier, et applicables à l'horticulture. D'un côté se développe la vision d'une structure creuse et compacte, suivant le modèle du coquillage ou de l'œuf, et Thomas Edison, l'expérimentateur de la chaise électrique et du phonographe, ira jusqu'à couler des maisons entières dans de grands moules de chocolatier ; de l'autre se confirme la métaphore de l'ossature, soit d'un système intérieur, fort et articulé, réductible finalement au pal et à la dalle. D'un côté le ballon de football, de l'autre le chassis. Mais est-il pensable que le même système puisse devenir tantôt coque, tantôt mât ? Qu'en est-il de cette logique peu académique et peu symbolique ? Plutôt que de glisser encore sur les métaphores, et avant d'entrer dans

Abb. 1
»Chanson du béton armé, parole et musique de x …«, veröffentlicht 1899 in »Le Béton armé«. Das Chanson wurde während eines Banketts auf dem Hennebique'-schen Kongress im Januar 1899 angestimmt.

la complexité des systèmes statiques, ne peut-on admettre provisoirement, en compagnie d'éminents architectes japonais et tessinois que le béton armé représente d'abord « *notre maçonnerie à nous* » ?[4]

L'un des thèmes majeurs de la théorie architecturale dans la société industrielle, l'antinomie de l'ingénieur et de l'architecte, a aiguillonné l'historiographie de la construction moderne. Viollet-le-Duc, fondateur de la tradition anti-académique, évoque l'émergence pleine d'espoir d'un nouvel acteur, le constructeur, qui comblera la division corporative des disciplines afin de conjuguer l'art au verbe de la technique.

« *De fait, un ingénieur habile peut être un bon architecte, comme un architecte savant doit être un bon ingénieur. Les ingénieurs font les ponts, les canaux, les travaux des ports, les endiguements, ce qui ne les empêche pas d'élever des phares, de bâtir des usines, des magasins et bien d'autres constructions. Les architectes devraient savoir faire toutes ces choses-là (...)* ».[5]

S'intitulant eux-mêmes « constructeurs » tout court, les protagonistes qui occupent la scène dès les débuts de la Troisième République ne sont autres que les entrepreneurs en construction métallique. Mais pour Viollet-le-Duc, l'antithèse théorique de l'ingénieur et de l'architecte passe sous silence la présence possible de l'entrepreneur en tant que médiateur ou héros véritable. Or le morceau canonique, parangon rhétorique balançant l'architecte à l'antipode de l'ingénieur, dans la note de la musique scolastique qui, à fin de baccalauréat, cherche à opposer Racine à Corneille ou Voltaire à Rousseau, se trouve sous la plume de Le Corbusier et Amédée Ozenfant, au chapitre premier de « Vers une architecture », chapitre intitulé « Esthétique de l'ingénieur – Architecture », où l'on se régale des apostrophes suivantes :

« *Les ingénieurs construisent les outils de leur temps. Tout, sauf les maisons et les boudoirs pourris. (...) Les ingénieurs sont sains et virils, actifs et utiles, moraux et joyeux. Les architectes sont désenchantés et inoccupés, hâbleurs ou moroses. C'est qu'ils n'auront bientôt plus rien à faire. (...)* »[6]

Et les premières histoires de l'architecture moderne, en particulier les classiques de Sigfried Giedion [7] et Nikolaus Pevsner, allaient à leur tour s'appuyer sur le thèse du développement absurdement séparé de l'architecture et du génie civil pour mieux démontrer leur rencontre rationnelle et sentimentale au sein d'œuvres ou d'institutions pédagogiques citées en exemple, tels le garage Ponthieu des Frères Perret, le Bauhaus de Gropius, les projets de Tony Garnier à Lyon et les ponts de Robert Maillart, promus au rang de sculptures. Nul doute que le « *monde de la technique* », comme dit Mies, n'ait livré à l'architecture moderne des bottes poétiques importantes. Mais nul doute finalement que l'antithèse de l'architecte et de l'ingénieur n'ait offert en somme qu'une clé de lecture assez superficielle, dont l'inconvénient majeur réside dans la mise entre parenthèses du rôle de l'entrepreneur et du promoteur.

Dans le « XXe Entretien consacré à l'état de la pratique architecturale sous la Troisième République, au concours, au mode des adjudications, à la comptabilité et à la direction des chantiers », texte écrit en mars 1872,[8] Viollet-le-Duc dresse le bilan des difficultés rencontrées en France par les entreprises de construction :

« *Il y a deux manières de procéder, lorsqu'on met des travaux de bâtiments en adjudication : ou l'on confie ces travaux à un entrepreneur général, chargé de faire exécuter, sous sa responsabilité, les ouvrages de toutes natures qui composent une construction ; ou l'on a recours à des entrepreneurs, par corps d'état, qui doivent chacun procéder simultanément ou successivement en raison des ordres qui leur sont donnés par l'architecte* ».[9]

Les conflits dépeints ensuite par Viollet-le-Duc, si l'entrepreneur général est incompétent et si les sous-traitants sont acculés à des rabais qui les conduisent à la faillite, sont tels que l'architecte accorde sa préférence au système de l'adjudication par corps d'état, même si à leur tour les maîtres d'état sont forcés à des emprunts usuraires qui entraîneront, en dépit des compétences, d'autres déconfitures. À lire ce texte réaliste et pessimiste, l'impression vous gagne d'une crise générale irréversible, annonciatrice de l'effondrement de la bourse de Vienne, en 1873. Il semble qu'au début de la Troisième République, à moins de disposer d'un capital de réserve inépuisable, ainsi que de solides appuis légaux et politiques, la conduite en France d'une entreprise de construction soit plus proche de l'action suicidaire que de la profession. La dynamique de concurrence tend à laminer aussi bien les petites entreprises, tributaires du catalogue des idées reçues, que les aventures techniques nouvelles, ainsi la société échafaudée par François Coignet en vue d'exploiter les *bétons agglomérés appliqués à l'art de construire*. L'entreprise Coignet, en dépit de commandes officielles importantes, ne survivra pas à la crise politique et économique de la fin du Second Empire et des débuts de la Troisième République. Contraint d'emprunter trois millions de francs au Crédit Foncier, ne parvenant pas à toucher les arriérés de ses travaux pour la Ville de Paris, Coignet se retire du jeu en 1872, endetté à outrance.[10]

Images à l'appui du chantier

Il est vrai que les entreprises générales se disputent les commandes. Leur notoriété est tributaire d'un vaste effort de réclame. Les expositions universellers organisent la tribune principale, vouée aux merveilles de l'industrie, de la technique et du dessin industriel.[11] D'une part l'architecture des ingénieurs constitue l'attraction même des expositions internationales ; de l'autre la course aux médailles installe une une hiérarchie sportive de référence et de concurrence commerciales. Les entreprises médaillées relancent elles-mêmes leur publicité par la diffusion d'images apologétiques et spectaculaires.

Klingender a montré comment le développement de l'esthétique du pittoresque en Grande-Bretagne dès le troisième quart du XVIIIe siècle, va de pair avec la représentationm scénique des ouvrages d'art dès l'érection du premier pont en charpente métallique, à Coalbrookdale dans les années 1777–1779.[12] Une politique d'entremise s'installe alors entre le travail des illustrateurs et les nouveaux systèmes industriels. La publication pittoresque du pont de Coalbrookdale signifie aussi les accomplissement d'une fonderie qui produit des cylindres de machines à vapeur et du matériel militaire, dont des barraquements préfabriqués de fer. Les nouvelles techniques graphiques et typographiques vont se prêter à un bombardement d'images. Au moment du boom sur les chemins de fer, dans la première moitié des années 1840, les sociétés ferroviairers, dès l'instant où elles lancent un projet, commandent des reportages à des peintres qui documentent la construction des ouvrages nécessaires au tracé de la ligne, tranchées, ponts, tunnels, ainsi que la beauté des locomotives. Les aquarelles, transcrites ensuite sur pierre lithographique, se relient en des albums précieux destinés aux actionnaires de la compagnie, aux banquiers, aux propriétaires terriens.[13] Et l'on verra même des ingénieurs faire appel à des peintres pour qu'ils installent leur projet dans le paysage, en vue de convaincre le maître de l'ouvrage.

Si la lithographie et la xylographie sont les premiers véhicules de l'image à l'appui du chantier et de sa promotion, la photographie prendra le relai dès l'édification du Palais de Cristal, siège londonien de la première exposition universelle ouverte en mai 1851. La presse illustrée avait publié en feuilleton le reportage illustré sur l'avancement des travaux. Les images avaient été d'abord des xylographies sur bois debout, d'une remarquable précision documentaire.[14] Dès l'achèvement du Palais, Fox Talbot, l'astronome et photographe d'Edimbourg, inventeur du négatif et, par là même, de la photographie en tant que technique de reproduction industrielle, fixe l'édifice en une suite de clichés qui seront insérés dans les « Rapports du Jury », quatre volumes luxueux aux armes de la reine, tirés à 15 exemplaires.[15]

Close la première exposition universelle abritée par la grande serre du Palais de Cristal, la compagnie promotrice du démontage de la structure, de son transport, son agrandissement et son installation permanente sur la colline de Sydenham, à plus de vingt kilomètres de l'emplacement initial, commande au photographe Philip Henry Delamotte un reportage complet sur le reconstruction de l'édifice. Le Palais de Cristal est alors converti en une vaste encyclopédie de l'industrie, des sciences naturelles, de l'art et de l'histoire des peuples, le tout au milieu d'un parc d'attractions où les jeux d'eau, les fleurs et les statues voisines avec des reconstitutions géologiques et une belle collection de monstres préhistoriques, naturalisés en ciment. Promu photographe officiel et exclusif de la Compagnie, Delamotte destine ses clichés à deux publications : l'édition d'un album luxueux de 160 images en pleine page, réservé aux relations d'affaire de la Compagnie,[16] mais aussi un guide vendu aux visiteurs du Palais, petit ouvrage où les gravures au trait interprètent les modèles photographiques en réduction. L'album et le guide sont deux outils publicitaires au service d'une aventure commerciale relativement hasardeuse, dont la réalisation sera présentée comme la principale attraction touristique et populaire de Londres.

Parmi les entreprises qui remplissent peu à peu leur carnet de commandes au moyen d'une réclame technique bien orchestrée, on citera la Compagnie de Gustave Eiffel, fondée en 1868 en association avec un autre collègue, Théophile Seyrig, ingénieur centralien comme Eiffel lui-même.[17] On sait que les revues techniques, nombreuses en Europe et aux États-Unis dès le milieu du XIXe siècle,[18] s'adressent en priorité à la profession et qu'elles affirment un idéal scientifique d'excellence corporative, branché sur les Hautes-Écoles et les Musées de la Technique, en tant que réceptacles de l'expérimentation. Pour tous, ingénieur et architecte distingués, il est important de publier dans ces revues projets, calculs et réalisations. Ainsi, les seules « Nouvelles Annales de la Construction » publient-elles en 1858 une trentaine de ponts, la plupart en France, mais aussi au Piémont et en Bavière.

Mais nous avons vu se développer en Grande-Bretagne des publications ad hoc, destinées en premier lieu aux promoteurs, financiers et politiciens, soit à une clientèle que le régime victorien, le Second Empire et la Troisième République, désigneront sous l'appellation assez euphémique de public. Des albums de luxe documenteront ainsi les projets réalisés en des chantiers difficiles. Gustave Eiffel adopte cette stratégie publicitaire. Ainsi le viaduc ferroviaire de Garabit, dont les calculs offrent un précédent direct à la Tour Eiffel, est-il le prétexte à une publication monographique somptueuse : le projet est illustré par des gravures dont le trait fin exprime la précision de l'étude technique et du montage.[19] Eiffel montre tout, il explique le détail et l'ensemble. La photographie complète le dessin, lorsqu'il s'agit de documenter la mise en œuvre. Un quart de siècle plus tôt, François Coignet, publiant ses expériences en matière de béton aggloméré, se refusait à illustrer son texte par des figures, craignant d'être dépossédé d'un procédé industriel précieux. Dorénavant, c'est l'option inverse qui prévaut les « inventeurs » à la recherche d'une clientèle sont tenus de publier pour ne pas périr.

Sait-on qui était François Hennebique ?

Dans l'état actuel de la recherche (soit en 1992) et parce que le fonds d'archives déposé à l'IFA ne comporte ni documents biographiques, ni pièces commerciales, l'information sur François Hennebique reste sommaire si l'on cherche à faire revivre l'homme et le développement de son entreprise. Nous sommes tributaires de sources biographiques filtrées par l'auteur lui-même et dis-

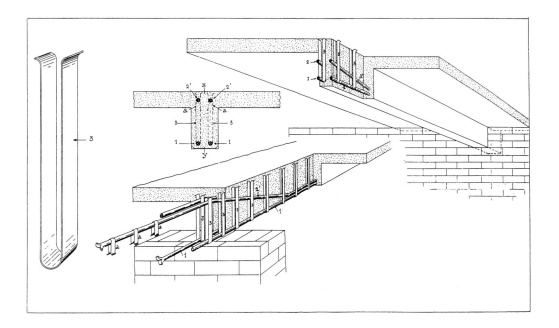

Abb. 2
François Hennebique:
Systemschnitt der Bewehrungsführung eines Betonträgers.
Zeichnung 18. Dezember 1897,
Schema zum Patent vom
8. August 1892

pensées d'abord par sa revue, « Le Béton armé », qui donne des informations à la fois techniques, partiales et autobiographiques dans un sens tantôt modeste, tantôt hagiographique. Certes, il sera possible par recoupement avec d'autres sources, livrées en particulier par les agences de Suisse et d'Italie, d'opérer des vérifications critiques quant à l'organisation multinationale de l'entreprise. Mais, pour ce qui concerne la biographie, la formation et les premières réalisations, nous ne sommes pas plus avancés aujourd'hui que ne l'était Peter Collins au milieu des années 1950, lorsque le critique britannique, ami d'Auguste Perret, travaillait à sa monographie sur l'histoire du béton armé, livre dont l'ampleur documentaire reste inégalée.[20]

Que sait-on de la vie de François Hennebique à travers le canal autobiographique ? Né en 1842 entre Belgique et France, fils de paysan, le jeune François devient maçon à Arras dans le Pas-de-Calais, avant de fonder, vers 1867, sa propre entreprise de construction, vouée d'abord à la restauration des églises du Nord de la France. Collins se hasarde à conjecturer que ce contact avec la structure gothique sera utile à former une conscience mixte de la charpenterie et de la maçonnerie.[21] Selon cette interprétation, vérifiée a posteriori par les œuvres des années 1890, il est possible d'entrevoir qu'Hennebique travaille surtout à réformer la charpente et que son béton armé se développe en proportion directe de la maîtrise des coffrages de bois. La situation se complique dès l'instant où François Henebique semble avoir joué systématiquement, dans un premier temps, là carte du secret professionnel, afin de protéger ses expériences empiriques initiales. Gardant le secret pendant une quinzaine d'années, il exposera, dès le dépôt de son brevet en 1892, l'assurance d'une sûreté sans faille. Le brevet initial est d'une simplicité extrême, qui porte sur une poutre encastrée, la partie pour le tout. À partir du procédé de la poutre, Hennebique mettra au point et un système d'appuis et de dalles, et toute une organisation commerciale multinationale.

Hennebique est quinquagénaire au moment où il dépose son brevet. Et même s'il représente par excellence le *self-made man* qui a suivi avec succès la morale artisane et patriotique de Benjamin Franklin, « aide-toi, le ciel t'aidera », on voudrait connaître les rudiments de sa formation technique, ne pouvant se contenter de l'explication autobiographique légendaire : la construction spontanée d'une maison ignifuge vers 1879 près de Westende en Belgique, en Flandre occidentale. Vingt ans plus tard, devant ses collaborateurs, Hennebique racontera l'épisode de la manière suivante :

« Eh bien ! Messieurs, au moment où j'allais commencer les premiers planchers de la villa, en allant voir ces travaux avec mon client, nous fûmes témoin d'un incendie qui détruisit en moins d'une heure une grande construction industrielle, bâtie exactement comme celle que j'allais commencer. Mon client, devant ce résultat, me regarda et me dit :
– Eh bien ! Monsieur Hennebique, et mon fireproof ?
– Dame ! Je ne sais plus …
– Qu'allez-vous faire ?
– Je ne sais pas.
J'avais vu s'écrouler les murs, je voyais cependant bien que ce n'était pas par la dilatation. (…) Qui n'a pas été étonné de trouver toutes sortes de métaux fondus dans des incendies de très peu de durée et où les matériaux combustibles étaient peu nombreux ? (…) je dis à mon client que j'avais pour ainsi dire associé à mes recherches et déductions – il faut : primo supprimer tous les bois, lattis ou lambourdes entourant les poutrelles ; – secundo, il faut entourer celles-ci de matières réfractaires. C'est bien facile : enrobons-les dans une couche de béton les dépassant, les recouvrant au-dessus et au-dessous de 3 à 4 centimètres ».[22]

En ce XIXe siècle, villes et villages en Europe et aux États-Unis ne brûlent-ils pas par centaines, et ceci indépendamment des guerres ? La question de la résistance au feu interroge donc toute l'industrie des matériaux et l'ensemble des pratiques éditilaires : ingénieurs et pompiers, politiciens et architectes. Il est impossible qu'Hennebique ne se soit pas intéressé de près aux expériences antérieures et simultanées en matière de béton armé.

L'hommage qu'il rendra un jour à Joesph Monier en lançant une souscription destinée à l'érection d'un monument public, Monier acclamé au rang d'inventeur universel du béton armé, donne à penser qu'il était attentif aux interprétations allemandes des brevets de Monier et à leur développement considérable, réalisé sous la responsabilité de l'entreprise dirigée par Conrad Freytag près de Stuttgart, bientôt associé aux calculs et conseils de l'ingénieur Gustav Adolf Wayss.[23] Il n'est pas exclu en outre que cet hommage à Monier contribue à reléguer dans l'ombre les références qu'Hennebique avait trouvé dans les recherches antérieures de François Coignet. Pour des raisons publicitaires évidentes, il valait mieux qu'Hennebique se présentât comme l'initiateur exclusif de son procédé, dès l'instant où il comptait en organiser la diffusion internationale.

Organisation de l'entreprise

Comme l'a montré Collins,[24] l'habileté d'Hennebique réside dans une décision assez risquée et qui pourrait sembler quelque peu paradoxale : il met fin à sa propre entreprise de construction, ayant déposé son brevet en 1892, pour redémarrer sur une autre base technique et commerciale, celle d'un bureau d'études qui négociera ses conseils auprès d'autres entreprises concessionnaires : ces dernières prendront à leur charge la responsabilité des chantiers. Hennebique vendra donc des consultations et dispensera des ordonnances. Deux questions se posent maintenant. Comment Hennebique parvient-il à s'entourer des ingénieurs qui assureront le succès technique et la crédibilité théorique de ses entreprises ? D'où provient le capital et comment s'organisent les transferts financiers ? Sur ce dernier point, tout demeure aujourd'hui conjecturel, faute de documents et de recherches. On peut imaginer que les redevances perçues initialement sur le brevet ne suffisent pas à couvrir les frais du bureau central, établi d'abord à Bruxelles, ni à couvrir les risques. D'où viennent les réserves ? Quelle est l'importance des emprunts ? Hennebique n'est-il pas contraint à développer ses études en une progression géométrique ? Quelle est la part de responsabilité de son fils dans la division du travail ? Son fils agit-il en concessionnaire, dirigeant une entreprise de construction parallèle, ou est-il le légat du père à l'agence centrale, durant les absences de ce dernier ? Et dans l'approche de la clientèle, Hennebique ne doit-il pas tirer parti de relations scientifiques et de cautions techniques que seuls des ingénieurs reconnus et introduits sont en mesure de lui offrir ? Nous retrouvons ainsi la première question. On sait déjà que les papiers déposés à l'IFA ne contiennent pas de pièces comptables. Les questions se pressent et restent ouvertes. Nul doute que prochainement, une recherche dans les archives publiques de Bruxelles, Niort, Tourcoing, n'apportera des éléments de réponse.

L'étude de Nelva et Signorelli sur l'organisation de l'agence Hennebique de Turin, dirigée par l'ingénieur Giovanni Antonio Porcheddu, permet de préciser qu'Hennebique avait normalisé les formules descriptives de chaque affaire traitée et que Porcheddu utilisait à cet effet des modules imprimés.[25] De même, nous avons retrouvé à Lausanne une chemise de dossier, relique de l'agence générale pour la Suisse, qui confirme cette standardisation des consignes au moment du projet.[26] Telle est l'en-tête du bureau lausannois, dans les années 1894/95 :

« *Constructions en Béton armé INALTÉRABLES, DE GRANDE RÉSISTANCE et À L'ÉPREUVE DU FEU S(amuel) de Mollins, ingénieur civil, Lausanne, agent général des BREVETS HENNEBIQUE pour la Suisse, Lyon et les départements limitrophes, Bureau suisse des Études, téléphone No 433* ».

Cet énoncé correspond au papier à lettre des agences ouvertes ultérieurement, ainsi le bureau technique de Clermont-Ferrand, dirigé par l'ingénieur Gustave Defretin. Chaque dossier comporte un double enregistrement numérique, auprès de l'agence locale et auprès du Bureau central. Les consignes comptables données par Hennebique devaient sans doute faciliter la discussion technique et commerciale lors des réunions plénières, convoquées régulièrement :

« *C'est une coutume déjà vieille de notre Chef de convier tout son personnel à se réjouir avec lui du succès toujours grandissant de son œuvre, chaque fois que mille nouveaux projets ont été étudiés.*
Il faut le dire, sa joie est largment partagée par tous, car dans ces bureaux, uniques dans leur genre, il semble que chacun soit chez lui et travaille pour son propre succès.
Ces banquets, dont le premier eut lieu le 1er mai 1896 (...) deviennent de plus en plus fréquents et démontrent ainsi l'accélération de la progression des applications du système Hennebique ; en effet, le deuxième eut lieu le 2 mai 1897 ; le troisième le 17 décembre 1897, le quatrième le 28 mai 1898 ».[27]

Le cinquième banquet du 5000e projet sera fêté le samedi 12 novembre 1898 au restaurant Voltaire. Or ces banquets prennent place à l'intérieur d'un programme de discussions, où les agents

Abb. 3
Unterführung auf der Strecke Creux du Mas in Rolle.
Foto um 1970

n'échangent pas que des toasts, mais toute une information technique et commerciale. Ainsi, le congrès de janvier 1899 se tiendra-t-il durant quatre journées.

Mais comment le Patron entre-t-il en contact avec les ingénieurs qui deviendront ses agents ? On pourrait imaginer qu'il cherche à séduire une jeune génération, soucieuse de nouveauté et de carrière, et cette explication conviendrait peut-être à son gendre, le Centralien Georges Flament, ou à Giovanni Antonio Porcheddu, né dix-huit ans après Hennebique, mais en aucun cas à Samuel de Mollins, de trois ans le cadet de François.

Une courte biographie de Samuel de Mollins permet de préciser qu'il naît à Paris en 1845. Sa mère, de haut lignage lausannois, avait épousé un banquier suisse qui mourra à Roubaix. Samuel se forme à l'École spéciale de Lausanne, où il obtient le diplôme d'ingénieur tout en épousant la fille du professeur de pharmacie, avant de s'installer à Croix près Roubaix. C'est ici que le contact se noue, au début des années 1890, entre l'ingénieur diplômé et l'entrepreneur François Hennebique. Nous ignorons tout du détail de cette rencontre. Mais nous savons que Mollins décidera de fixer sa pratique à Lausanne où, dès 1893, quelques mois après le dépôt du brevet Hennebique pour une poutre, il jouera le rôle de représentant et de garant, soit d'agent principal et unique pour la Suisse. De fait, l'agence lausannoise est la première succursale extérieure ouverte par Hennebique. Dès son installation à Lausanne, Mollins œuvre dans trois directions complémentaires : accéder à la commande, remporter la caution scientifique des autorités techniques, développer une relation privilégiée avec une entreprise locale, apte à maîtriser l'opération complexe du chantier. Voyons ces trois points dans l'ordre suivant :

a) chantier,
b) crédibilité,
c) clientèle.

Mollins s'approche de l'entreprise Alexandre Ferrari dont il savait l'habileté à couler des bétons sans armature. Se développe alors un échange de compétences qui entraîne de nombreux chantiers et survit à la disparition de l'entrepreneur dont la veuve poursuit le travail, acclamée *prima donna* du béton armé lors des assises parisiennes. Elle mourra en 1904. En juin 1893, Mollins et Ferrari avaient organisé sur le chantier de la vallée de Flon à Lausanne l'épreuve de rupture d'une poutre, illustration exacte du brevet de 1892, devant un petit comité d'ingénieurs représentant l'officialité polytechnicienne helvétique en matière d'essai des matériaux et de construction ferroviaire.[28] À cette date, Hennebique et Mollins avaient déjà frappé un premier coup publicitaire : le plancher de la chambre des cloches dans la nouvelle tour nord de la cathédrale de Genève, suite

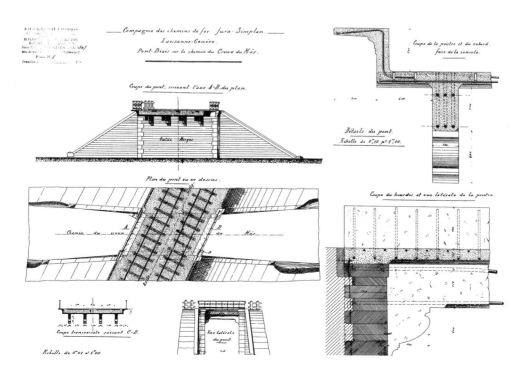

Abb. 4
Überreste der Unterführung Creux du Mas, ausgebaut im Sommer 1996.
Foto Oktober 1996

Abb. 5
Eisenbahnbrücke auf der Linie Creux du Mas zwischen Rolle und Gilly für die Jura-Simplon-Gesellschaft.
Projektierung 1897/98

à l'appel d'un ingénieur qui, à Genève, possédait une autorité technique et politique incontestables, ancien condisciple de Mollins. Ce dernier, que ce soit à l'échelon municipal, cantonal ou fédéral, déclenche une curiosité qui se mue en approbation. Mollins verra non sans plaisir que l'un des principaux théoricien du dessin et du calcul des structures dans les années 1890, le professeur Wilhelm Ritter du Politecnicum fédéral de Zurich, commentera longuement ses réalisations pour en intégrer les résultats à son enseignement, un enseignement qui sera suivi, soit dit en passant par Robert Maillart. Or la caution de Ritter s'avérait importante, dans la mesure où ce théoricien du calcul des structures avait opéré d'abord dans le domaine de la construction métallique et parce qu'il parvint ensuite à introduire le béton armé, matériau hétérogène et antiacadémique s'il en est, à l'intérieur d'une rationalité universelle. Procédant empiriquement à partir de l'observation des épreuves de rupture, Ritter remonte en amont pour proposer des lois a priori. Ritter exprime cependant une mise en garde quant à la qualité nécessaire de l'exécution. Reprenant la balle au vol, Mollins flatte Ritter pour exposer l'histoire suivante :

« Monsieur Hennebique a (…) voulu rester responsable ; il a créé des agents généraux qui sont ses lieutenants responsables à Nantes, Lille, Marseille, Lyon, Bordeaux, en Belgique, en Suisse, en Allemagne, en Espagne, en Angleterre, etc. Il choisit ensuite parmi les meilleurs entrepreneurs de chaque pays une élite d'hommes de toute confiance, ayant déjà une pratique absolue des travaux en ciment. Ces hommes deviennent ses concessionnaires ou porteurs de licence. Ils ont seuls le droit d'exploiter ses brevets. Les travaux de béton armé qu'ils exécutent sont faits sur les plans dressés dans les bureaux techniques de M. Hennebique. (…) Or, comme M. Hennebique fait annuellement plus de 13 millions de travaux, il en résulte que la garantie qu'il donne à ses concessionnaires est réelle et effective ».

Mollins parle de lieutenants à propos des agents. Il est vrai que seule la métaphore militaire permet de saisir d'un coup l'organisation de l'entreprise. Hennebique est le petit caporal devenu général. Ses agents nationaux et régionaux sont les colonels de l'état-major. Les concessionnaires, entrepreneurs locaux travaillant sous la supervision des agents, sont les capitaines qui organisent le chantier des opérations. Hennebique joue sur deux tableaux, la hiérarchie des compétences et l'émulation. Le général ne garde pas le secret : il proclame sa morale devant ses troupes :

« La licence que j'accorde à mes concessionnaires leur assure suffisamment d'avantages pour qu'ils maintiennent constamment leurs équipes d'ouvriers du Béton armé ; elle me permet d'empêcher une coalition entre eux ou un maintien de prix trop élevé ».[29]

Pour revenir au cas de la Suisse, on observe ainsi dans la dernière décennie du XIXe siècle que les ouvrages de béton armé, même s'ils offrent des garanties de solidité et de durabilité supérieures aux systèmes courants et à la construction métallique, ne prétendent pas à un coût supérieur. D'où l'efficacité et le succès d'un système qui, pour le même prix ou un prix inférieur, permet d'investir une partie du budget dans la pierre des revêtement et des façades. Ayant recueilli la caution des milieux académiques, Mollins obtient, dès 1898, que les viaducs de béton armé puissent concourir contre les ponts métalliques.[30] Une première brèche s'ouvre ainsi dans le monopole dont bénéficiait la construction métallique depuis un tiers de siècle, notamment pour les ouvrages ferroviaires. Il est vrai qu'en Suisse, les maîtres de forges, en raison de la rareté des matières premières, n'occupaient guère une position de première force, et que les cimentiers au contraire allaient multiplier leur production. Il en ira tout autrement en Grande-Bretagne où l'on assistera à un vraie guerre d'experts dans la première décennie du XXe siècle. D'une part Louis Gustave Mouchel, agent général du procédé Hennebique, dès la construction des fameux dépôts de farine et de grain de Swansea en 1897/98, plaide-t-il pour le procédé Hennebique, rebaptisé alors ferro-concrete, comme pour souligner la part du fer devant l'ire et les inquiétudes de l'industrie métallurgique. D'autre part les milieux officiels de la construction multiplient-ils les mises en garde et les expertises en des disputes byzantines, questionnant sinon le sexe, du moins l'appellation technique d'un produit composite dont la diffusion pouvait menacer les industries du métal, de la terre cuite et de la pierre.[31]

Or Mollins à Lausanne répond immédiatement à l'intérêt des promoteurs privés, mais encore à l'attention des ingénieurs qui contrôlent l'architecture publique. Des liens de famille le rattachent au premier capitaine d'industrie de la place qui, dans le cadre d'un large programme d'entrepôts ferroviaires, lui passe commande d'une structure dont les planchers sont capables de résister à des

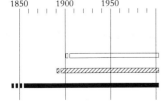

Approches successives du ciment armé

architectes
ingénieurs
entrepreneurs

Abb. 6
Schematische Darstellung über die Verwendung des bewehrten Betons, kennzeichnend für die seit Mitte des 19. Jahrhunderts geführte Debatte

charges de 30 tonnes au mètre carré : « *ce dernier plancher supporte la circulation de voies normales (...) Ce fut la première fois croyons-nous que des wagons de 20 tonnes circulèrent sur des dalles en béton de 10 mètres de portée* ».[32] Cette observation se rapporte à la voie de desserte d'un entrepôt construit sur trois niveaux de sous-sol.[33] En 1896, Mollins convoque les experts à une épreuve de charge dont les résultats lui vaudront la commande de trois passages sous voie pour le compte de la Compagnie ferroviaire du Jura-Simplon. L'un de ces trois ouvrages jouira d'une fortune durable, le passage au Creux du Mas sur la ligne Genève-Lausanne, dessiné en 1897, construit et surtout photographié en 1898, au passage de la locomotive à toute vapeur, vapeur noire sur le cliché très contrasté. Ce cliché répond aux photographies de la catastrophe sanglante survenue lors de l'écroulement du viaduc métallique de Mönchenstein près de Bâle, l'année 1891. Wilhelm Ritter avait été appelé à expliquer les raisons techniques de la catastrophe et son expertise avait frappé par la beauté de ses calculs. Le même Ritter en vient non seulement à donner son *nihil obstat* aux ouvrages de béton armé, mais à proposer des formules de calcul. Cette caution polytechnicienne explique probablement pourquoi François Hennebique, dans sa revue d'entreprise, « Le Béton Armé », se plaît à publier la photographie de la catastrophe de Mönchenstein jusque dans l'avant-guerre de Quatorze. Il faut voir toutefois que les premiers ouvrages ferroviaires de Mollins ne sont pas des arcs mais des dalles qui reconduisent la logique initiale du brevet, pensé en termes de poutre et de plancher.

Répercutant le slogan canonique d'Hennebique, vainqueur de l'incendie, les premières réalisations de Mollins captent l'oreille des pompiers, corporation progressive s'il en est, des banquiers conservateurs de papier, des postiers vendeurs de billets timbrés, des directeurs de musées et de théâtre soucieux de sécurité. Et l'on pourrait citer quelques dizaines de réalisations survenues en Suisse, de 1894 à 1900 : casino-théâtre, grand-magasin, atelier, immeuble de commerce et d'habitation (architecture privée) ; hôtel des postes, musée, école (architecture publique).

Les relations privilégiées entre Hennebique et Mollins contribuent à conférer un certain lustre aux réalisations helvétiques, d'une part en raison de l'antériorité des cautions officielles trouvées à Lausanne, Zurich et Genève dans le cadre de l'Exposition nationale de 1896, quand Mollins se voit décoré d'une médaille pour la prouesse d'un escalier de 11 mètres de portée,[34] « *belle application de l'introduction (...) du fer au sein du béton de ciment* », d'autre part en raison des avantages que le béton armé procurait à l'industrie du tourisme et des sanatoria : les planchers de béton armé permirent d'installer la baignoire à chaque étage, de renforcer le balcon pour sortir le lit, et d'agrandir les fenêtres devenues baies. Il ne faut donc pas s'étonner que François Hennebique, au moment de créer et d'alimenter sa revue, « Le Béton Armé »,[35] accorde une part importante à la des-

Abb. 7
Rudolf Linder: Grundriss und Schnitte durch eine Konsole, Geschäftshaus »Zum Sodeck«, Basel, 1896/97. Zeichnung 1897. Der Architekt Linder war Konzessionär in Basel.

Abb. 8
Samuel de Mollins und Alexandre Ferrari: Hydraulikkanal des Simplontunnels zur Speisung der Zentrale in Brig während der Tunnelarbeiten. Projektierung und Ausführung 1898

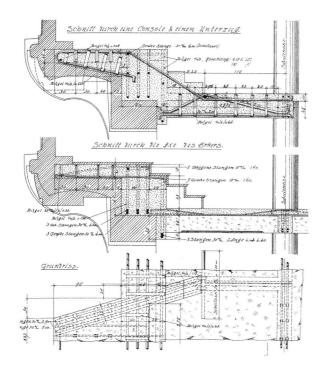

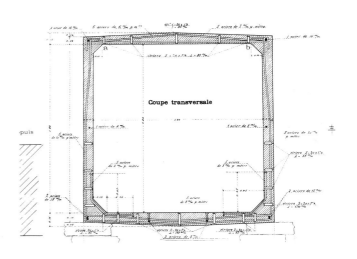

cription des œuvre de Mollins et aux certificats de bonne conduite scientifique qu'elles avaient obtenus. Il s'agissait de prouver *urbi et orbi* que la méfiance et la réserve proverbiales des Suisses avaient été vaincues en raison d'un phénomène empirique, « je crois quand je vois », attesté par des procès-verbaux et des photographies.

Affrontant la concurrence, les collaborateurs d'Hennebique sont tenus au secret professionnel. Dans sa recherche sur le développement du béton armé en Grande-Bretagne, Patricia Cusack cite le cas d'un jeune ingénieur, attaché à l'agent général Mouchel. Ce dernier exige de son collaborateur l'engagement écrit de ne rien divulguer des procédés de fabrication. Devrait-il quitter Mouchel, il respecterait alors l'interdiction de travailler à son compte ou pour d'autres entreprises durant une période de cinq ans.[36] On observe en effet une évolution dans la structure même du phénomène de concurrence. Si, dans la dernière décennie du XIXe siècle, Hennebique attaque d'abord le monopole de la construction métallique, il lui faudra surtout, dès les succès remportés à l'exposition universelle de 1900, se défendre contre les entreprises rivales en matière de béton armé. D'une part la multiplication des publications techniques sous forme de traités et de revues spécialisées[37] contribue-t-elle à dévoiler la beauté, les astuces et la théorie d'un matériau tombé dans le domaine public de l'enseignement supérieur. D'autre part les brevets successifs d'Hennebique, relatifs à la construction de la poutre et du plancher, n'offraient somme toute qu'une réponse fragmentaire et d'autant plus difficile à contrôler dans sa propriété intellectuelle que seule une mise en œuvre intégrée et concertée par le truchement des agents et concessionnaires pouvait en assurer la réalisation. De leur côté les agents, certes « hommes de confiance » du Patron, sont amenés à prendre des initiatives techniques qui s'éloignent du brevet et parfois même le contredisent. Comment construire un aqueduc en forme de poutre creuse sur plusieurs kilomètres sans recourir à des joints de dilatation ? Or Hennebique, par supersition monolithique, croyait en la nécessité de l'absence du joint. Finalement, les agents innovent au nom du chef bien aimé et la force multicontinentale de l'entreprise tient à ce rapport d'entremise fondé sur l'émulation, la concurrence interne de bon aloi, offrant une arme offensive redoutable dans la dispute sauvage des marchés locaux et internationaux.

Quels languages pour le Béton Armé Hennebique ?

On sait que la question du langage se pose à différents niveaux, à l'instar des couches délicieuses du mille-feuille. Il est patent que François Hennebique opère à deux niveaux différents :

Abb. 9
Lagerhallen der Gesellschaft Lausanne-Ouchy in Lausanne, 1893 projektiert, 1898 fertig gestellt

Abb. 10
Samuel de Mollins: Brief vom 18. Dezember 1896 an die Direktion der Gesellschaft Lausanne-Ouchy mit dem Vorschlag zur Abänderung des Dachaufbaus

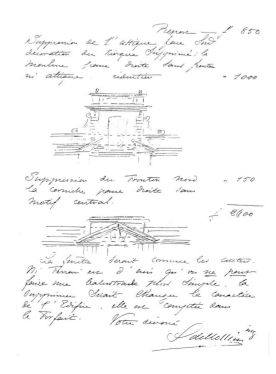

a) le brevet et ses implications techniques,
b) le slogan publicitaire à l'appui de l'entreprise.

Deux slogans reviennent avec une persistance obsessionnelle, le monolithe et la négation de l'incendie désastreux. Dans les deux cas, il s'agit d'offrir à la clientèle potentielle les gages d'une durabilité centenaire, voire millénaire. Et les tremblements de terre siciliens, tunisiens et californiens, dans la première décennie du XXe siècle, contribueront à solidifier cette argumentation : reconstruire en béton armé. Sous la couche publicitaire du slogan efficace mais approximatif se découvre la précision technique du brevet. Et ce dernier parle un autre langage, fragmentaire et particulier. La particularité du procédé Hennebique consiste à remplacer la poutre, le plancher et la charpente de bois par un appareillage identique dans son image, mais économe et plus robuste dans sa réalisation. Et l'on observe le scénario suivant : l'architecte présente ses plans, quels qu'ils soient, en des tirages bleus. L'agent du brevet Hennebique est alors capable d'installer des planchers et des combles monolithiques n'importe où, travaillant au crayon rouge. Certes, un tel scénario est réjouissant pour Hennebique. Il ne s'agit pas de changer la pratique architecturale, mais au contraire de la confirmer. On peut ainsi vendre des conseils sans entrer en conflit avec des artistes ou des maîtres d'ouvrage.

Der vorliegende Text ist dem Buch « Motion, Émotions, Thémes d'histoire et d'architecture »[38] von Jacques Gubler entnommen und im Folgenden kurz auf Deutsch zusammengefasst:

Die hundertfünfzigjährige Geschichte des Stahlbetons ist geprägt durch eine Vielzahl von Auseinandersetzungen. Schon Viollet-le-Duc erkannte, dass die Antithese von Architekt und Ingenieur, die noch bis ins 20. Jahrhundert die Geschichte der modernen Architektur prägte, den Blick auf den eigentlichen Urheber und Protagonisten der Konstruktion, den (Bau-)Unternehmer, verstellt. Gubler beschreibt die politische und ökonomische Krise Frankreichs zu Beginn der Troisième République, die zur Verschuldung vieler Unternehmen führte, die dem System des Regresses durch den Staat und einem hohen Konkurrenzkampf ausgeliefert waren. Die Weltausstellungen, die der Entwicklung der Technik und des Industriedesigns gewidmet waren, feuerten den Wettbewerb zusätzlich an. Zur Steigerung der Reputation und zur Sicherung der Kundschaft bedienten sich die Unternehmen der Technikreklame, wie wir sie etwa von Gustave Eiffel kennen, dessen prunkvolle Monographie über das Eisenbahnviadukt von Garabit mit technischer Präzision überzeugte. Die Unternehmenspolitik, die Neuentwicklungen durch populäre Illustrationen propagierte, setzte bereits im dritten Viertel des 18. Jahrhunderts

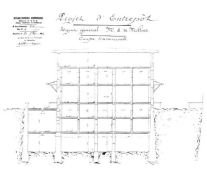

Abb. 11
Samuel de Mollins: Speicher für die Gesellschaft von Lausanne-Ouchy, Querschnitt. Projekt von François Hennebique, Brüssel, 23. September 1893

Abb. 12
Bau des ersten Lagerhauses für die Eisenbahngesellschaft von Lausanne in Ouchy, Foto um 1894. Projekt von Samuel de Mollins, Ausführung der Stahlbetonarbeiten durch Alexandre Ferrari

in England mit der malerischen Darstellung des Baus der Coalbrookdalebridge ein und brachte mit dem Eisenbahnboom in den 1840er-Jahren eine Bilderflut von präzise ausgearbeiteten Lithographien und Xylographien hervor, die seit der Jahrhundermitte mehr und mehr vom neuen Medium Fotografie abgelöst wurden.

Der Erfolg des Unternehmens von François Hennebique basierte auf einer gut organisierten Unternehmenspolitik. Mit der Hinterlegung seines Patents 1892 gründete Hennebique ein Ingenieurbüro, das die Planung und Beratung der konzessionierten Unternehmen sicher stellte, mit Agenturen im In- und Ausland. Die straffe Hierarchie des Unternehmens, bestehend aus den Generalvertretern und den Konzessionären oder Lizenzträgern – einer Ingenieurselite –, regelmäßig durchgeführte Hauptversammlungen und die Standardisierung der Projekte sorgten für raschen Aufschwung. Hennebique setzte sich gegen Konkurrenzunternehmen auf dem Gebiet des Eisenbetons durch, indem er mit dem Patent und seinen technischen Implikationen operierte, für die Verbreitung von Berechnungsmethoden und deren Aufnahme in die Ausbildung von Ingenieuren und Unternehmern sorgte und mit Werbeslogans Beständigkeit und Feuersicherheit pries. In der Schweiz bricht er das Monopol der Eisenwerke im Bereich der Eisenbahnarbeiten durch die konsequente Politik von Samuel de Mollins, den Leiter seiner Agentur in Lausanne, der im Rahmen eines weit gestreuten Programms Eisenbahndepots baute und nach öffentlichen Belastbarkeitsexperimenten den Auftrag für den Bau der Brücken mit Unterführungen der Eisenbahnstrecke Genf-Lausanne erhielt.

Abb. 13
Palais de Rumine in Lausanne, Hauptsitz der Universität, 1897–1906 durch Samuel de Mollins und Alexandre Ferrari nach Wettbewerbsplänen von Gaspard André errichtet. Konstruktion in Stahlbeton

Notes

Parution initiale : Le béton en représentation. La mémoire photographique de l'entreprise Hennebique (1890–1930), textes de Claude Parent, Gwenaël Delhumeau, Jacques Gubler, Réjean Legault, Cyrille Simonnet, sous la direction de Gwenaël Delhumeau. Hazan, Institut Français d'Architecture, Paris 1993, pp. 13–25.

1. Ricet Barrier / Bernard Lalou : L'obus. Philips-France, EP 434 839 BE.
2. François Coignet : Bétons agglomérés appliqués à l'art de construire. Éd. E. Lacroix, Paris 1861. La recherche de Coignet porte d'abord sur les composants du béton : sable, gravier, terre cuite pilée, cendre de houille, chaux grasse ou hydraulique. La mise en œuvre provient directement de la technique du pisé, d'où l'expression béton pisé proposée par l'entrepreneur au moment de l'exposition universelle de 1855. Coignet aborde la question de l'armature des planchers de manière toute empirique, usant tantôt de poutrelles noyées dans la masse, tantôt de barres circulaires profilées en vis. De même que le coffrage du béton dérive du pisé, l'armature dérive du tirant. Cf. « Le béton pisé de M. Frç. Coignet, revue technologique », Nouvelles annales de la construction, vol III, no 4, avril 1857, pp. 48–52. La principale étude sur Coignet a été donnée par Peter Collins : Concrete. The Vision of a New Architecture. Faber et Faber, Londres 1959, pp. 27–35.
3. Robert Maillart : « Le béton armé et son expression » (1938): In Max Bill : Robert Maillart. Girsberger, Zurich 1949, 2ᵉ éd., p. 19.
4. « Entretien avec Aurelio Galfetti, Luigi Snozzi et Livio Vacchini sur le béton en tant que matériau de construction et mode d'expression », propos recueillies par Martin Steinmann, archithese, vol XVI, no 2, 1986, pp. 10–14.
5. Eugène Viollet-le-Duc : Histoire d'une maison. Hetzel, Paris 1874, p. 217, cité d'après la rééd. P. Mardaga, Bruxelles / Liège 1978.
6. Le Corbusier / Saugnier (pseudonyme d'Amédée Ozenfant) : Vers une architecture. Éd. Georges Cret, Paris 1923, cité d'après la rééd. Vincent, Fréal et Cie (où la présence de la plume coopérante d'Ozenfant a été gommée), Paris 1966, p. 6.
7. Sigfried Giedion : Bauen in Frankreich, Bauen in Eisen, Bauen in Eisenbeton. Éd. Klinkhardt et Biermann, Leipzig / Berlin 1928 ; Nikolaus Pevsner : Pioneers of the Modern Movement (1936), rééd. sous le titre « Pioneers of Modern Design ». Éd. Penguin, Harmondsworth 1960.
8. Eugène Viollet-le-Duc : « XXᵉ Entretien ». In: Entretiens sur l'architecture, vol II. A. Morel et Cie, Paris 1872, pp. 389–437 ; cité d'après la rééd. P. Mardaga, Bruxelles / Liège 1977.
9. Ibidem, p. 416.
10. Collins, op. cit., supra note 2, pp. 35.
11. Storia del disegno industriale, vol II : 1851–1918. Il grande emporio del mondo, collectif sous la direction d'Enrico Castelnuovo. Éd. Electa, Milan 1990.
12. Francis D. Klingender : Art and the Industrial Revolution (1947), 2ᵉ éd., revue et augmentée par Arthur Elton. Londres / New York 1968. Voir en particulier les chapitres 5 à 7 : The Sublime and the Picturesque, The Age of Dispair, The Railway Age, pp. 83–185.
13. Ibidem, pp. 153–159. Klingender ressuscite l'œuvre et la personne du peintre John Bourne, aqarelliste et lithographe, auteur de deux albums spectaculaires : Drawings of the London and Birmingham Railway (1839), The History and Description of the Great Western Railway (1846).
14. Giovanni Brino : Crystal Palace. Éditions de la Faculté d'Architecture de l'École polytechnique de Turin, Turin 1968, pp. VIII–X.
15. Klingender, op. cit., supra note 12, p. 165.
16. Chup Friemert : Die Gläserne Arche. Kristallpalast London 1851 und 1854. Prestel, Munich 1984. Cet ouvrage reproduit les 160 clichés photographiques de Delamotte, publiés initialement sous le titre « The Progress of the Crystal Palace Recorded by P. H. Delamotte ».
17. Henri Loyrette : Gustave Eiffel. Office du livre, Fribourg (Suisse) / New York 1985, p. 41 sq.
18. Parmi les revues techniques, spécialisées dans le génie civil et l'architecture, paraissant dans les années 1850, mentionnons: The Mechanics' Magazine, Londres (dès 1824) ; Journal of the Franklin Institute, Philadelphie (dès 1826) ; American Railroad Journal, New York (dès 1834) ; Allgemeine Bauzeitung, Vienne (dès 1836) ;The Civil Engineer and Architects Journal, Londres (dès 1837) ; Bouwkundige Bydragen, Amsterdam (dès 1842) ; Zeitschrift für Bauwesen, Berlin (dès 1850) ; Zeitschrift des Architekten- und Ingenieur-Vereins, Hanovre (dès 1851) ; Revista de Obras publicas, Madrid (dès 1853) ; Nouvelles Annales de la Construction, Paris (dès 1855). Cette dernière revue, dirigée par l'ingénieur des Ponts C. A. Oppermann est précieuse par sa richesse bibliographique et statistique, ainsi que par les échanges organisés avec les autres revues, et notamment la « Allgemeine Bauzeitung » vien-

noise de Ludwig Foerster. Au milieu du siècle dans les revues de génie civil, tout se passe comme si les rivalités nationales n'interdisaient pas un échange de bon aloi, en toute émulation concurrentielle supra-nationale, afin de produire le bilan « universel » du progrès des techniques.

19 Gustave Eiffel : Mémoire sur le viaduc de Garabit. Description, calculs de résistance, montage, épreuves et renseignements divers. Baudry et Cie Éditeurs, Paris 1889.
20 Peter Collins, op. cit., supra note 2.
21 Ibidem, p. 64.
22 François Hennebique, « Troisième congrès du béton de ciment armé, séance du mardi soir 24 janvier 1899 », relevé sténographique, Le béton armé, vol I, no 11, 10 avril 1899, pp. 1 sq.
23 Sur l'histoire et l'importance de cette entreprise allemande, voir « Festschrift aus Anlass des fünfzigjährigen Bestehens der Wayss et Freytag AG ». Éd. Konrad Wittwer, Stuttgart 1925.
24 Peter Collins, op. cit., supra note 2, p. 65.
25 Riccardo Nelva / Bruno Signorelli : Avvento ed evoluzione del calcestruzzo armato in Italia. Il sistema Hennebique. Edizioni di scienza e tecnica, Milan 1990, p. 22. Saluons cette étude récente sur le développement du béton armé en Italie qui déblaie largement l'inventaire préalable nécessaire, tout en offrant de riches interprétations.
26 Nos remerciements vont à Monsieur Luc Bischoff, petit-fils de Samuel de Mollins, ingénieur civil, agent pour la Suisse du procédé Hennebique, de tenir à notre disposition les rares et précieux documents familiaux hérités de son grand-père.
27 Le Brun : « Le 5000ᵉ projet », Le béton armé, no 7, 10 déc. 1898, p. 1.
28 Anonyme : « S. de Mollins », Beton und Eisen, vol IV (1905), no 5, p. 101 sq.
29 François Hennebique : « Séances et travaux du congrès (d'août 1900) », Le béton armé, no 28, sept. 1900, p. 7.
30 Lettre du 22 août 1898 de Louis Gonin, ingénieur en chef du Canton de Vaud, à Samuel de Mollins, Le béton armé, no 4, 10 sept. 1898, p. 1.
31 Sur la dispute du béton armé en Grande-Bretagne, Peter Collins, op. cit., supra note 2, pp. 76–82 ; Patricia Cusack, « Architects and the Reinforced Concrete Specialist in Britain, 1905–1908 », Architectural History, vol XXIX (1986), pp. 183–196.
32 « S. de Mollins », op. cit., note 28, p. 101.
33 Joëlle Neuenschwander-Feihl : « La gare du Flon, la Compagnie du chemin de fer Lausanne-Ouchy et des eaux de Bret ». In: Inventaire Suisse d'Architecture (INSA), 1850–1920, vol 5, pp. 262–264.
34 « Escalier monumental de 11 mètres de portée », Le béton armé, vol I (1898), no 7, pp. 3 sq.
35 Le béton armé. Organe des Concessionnaires et Agents du Système HENNEBIQUE, mensuel, publie son premier no le 1ᵉʳ juin 1898.
36 P. Cusack, op. cit., supra note 31, p. 184.
37 En 1902 à Stuttgart, l'ingénieur E. Mörsch, chef du bureau technique de l'entreprise Wayss et Freytag, publie la première édition de son traité, « Der Betoneisenbau, seine Anwendung und Theorie ». Les rééditions successives, richement illustrées de clichés et de calculs, montrent assez que le livre de Mörsch est devenu *bestseller*, texte standard dans les écoles. Par ailleurs se crée à Vienne en Autriche, en 1902, sous l'implusion de l'ingénieur Fritz von Emperger, une revue trilingue intitulée « Beton und Eisen, Béton et Fer, Concrete and Steel ».
38 Jacques Gubler : Les Beautés du Beton Armè. In: Motion, Èmotions. Thèmes d'histoire et d'architecture. Gollion 2003.

Klaus Stiglat

François Martin Lebrun: Erste Häuser aus Beton
Erich Feidner: Sparbauweise im Wohnungsbau der Nachkriegszeit

Vorbemerkung

a) François Martin Lebrun[1] war um 1820 Architekt in Montauban und bemühte sich um die Einführung eines preisgünstigeren Betons in die Bauwelt seiner Region, deren Bauten vom gebrannten und rohen Ziegel geprägt sind. Er hatte sich an die Untersuchungen von Vicat[2] angelehnt und diese zur Grundlage seiner eigenen Arbeiten gemacht.[3] 1834 baute er die ersten Gebäude, zutreffender: deren Wände, aus Beton. Es waren zwei Schulhäuser in St. Aignan und in Castelferrus. Zur gleichen Zeit erhielt er nach längeren Bewerbungen den Auftrag für eine erste kleine Betonbrücke über einen Bach auf der Grenze zwischen den Gemeinden Villemade und Piquecos im Departement Tarn und Garonne. Dies ist wohl die nachweislich erste Brücke, die ganz aus dem ‚modernen' Baustoff Beton ausgeführt worden ist.
Im Sommer 2001 stieß der Verfasser auf diese erste, bislang außer in Lebruns »Traité pratique de l'art de bâtir en béton …« nicht erwähnte,[4] dort kurz beschriebene Betonbrücke und, mit größter Wahrscheinlichkeit, auf eines der beiden Schulhäuser Lebruns von 1834/35.

b) Nach dem Zweiten Weltkrieg herrschte ein heute kaum noch vorstellbarer Wohnungsmangel: Ausgebombte, Flüchtlinge, Vertriebene, junge Familien sehnten sich nach einer Behausung. Ingenieure und Architekten suchten nach Lösungen, diese schnell, bauphysikalisch vernünftig und preiswert herzustellen. Das Wiederaufleben des Bauens mit Fertigteilen war noch in den Anfängen. Zu den klassischen Mauerwerkswänden, die viel Material und Arbeitszeit erforderten, wurden verschiedene Herstellungsweisen von Ortbetonwänden entwickelt (und teilweise patentiert), die eine kürzere Bauzeit und niedrigere Rohbaukosten ermöglichen sollten.
Von 1967 bis etwa 1975 betreute die »Ingenieurgruppe Bauen« in Karlsruhe die von dem Architekten und Regierungsbaumeister Erich Feidner betriebene Entwicklung der mit seinem Namen bezeichneten, im Krieg bereits angedachten, danach konsequent verfolgten und ständig fortentwickelten »Feidner-Bauweise«, bei der zwischen Dämmplatten als Sparschalung Wände betoniert und mit kreuzweise bewehrten Decken auf einfachste Art zu einem räumlich zusammenhängenden Kasten verbunden werden.

Der Vorläufer

Abb. 1
Betonbrücke von Lebrun aus dem Jahr 1834/35

Die erste Betonbrücke 1835/36

Dieser Bau soll hier ergänzend zu meinem Beitrag »Erste Brücken aus Beton«[5] erwähnt werden. Lebrun erstellte einen Brückenentwurf, der die vollständige Ausführung in Beton vorsah – bis auf die Winkel der Stirnmauern und die Stirne der Gewölbe, für die er Ziegelmauerwerk wählte. Die Pisébauweise[6] war ihm bekannt. Die technischen Daten[7] sind folgende: Die lichte Weite der Brücke und ihre Breite betragen knapp 4,0 m (12 Fuß, 9 Zoll), der Kreisbogen ist mit etwa 2,4 m Radius, der Stich mit rund 1 m gewählt. Die Dicke des Gewölbes im Scheitel erreicht knappe 60 cm.

Der Beton wurde im Verhältnis von 1 Teil wasserfestem (gelöschtem) Kalk, 1 ½ Teilen Sand und 2 ½ Teilen Kies zubereitet, in die hölzerne Schalung eingebracht und gestampft (»massiert«). Die Unterseite des Bogens zeigt großflächig das Korngerüst. Der Beton ist auch am Kämpfer, hinter der Ziegelverblendung heraustretend, zu erkennen (Abb. 1). Die Ziegelverblendungen der Widerlager baute Lebrun ein, um den Beton gegen den Abrieb durch Geschiebe bei Hochwasser zu schützen.

Die Brücke ist im Zuge von Straßenbauarbeiten mit einer breiteren, unsymmetrisch aufgebrachten Betonfahrbahn versehen worden und vollständig zugewachsen, was zusammen mit den steilen Ufern die Begehung sehr erschwert. Während des Betonierens trat Frost auf. Dies führte Lebrun zu Überlegungen über Festigkeitsverlust, Rissbildungen usw.

Schulhäuser in St. Aignan und in Castelferrus 1834/35

Lebrun beschreibt in »Traité pratique de l'art de bâtir en béton ...«[8] seine ersten Häuser, deren Wände aus Beton – zwischen Bretttafeln eingebracht – gefertigt sind. Das Schulhaus in St. Aignan wurde vielfach umgebaut, auch mit einem zusätzlichen Obergeschoss versehen (Abb. 2). Es wurde vom Schulhaus zum Rathaus umgewandelt;[9] inzwischen dient es nach vielen Veränderungen als Wohnhaus. Eine eindeutige Zuordnung ist wegen der vielen Veränderungen in der ersten kurzen Begehung nicht möglich gewesen. Das Mischungsverhältnis des Betons wird von Lebrun mit 1 Teil gelöschtem Kalk, 1 ½ Teilen Sand und 3 Teilen Kies benannt.

1835 wurde das Schulhaus in Castelferrus in der gleichen Art ausgeführt. Unterlagen hierzu waren bei dem jetzigen Bürgermeister des kleinen Ortes nicht bekannt, trotz des Neubaus einer Schule in den letzten Jahren nach dem Abbruch des bestehenden Gebäudes, von dem ein Rest erhalten blieb (Abb. 3). Der Bürgermeister vermutet diesen als letztes Überbleibsel von Lebruns ‚Betonhaus'. Das dürfte unzutreffend sein! Wenige Schritte von dieser Schule entfernt steht, wenn man den Hinweisen alter Einwohner folgt, das wahrscheinlich originale ‚Betonhaus' (Abb. 4). Nur auf dieses trifft die Beschreibung Lebruns zu: Es besteht aus dem Erdgeschoss und einem weiteren Geschoss und ist vom Boden bis zum Gesims etwa 7,2 m hoch (24 Fuß); die Wände sind etwa 50 cm dick (1 Fuß 9 Zoll) und die Ecken, Türen und Fenster mit Ziegelmauerwerk eingefasst. Seine Wände bestehen aus Beton, dessen Mischung sich aus 1 Teil »wasserfestem Kalkteig« (gelöschtem Kalk), 1 ½ Teilen Sand und 2 ½ Teilen Kies zusammensetzte.

Um endgültige Klarheit zu erreichen, sind weitere Überprüfungen vorgesehen.

Abb. 2
Ehemaliges Schulhaus in St. Aignan

Lebrun baute noch mehrere Bauwerke aus Beton, u. a. eine protestantische Kirche in Corbarieu 1837 und eine Brücke mit 12 m Spannweite und 6 m Breite über den Garonne-Seitenkanal 1840. Ausführlich berichtet er auch über Rückschläge, so über das Versagen des vom Einsturz bedrohten, nach der Fertigstellung wieder abgetragenen Gewölbes der protestantischen Kirche. Jahrzehnte später erst errichten dann François Coignet, Joseph Monier und François Hennebique Wohn- und Geschäftshäuser aus dem inzwischen weiter verbesserten neuen Baustoff.

Häuser in Feidner-Bauweise

Grundlagen

Die Feidner-Bauweise zählt zu den Wänden aus Mantelbeton,[10] bei denen bewehrter oder unbewehrter Normalbeton (Schwerbeton, wie er seinerzeit genannt wurde) zwischen Wärmedämmplatten als tragender Kern betoniert wird. Als Wärmedämmplatten dienten zunächst die seit Jahrzehnten verwendeten Holzwolle-Leichtbauplatten, z. B. Heraklith. Bei den Mantelbetonwänden wurden die besonderen Eigenschaften der Werkstoffe in idealer Weise verbunden. Der Betonkern mit seiner großen Tragfähigkeit ist daneben als Wärmespeicher und für die Luftschalldämmung günstig. Die Dämmplatten dienten dem Wärmeschutz, sie verringerten die Auswirkungen zu schneller Abkühlung und Austrocknung auf den Betonkern, erzeugten ein besseres Raumklima durch verzögerte Feuchtigkeitsaufnahme und -abgabe, ließen geringere Heizkosten erwarten und wurden – kostensenkend – als Schalelemente genutzt. Die Mantelbetonwände waren insgesamt weniger dick als bauphysikalisch nachzurüstende nackte Betonwände, womit ein, wenn auch geringer Zugewinn an Wohnfläche anfiel.

Der Anfang

Die ursprüngliche Bauart Feidner bestand aus einem Spargerüst mit Pfosten (Abb. 5, 6), an die etwa 50 cm hohe und 25 bis 50 mm dicke Holzwolle-Leichtbauplatten angelegt und der Zwischenraum bis knapp auf diese Höhe mit gestochertem Beton wie bei der Pisébauweise gefüllt wurden. Dann folgte die nächste Lage. Es wurden Wohnhäuser mit bis herab zu 4,5 cm dicken Betonkernen gebaut. Unter anderem regelte eine Zulassung des Landes Baden vom 15. Dezember 1949 diese Bauweise. Die Wanddicken in den beiden oberen Geschossen in Gebäuden mit bis zu vier Vollgeschossen waren somit bei 2 x 4 cm dicken Leichtbauplatten und 4,5 cm Kerndicke ins-

Abb. 3
Rest eines Schulhauses in Castelferrus

gesamt 12,5 cm dick. Voraussetzung für die Ausführung war, wie bei allen weiteren Entwicklungen und in den Zulassungen vorgesehen, dass die Decken immer kreuzweise bewehrt sein mussten. Diese erste Zulassung stützte sich auf die Prüfungen und Begutachtungen des »Instituts für Beton und Stahlbeton« an der Technischen Hochschule Karlsruhe: von Professor Karl Kammüller.

Feidner-Kastenbauart

Feidner entwickelte sein System weiter. Die Dämmplatten wurden nun geschosshoch als Schalelemente in Sparschalungen eingestellt, die Betonkerne ab 7,5 cm mit je 2,5 cm zunehmend gestuft. Die 7,5 cm dicken Wände wurden wegen des Zeitaufwands und der Fehleranfälligkeit nur noch selten ausgeführt. Das Betonieren solch dünner Kerne in geschosshoher Schalung erforderte viel Erfahrung, Kornauswahl und Luftporenbildner halfen dabei. Holzwolle-Leichtbauplatten traten in den Hintergrund; vor allem Gipsplatten (Rigips, Knauf) wurden immer mehr verwendet. Sie saugen das Anmachwasser aus dem Beton ab und steigern damit die Festigkeit wie ein ‚Vakuumbeton'. Die Festigkeitssteigerung des beidseitig mit Gipsplatten verkleideten Betons erreichte 60 bis 100 % gegenüber den in Holzschalung betonierten Betonwänden. Die Gipsplatten mussten vor dem Betonieren angefeuchtet werden, dann war in den Versuchen kein Ablösen vom Betonkern festzustellen.

Die Bewehrung wurde auf das Notwendigste begrenzt. Lediglich die Wandecken und die einlaufenden Decken wurden mit einfachen Bewehrungsstäben oder -matten eingebunden (Abb. 7).

Ausgeführte Bauwerke

Eine große Zahl von Wohnhäusern in Süd- und Norddeutschland entstand nach dem beschriebenen Feidner-System. Von 1956 bis Anfang 1974 wurden im Raum Hamburg (nach einer Aufstellung der mit dieser Bauweise sehr erfahrenen Bauunternehmung Franz Glogner in Hamburg) mindestens 2175 Wohneinheiten, darunter das Astra-Hochhaus an der Reeperbahn (Abb. 8) hergestellt. Die Geschosszahlen ab Erdgeschoss reichen von fünf bis 18. In dieser Aufstellung sind z. B. das Aalto-Haus in Bremen, »Neue Vahr« (Abb. 9) von 1959–1961, das 1996 unter Denkmalschutz gestellt worden ist, und zahlreiche andere Bauwerke nicht enthalten, wie z. B. Hochhäuser in Stuttgart[11] (Abb. 10, 11).

Bei einem Großteil der frühen Projekte war Werner Pfefferkorn mit seinem Büro beteiligt; er hatte sich zunächst als Mitarbeiter von Professor Deininger in Stuttgart viel mit Wandbauarten, Mau-

Abb. 4
Wahrscheinlich erstes Betonhaus

Abb. 5, 6
Erste Stufe der Feidner-Bauart

erwerksbau usw. befasst, wovon seine kenntnis- und erfahrungsreichen Veröffentlichungen zeugen. Zahlreiche weitere Projekte betreute dann die »Ingenieurgruppe Bauen« in Karlsruhe.

Der Erfinder

Erich Feidner hat seine Ideen zielbewusst und hartnäckig verfolgt. Vor allem hat er viele Begutachtungen und Untersuchungen veranlasst über die Beanspruchbarkeit des Kernbetons, über die Wirkung der verschiedensten Leichtbau- und Gipsplatten auf die Festigkeitssteigerung des Betons, auf die Schall- und Wärmeschutzeigenschaften der Wände, über den Einfluss der Lage der Plattenstöße, über die Stabilität der Wände in Raumzellen. Mehrere Institutionen waren an diesen Untersuchungen beteiligt: so die Institute der Technischen Hochschulen in Karlsruhe (Professor Karl Kammüller, Professor Gotthard Franz), in Stuttgart (Professor Karl Deininger), in Zürich (Sektionschef P. Haller) und in Braunschweig (Professor Karl Kordina). Erich Feidner hat die Kosten hierfür und für die Ausarbeitung sowie die Umsetzung in Zulassungsanträge durch beratende Ingenieure immer aus seiner Privatschatulle bezahlt und damit viele allgemein gültige Erkenntnisse im Betonbau ermöglicht. Vertiefte Untersuchungen über die Stabilität, z. B. Knicken und Beulen von dünnwandigen, unbewehrten Betonwänden, gingen zu einem großen Teil auf seine Fragestellungen und Versuche zurück. Die von ihm vermutete, die Festigkeit steigernde »Vakuum-Wirkung« der als Schalung und als Wandbekleidung genutzten Gipsplatten erzeugte bei Fachleuten anfangs Lächeln, zahlreiche Versuche gaben Erich Feidner jedoch recht.

Erich Feidner ließ seine Erfindungen, soweit dies möglich war, patentieren. Das ‚Ur'-Patent vom Januar 1952 formulierte als Patentanspruch: »1. Verfahren zur Herstellung von Wänden, Decken und dergleichen aus Beton, dadurch gekennzeichnet, dass zwischen Schalungsteile aus Leichtbaustoffen, welche zugleich die Außenfläche der Wände usw. bilden und als Träger des Putzes und als Wärmedämmschutz dienen, ein zusammenhängender Schwerbetonkern eingegossen wird, der nach seinem Erhärten als starre Scheibe zur Aufnahme der statischen Beanspruchungen dient ...«

Im Patent von 1957 lautete der Anspruch: »1. Tragende Gebäudewand oder dergleichen mit einem unbewehrten Schwerbetonkern und einer bleibenden Schalung aus Platten, dadurch gekennzeichnet, dass zur Steigerung der Betonfestigkeit als bleibende Schalung Gipsplatten oder im gleichen Maß saugfähige, den Wasserhaushalt für die Abbinde- und Erhärtungszeit des Wandbetons gewährleistende Platten dienen ...« (Abb. 12). Knapp 13 Jahre nach der Anmeldung wurde 1965 ein in Fachkreisen erstaunt zur Kenntnis genommenes Patent mit folgendem Anspruch er-

Abb. 7
Sparsame Wandbewehrung der Feidner-Kastenbauart

Abb. 8
Astra-Hochhaus an der Reeperbahn

Abb. 9
Aalto Hochhaus »Neue Vahr« in Bremen

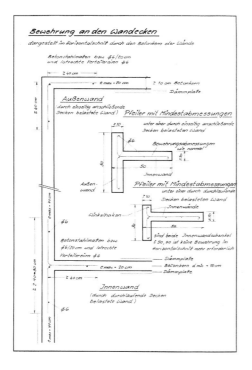

teilt: »1. Verbindung von Bauwerksdecken mit tragenden Wänden, die einen 4 bis 15 cm starken Schwerbetonkern (Scheibe) enthalten, in monolithischer Bauweise, wobei die Decke eine größere tragende Stärke aufweist als die Wandscheibe, dadurch gekennzeichnet, dass die mit gleichbleibender Stärke durchlaufende Decke in die ebenfalls mit gleichbleibender Stärke durchlaufende dünnere Wand ohne Verstärkung übergeht ...« (Abb. 13).

Nach seinen Überlegungen und Lizenzen entstanden zahlreiche Wohnhäuser in Deutschland, der Schweiz, in Südafrika, in Frankreich .... Schwer behindert durch ein im Krieg zugezogenes Leiden, das ihm das Schreiben und die Fortbewegung aus eigener Kraft fast unmöglich machte, war ihm die Weiterentwicklung seiner Bauweise Lebensinhalt und Stütze. Die neue DIN 1045 in der Fassung von 1972 bedeutete das Ende der Entwicklung der Feidner-Bauweise. Die Zulassungen wurden nicht mehr verlängert bzw. nicht mehr angepasst. Alles wurde berechenbar, Erkenntnisse wie die über die Vakuum-Wirkung von wassersaugenden Gipsplatten wurden nicht mehr weiterverfolgt. Die technische Entwicklung im Wohnungsbau war weitergegangen, die Schalungssysteme wurden rationalisiert und optimiert.

Erich Feidner gebührt das Verdienst, in Zeiten des Materialmangels und der Wohnungsnot über mehr als zwei Jahrzehnte eine Bauweise verfolgt, entwickelt und durchgesetzt zu haben, die seinerzeit zu den erfolgreichen und technisch durchdachten zählte.

Gemeinsamkeiten

François Martin Lebrun und Erich Feidner war, obwohl die Zeit ihrer intensiven Arbeit über einhundert Jahre auseinanderliegt, einiges gemeinsam:

Sie waren Architekten von der Ausbildung her, doch in ihrer Arbeit mehr Ingenieure mit Verständnis und Gespür für Werkstoffe und deren Anwendung. Sie wollten beide vor allem wirtschaftlich bauen, um jeden Preis! Lebrun wie auch Feidner grübelten und tüftelten an der Verringerung der Baukosten durch den Einsatz von Sparschalungen, in einem Fall für solche zur Erstellung von Bögen, im anderen für die seitliche Abstützung der Dämmplatten. Sie probierten ihre Überlegungen auf den Baustellen aus. Beide waren überzeugt von den guten Eigenschaften des Betons, dem sie neue Verwendungsbereiche bei niedrigeren Kosten in der Herstellung und bei günstigerer Nutzung seiner Eigenschaften erschlossen. Beide setzten sich persönlich und finanziell Risiken aus, um ihre Ziele zu verfolgen und ihre Ideen umzusetzen. Es gelang ihnen für kurze Zeit. Sie waren Finder und Erfinder.

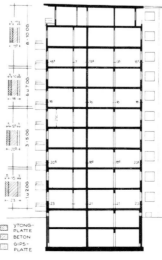

Abb. 10
Hochhäuser in Feidnerbauweise in Stuttgart im Bau und fertig gestellt, 1954

Abb. 11
Schnitt durch die Wände mit den als verlorene Schalung eingebauten Dämmplatten

Anmerkungen

1. P. Collins: Splendeur du béton. Les Prédécesseurs et l'œuvre d'Auguste Perret. Paris 1995. Concrete. The Vision of New Architecture: A Study of Auguste Perret and his Precursors. London 1959.
2. L. J. Vicat: Neue Versuche über den Kalk und Mörtel. Berlin / Posen 1825 [Übersetzung und Erweiterung der Ursprungsschrift: Recherches expérimentales sur les chaux de construction, les béton, et les mortiers ordinaires. Paris 1818].
3. F. M. Lebrun: Practische Abhandlung über die Kunst mit Beton zu bauen. Berlin 1844 [Übersetzung der 1843 in Paris erschienenen Ursprungsschrift »Traité pratique de l'art de bâtir en béton, ou résumé des connaissances actuelles sur la nature et les propriétés des mortiers hydrauliques et bétons ...«].
F. M. Lebrun: Méthode pratique pour l'emploie du béton en remplacement de toute autre espèce de maçonnerie dans les constructions en général. Paris 1835.
4. Lebrun: Practische Abhandlung, wie Anm. 3.
5. Klaus Stiglat: Erste Brücken aus Beton. In: Hartwig Schmidt (Hg.): Zur Geschichte des Stahlbetonbaus. Die Anfänge in Deutschland 1850 bis 1910. In: Beton- und Stahlbetonbau, Spezial (Sonderheft). Berlin 1999.
6. Stiglat, wie Anm. 5.
7. Lebrun: Practische Abhandlung, wie Anm. 3.
8. Lebrun: Practische Abhandlung, wie Anm. 3.
9. Collins, wie Anm. 1.
10. W. Pfefferkorn: Wände im Wohnungsbau, Schriftenreihe der Forschungsgemeinschaft Bauen und Wohnen in Stuttgart, Heft 47. Stuttgart 1957; S. Thomas: Wände im Hochbau, Beton-Kalender 1959, Teil II. Berlin 1959, S. 107–147.
11. H. Grzegorz / F. Kaufmann: Wohnhochhäuser in Feidner-Bauweise, Bauwelt 20 (1954), S. 384 f.

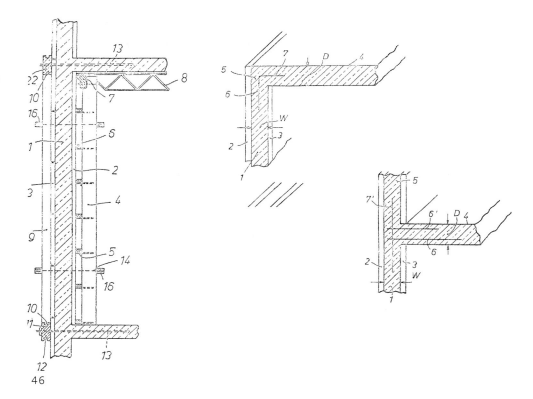

Abb. 12
Schalung aus der Patentschrift von 1957

Abb. 13
Decke-Wand-Übergang aus der Patentschrift von 1965

Betonbau in der Provinz – Die Vorwohler Zementbaugesellschaft

Matthias Seeliger

Der aus unserer heutigen Welt nicht mehr wegzudenkende Stahlbetonbau hat, wie jede ‚große' Entwicklung, seine ‚kleinen' Wurzeln, deren wichtigste bis in das Zeitalter der Industrialisierung zurückreichen. Speziell sei dazu im Folgenden der Blick auf die deutschen Stampfbetonbauten der 1870er-Jahre gerichtet. Auch für deren Bauweise lassen sich wiederum Vorläufer finden: Lehm-Pisébau, Kalk-Sand-Pisébau und Cendrinbau (Hauptbestandteile der Mischung: Kalk sowie Steinkohlenasche bzw. Schlacke).[1] Neuartig – und den Namen »Stampfbeton« rechtfertigend – war die Verwendung von Zement. Insbesondere der nach 1850 zunächst importierte, bald aber auch in Deutschland hergestellte Portlandzement bildete die Grundlage der nun beginnenden Anwendung dieses Baustoffs im Hochbau.

»Betonbau in der Provinz« – in diesem Titel steckt scheinbar ein Widerspruch: Betonbau verbinden wir in unserer Vorstellung eher mit großen Städten, nicht so sehr mit einem ländlichen Umfeld. Die Tatsache, dass die »Victoriastadt«, die erste (und einzige) größere Siedlung in Deutschland aus Stampfbeton-Bauten, vor den Toren Berlins errichtet wurde,[2] bestätigt diese Ansicht. Wenn dennoch wenige Jahre später im abgelegenen Kreis Holzminden mehrere vergleichbare Gebäude entstehen konnten, lag dies am Zusammentreffen mehrerer Umstände:

Erstens ist in diesem Zusammenhang die Gründung der Portlandzementfabrik in Vorwohle, Kreis Holzminden, zu nennen. Beim Bau der 1865 vollendeten Eisenbahnlinie von Kreiensen nach Holzminden hatte der Ingenieur Godhard Prüssing das Kalksteinvorkommen nordwestlich des Dorfes Vorwohle kennen gelernt. Dort findet sich direkt unter der Oberfläche eine dicke Schichtfolge des Unteren Muschelkalk mit den zur Herstellung eines guten Zements erforderlichen Rohstoffen. Prüssing verließ 1866 den Staatsdienst, um in der Industrie tätig zu werden.[3] 1872 gründete er gemeinsam mit dem Kaufmann Friedrich Planck die Vorwohler Portlandzementfabrik. Im folgenden Jahr konnte die Produktion aufgenommen werden; bald wurden 150 Arbeiter beschäftigt.[4] 1874 warb bereits Gustav Kirst in Berlin als dortiger Vertreter der Fabrik für »Vorwohler Portland=Cement vorzüglicher Qualität zu billigen Preisen, in Wagenladungen und vom Lager«.[5] In jenem Jahr kaufte die Firma auch ein Grundstück an der Straße nach Lenne und errichtete dort sieben Arbeiterwohnhäuser,[6] auf die wegen ihrer Bauweise noch ausführlich einzugehen sein wird. Zur wirtschaftlichen Situation in jener Anfangsphase sei aus einem 26 Jahre später erschienenen Werk über die braunschweigische Industrie zitiert: »*Die Schwierigkeiten, die sich einer günstigen Entwicklung des jungen Unternehmens entgegenstellten, waren anfänglich – besonders in der Zeit des allgemeinen Geschäftsrückganges in der Mitte der siebziger Jahre – so bedeutend, daß sich der Betrieb erst nach ungefähr acht Jahren rentabel gestaltete. Später wuchs mit der wieder lebhafter werdenden Bautätigkeit und mit der vielseitigeren Anwendung des Portlandzementes (...) die Nachfrage, so daß die Produktion allmählich gesteigert werden konnte.*«[7]

An zweiter Stelle ist die aus kleinsten Anfängen im Winter 1830/31 hervorgegangene Baugewerkschule in Holzminden – eine der ältesten Deutschlands – zu nennen. Zur hier interessierenden Zeit war sie noch in Privatbesitz unter der Leitung von Gustav Haarmann, dem Sohn ihres

Gründers Friedrich Ludwig Haarmann. Die Schule, deren Tradition heute von der Fachhochschule Hildesheim / Holzminden / Göttingen fortgeführt wird, wurde im Winter 1876/77 von 1025 Schülern besucht,[8] besaß also eine beachtliche Bedeutung auch über ihre engere Umgebung hinaus. Überregional bemerkbar machen konnte sie sich durch die seit 1857 erscheinende, von F. L. Haarmann begründete »Zeitschrift für Bauhandwerker«. Wie bei nicht wenigen technologischen Periodika jener Zeit lag ihre Stärke weniger in der Erstveröffentlichung bahnbrechender Neuerungen als vielmehr in der Tauglichkeit für die alltägliche Arbeit ihrer Leser: Sie bot zwar auch Originalbeiträge, speiste sich aber daneben aus Übernahmen und Paraphrasen der in anderen Zeitschriften erscheinenden Aufsätze. Als Autoren traten vor allem Lehrer der Holzmindener Baugewerkschule auf.

Die Bibliothek der Baugewerkschule bot mit der in ihr bereitgestellten Literatur die Möglichkeit, sich auch fernab der Zentren über die Entwicklung der neuen Stampfbeton-Bauweise zu informieren. Dazu einige Hinweise: Zu den ersten Publikationen gehörten die Reiseaufzeichnungen von Alexis Riese »über englische Konkretbauten«. Sie erschienen 1871/72 in der »Deutsche[n] Töpfer- und Ziegler-Zeitung«, aus der sie u. a. die »Baugewerks-Zeitung« übernahm.[9] Umgekehrt übernahm die »Deutsche Töpfer- und Ziegler-Zeitung« 1873 (ohne die Abbildungen!) die Beschreibung der bei Berlin errichteten Konkretbauten der »Baugewerks-Zeitung«.[10] Über Rieses Bauten bei Berlin berichtete die »Deutsche Bauzeitung« bereits 1871. In der Holzmindener »Zeitschrift für Bauhandwerker« konnte man sich 1873 *über die Anwendung des Betons zur Herstellung von Wohnhäusern* informieren,[11] und zwar im Hinblick auf Beispiele in Salzburg, deren Kenntnis der »Zeitschrift des österreichischen Ingenieur- und Architektenvereins« entnommen worden war. Weitere Beispiele ließen sich anfügen.

Drittens muss, allen strukturgeschichtlichen Ansätzen zum Trotz, der Name eines Mannes fallen, ohne dessen Tätigkeit die uns interessierenden Bauten nicht entstanden wären: Bernhard Liebold. 1843 in der Provinz geboren: in Roda / Sachsen-Anhalt;[12] in der Provinz ausgebildet: während der Winter 1861/62 bis 1863/64 an der Baugewerkschule Holzminden; in der Provinz (oder genauer gesagt: von dort aus) tätig: ab 1868 in Holzminden, wo er schließlich 1916 starb.

Bernhard Liebold stammte aus einer Handwerkerfamilie. Schon sein Vater war als Zimmermann in den 1830er-Jahren auf seiner Gesellenwanderung in Holzminden gewesen und hatte hier mit Haarmanns Kursen die Frühzeit der Baugewerkschule erlebt. In einer autobiographischen Skizze schrieb Bernhard später: »*Nach dem Willen meiner Eltern sollte ich studieren, die allzufrühe und unausgesetzte Beschäftigung mit den verschiedensten Lehrgegenständen und das stete Zurückhalten von kindlichen Spielen bei lebhaftem Geiste hatten mir jedoch einen solchen Unwillen, hauptsächlich gegen fremde Sprachen, eingeflößt, daß ich nur gezwungenermaßen das Notwendigste arbeitete und soviel wie möglich anderen Beschäftigungen mich hingab. Weder Bitten noch Drohungen konnten mich ändern, und erhielt mein Vater bei der Ostern 1858 zu Eisenberg erfolgten Konfirmation vom damaligen Herrn Pastor Ludewig den Rat, mich nicht länger zum Schulbesuch zu zwingen, sondern meinem Willen gemäß Zimmermann werden zu lassen.*«

Der Junge ging nunmehr bei seinem Vater in die Lehre. Ab 1861 verbrachte er drei Winter als Schüler der Baugewerkschule in Holzminden. Es folgten erste Erfahrungen in praktischer sowie unternehmerischer Tätigkeit. Am 15. Februar 1868 erhielt er den »Nachweis der Befähigung zur selbständigen Leitung und Ausführung von Bauten« in Sachsen-Altenburg, und zwar mit der Note »sehr gut«. Wenige Monate später verließ er jedoch endgültig seine Heimat und wechselte als Lehrer an die Holzmindener Baugewerkschule.

In den nun folgenden Jahren seiner Lehrtätigkeit veröffentlichte Bernhard Liebold zahlreiche Publikationen, von kurzen Zeitschriftenaufsätzen bis hin zu mehrbändigen Lehrbüchern. Dabei ging es ihm immer um praktische Fragen, deren Erörterung auch den an der Baugewerkschule ausgebildeten Handwerkern Nutzen bringen konnte, nicht um die Auseinandersetzung mit theoretischen Problemen. »Ziegelrohbau« und »Holzarchitektur« waren von ihm behandelte Themen, des Weiteren »Brennöfen« und »Trockenanlagen für Ziegeleien«, schließlich – vor dem Hintergrund des sich ausbreitenden Historismus' – »mittelalterliche Holzarchitektur« sowie die »deutsche Renaissance«.

Nichts deutete vorerst auf seine baldige Wendung zum Betonbau hin. Sowohl in technischer als auch in kaufmännischer Beziehung war Liebold allerdings keineswegs der Mann, der hauptsächlich rückwärts blickte – im Gegenteil. Neben seiner Arbeit für die Schule bot er unter der Bezeichnung »Technisches Bureau von B. Liebold, Holzminden« die Projektierung von Fabrikanlagen, statische Berechnungen, Kostenanschläge und Gutachten an.[13] Offenbar auf diesem Wege kam er intensiv mit dem neuen Baustoff Portlandzement in Berührung, zunächst speziell mit dessen Herstellung: Die Herren Prüssing und Planck konnten ihn nämlich für die Projektierung ihrer bereits erwähnten Zementfabrik in Vorwohle gewinnen.[14]

Waren dabei zunächst seine technischen Kenntnisse gefragt, kam nach Fertigstellung der Zementfabrik auch sein kaufmännisches Interesse ins Spiel. Der bereits zitierte Bericht über die Schwierigkeiten in der Anfangsphase jenes Unternehmens nennt einen wichtigen Weg zur Hebung des Absatzes: die »vielseitigere Anwendung des Portlandzementes«! Eine der Möglichkeiten, welche es in dieser Hinsicht zu prüfen galt, war seine Verwendung im Hochbau. Die Gründer der Vorwohler Fabrik ergriffen gemeinsam mit Bernhard Liebold die Initiative und errichteten 1873, also noch im Jahr des Produktionsbeginns ihrer Zementfabrik, ein weiteres Unternehmen, das sich der Nutzung dieses Erzeugnisses widmen sollte: die »Vorwohler Zement-Baugesellschaft Prüssing, Planck & Co.«. 1882 wurde daraus die »Vorwohler Zementbaugesellschaft B. Liebold & Co.«, vier Jahre später die »B. Liebold & Co. KG«, schließlich 1900 eine Aktiengesellschaft.[15] 1922 mit der Firma Habermann & Guckes vereinigt, bestand das Unternehmen bis in die Zeit nach Ende des Zweiten Weltkriegs.

25 Jahre nach Gründung dieser ‚Baugesellschaft' hieß es in einem Werbeblatt, Bernhard Liebold habe den Zementbau *»zu seiner Lebensaufgabe«* gemacht.[16] Rückblickend wurde dazu ausgeführt: *»Der Betonbau war damals in Deutschland noch unbekannt, und es war sehr schwer, Behörden und Privatunternehmer für dessen Anwendung zu interessieren. Nur mit vielen Opfern und nach sehr vielen Versuchen ist dies schließlich gelungen.«* Es gelang vor allem im Bereich des Brückenbaus sowie in der Ausführung von Wasserbehältern, Wehren etc. – weniger im Hochbau. Im Folgenden sollen jedoch gerade die von B. Liebold errichteten Wohn- und Fabrikgebäude behandelt werden, gehören sie doch zu den frühesten ihrer Art in Deutschland.

Anregung für den lokalen Betonbau

Bernhard Liebold war nicht der ‚Erfinder' des Betonbaus. In seinen Publikationen zum Thema berief er sich immer auf Vorbilder, die er als Anregung aufgegriffen hatte: die englischen »Konkretbauten« (so die damalige Bezeichnung der in Stampfbeton-Bauweise errichteten Häuser) sowie die ersten nachfolgend in Deutschland entstandenen Bauten in Oberschwaben und bei Berlin. Ob er eines dieser Gebäude aus eigener Anschauung kannte, ist nicht mehr festzustellen. Die zeitgenössische Literatur stellte ihm allerdings zahlreiche Veröffentlichungen zur Verfügung, aus denen er seine Kenntnisse gewinnen konnte. Der bereits erwähnte Alexis Riese war unter Nutzung seiner in England gewonnenen Anschauungen im November[17] 1872 Mitbegründer der Berliner Zementbau-Aktiengesellschaft, die wohl als direkte Anregung für die Herren Prüssing, Planck und Liebold in Vorwohle bzw. Holzminden angesehen werden darf. Rieses Gesellschaft wollte in der Nähe Berlins in großem Umfang Arbeiterwohnungen in Stampfbeton-Bauweise errichten: die »Victoriastadt«.

Die »Baugewerks-Zeitung« berichtete bereits in ihrer Ausgabe vom 29. Oktober 1871 über »*die Versuchs-Station für Konkret-Bau gegenüber der Glashütte Boxhagen*«,[18] worunter man sich nicht mehr als den probeweisen Bau eines ersten Arbeiterwohnungshauses vorstellen darf. Abschließend hieß es in dem Beitrag: »*Der Bau ist ein Versuch, diese in England schon seit einiger Zeit gebräuchliche Bauweise auch bei uns einzuführen. Über die Höhe der Baukosten im Vergleich mit den Kosten eines Baues von gleichen Verhältnissen aus Ziegelmauerwerk konnte mir keine Auskunft gegeben werden, da dieselben erst nach Vollendung des ganzen Gebäudes festgestellt werden sollen.*« Auch in den folgenden Jahren war die »Baugewerks-Zeitung« eine wichtige Quelle, wollte man sich über den Fortschritt der durch die inzwischen gegründete Aktiengesellschaft getragenen

Bauten bei Berlin informieren.[19] Nach etwa zwei Jahren waren bereits 58 Häuser fertig gestellt. Bei den ersten 19 bestand nur das aufgehende Mauerwerk aus Stampfbeton, die weiteren erhielten jedoch auch flach gewölbte Decken aus dieser Masse. Drei besaßen sogar Zementdächer.[20]

Noch ein zweites, weniger wichtiges Vorbild für Bernhard Liebolds Betonbauten sei hier kurz erwähnt, ohne dass ausführlich darauf eingegangen werden soll. 1870 in der »Deutsche[n] Bauzeitung« publiziert,[21] entstanden ab ca. 1868 in Oberschwaben an der Donaubahn der württembergischen Staatsbahn Wärterhäuser aus Zementbeton. Vor allem wegen des Mangels sowohl an Natur- als auch an guten Backsteinen in jener Gegend hatte man dort die neuartige Bauweise aufgegriffen, denn Sand und Kies standen an der Donau zur Verfügung und ermöglichten es, preiswerter zu bauen als unter Verwendung von Steinen.[22]

1875 erschien im Verlag G. Knapp in Halle/S. ein Buch Bernhard Liebolds mit dem Titel: »*Der Zement in seiner Verwendung im Hochbau und der Bau mit Zement-Béton zur Herstellung feuersicherer, gesunder und billiger Gebäude aller Art. Nach eigenen und fremden Erfahrungen bearbeitet.*« Im Vorwort äußerte sich der Verfasser zum Programm dieser Schrift: »*Es soll hauptsächlich eine neuere Art der Zement-Verwendung, als Baumaterial, Beton oder Grobmörtel ins Auge gefaßt und die Benutzung desselben zu Hochbaukonstruktionen erörtert werden. Der Zementbeton findet in neuerer Zeit nicht allein Verwendung zur Herstellung einzelner Bauteile, sondern er kann sogar zu allen wesentlichsten Konstruktionen der Hochbauten, wie z. B. Mauern, Decken, Gewölben etc. benutzt werden. Im Anschluß an den Bau mit Zementbeton wird ferner noch die Benutzung desselben zur Herstellung von Dacheindeckungen, Fußböden, Werkstücken usw. erörtert werden, da Beschreibungen hierüber bisher nur zerstreut in Zeitschriften und Preiscouranten zu finden waren.*«[23]

Wie bereits erwähnt, ging es damals nicht zuletzt darum, für die Verwendung des Portlandzements im Bauwesen zu werben. Dazu B. Liebold: »*Die Trockenlegung feuchter Wohnungen, die Herstellung wasserdichter Keller, Senkgruben, Reservoirs etc. ist nur mit Anwendung eines guten Zementmörtels möglich, ebenso ist die Herstellung von künstlichen Treppenstufen, Platten, Gesimsen, Rinnen, Röhren usw., welche sonst aus Sandstein gefertigt werden, bei gleicher Dauer und Festigkeit, aber beträchtlich schneller und billiger nur von diesem Material zu bewirken.*«[24]

Arbeiterhäuser bei Vorwohle

Die Nutzung des Stampfbetons im Hochbau begann mit seiner Verwendung zunächst für einzelne Bauteile. 1874 errichtete Bernhard Liebold im Auftrag der Vorwohler Zementfabrik sieben Ar-

Abb. 1
Heutige Ansicht des Wohnhauses in Holzminden, erbaut 1877

Abb. 2, 3
Wohnhaus in Holzminden, Fassadendetails in Beton

beiterwohnhäuser an der Straße von Vorwohle nach Lenne.[25] Er betrachtete dies als »*ausgedehnte Versuche über die Anwendung des Zementbetons*«. Seinen anschließend veröffentlichten Angaben zufolge wurden dabei die Erwartungen hinsichtlich der Festigkeit des neuen Materials übertroffen, was ihn wiederum zur weiteren Anwendung ermunterte.

Die Mauern dieser Arbeiterwohnhäuser wurden in herkömmlicher Weise aus Kalksand-Ziegelsteinen gebaut. Sämtliche Decken wurden jedoch aus Zementbeton hergestellt, ebenso Kellerfußböden sowie die Böden in Fluren, Küchen usw. Auch die Treppen bestanden aus Beton. Schließlich wurde dieses Material bei einem ‚Probehaus' sogar für das Dach verwendet.[26]

Bei Versuchen sind immer auch Fehler möglich. Bernhard Liebold scheute sich nicht, auf einen solchen in seinem Buch ausführlich einzugehen.[27] Als Problem erwies sich in jenem Fall das Widerlager eines Deckengewölbes. Wegen mangelnder Ableitung des Schubs wichen die gemauerten Wände aus und das Gewölbe musste eingerissen werden – übrigens eine Arbeit, die Zeugnis ablegte von der Festigkeit des Betons! Mit einer Änderung der Konstruktion des Widerlagers konnte das Problem anschließend behoben werden.

Bei den Arbeiterwohnhäusern betrug die größte Spannweite der Gewölbe 3,6 m, die Stichhöhe $1/12$ der Spannweite und die Stärke 12 bis 15 cm.[28] Als gewöhnlich zu wählende Form des Gewölbes bezeichnete B. Liebold die preußische Kappe;[29] er experimentierte jedoch – worauf noch eingegangen wird – auch mit böhmischer Kappe und Kreuzgewölbe. Etwa zeitgleich mit dem Bau der Arbeiterwohnhäuser bei Vorwohle stattete er bei zwei Wohnhäusern in Holzminden die Kellerräume mit Betongewölben aus,[30] während ansonsten bei diesen Gebäuden offenbar ‚konventionell' gebaut wurde.

Hinsichtlich des in dieser Anfangsphase verwendeten Materials muss nicht nochmals hervorgehoben werden, dass das spezielle Ziel die Anwendung des Portlandzements war. Über dessen Eigenschaften äußerte sich B. Liebold ausführlich in seinem Buch.[31] Als sehr wichtig erwies sich für ihn die Beimischung von Steinkohlenschlacke, um die zur Aufnahme von Wasser erforderliche Porosität der Wände zu ermöglichen und so deren Beschlagen zu verhindern. Mit Steinkohleschlacke hergestellter Zementbeton kam seiner Erfahrung zufolge »*den porösesten Ziegelsteinen gleich, hat aber auch die größte Festigkeit, weil die Natur guter Steinkohlenschlacke die festeste Verbindung der Masse unter sich gestattet und weil die Natur der Steinkohlenschlacke eine so lockere, trockene, zerrissene und zerklüftete ist, daß wir in derselben ein im höchsten Grade poröses Material vor uns haben.*«[32] Des Weiteren führte er aus: »*Die Steinkohlenschlacke muß vor der Verwendung durch Sieben und Waschen von den feinen Aschenteilchen gereinigt und gleichfalls in Körnern von möglichst gleicher Größe gewählt werden. Gewöhnlich bezieht man die Schlacke von den Lagerplätzen der Ei-*

Abb. 4
Fassadenzeichnung, Wohnhaus in Holzminden, erbaut 1877

Abb. 5
Schnitt, Wohnhaus in Holzminden

Abb. nächste Doppelseite
Ofenhaus der Gasanstalt Holzminden, Firma Liebold 1909

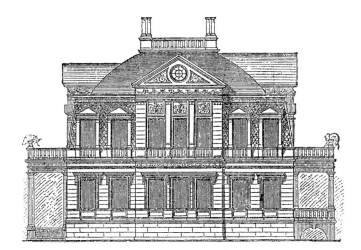
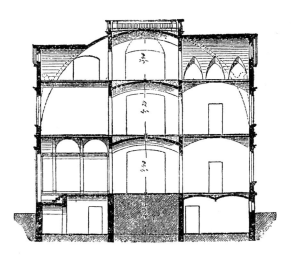

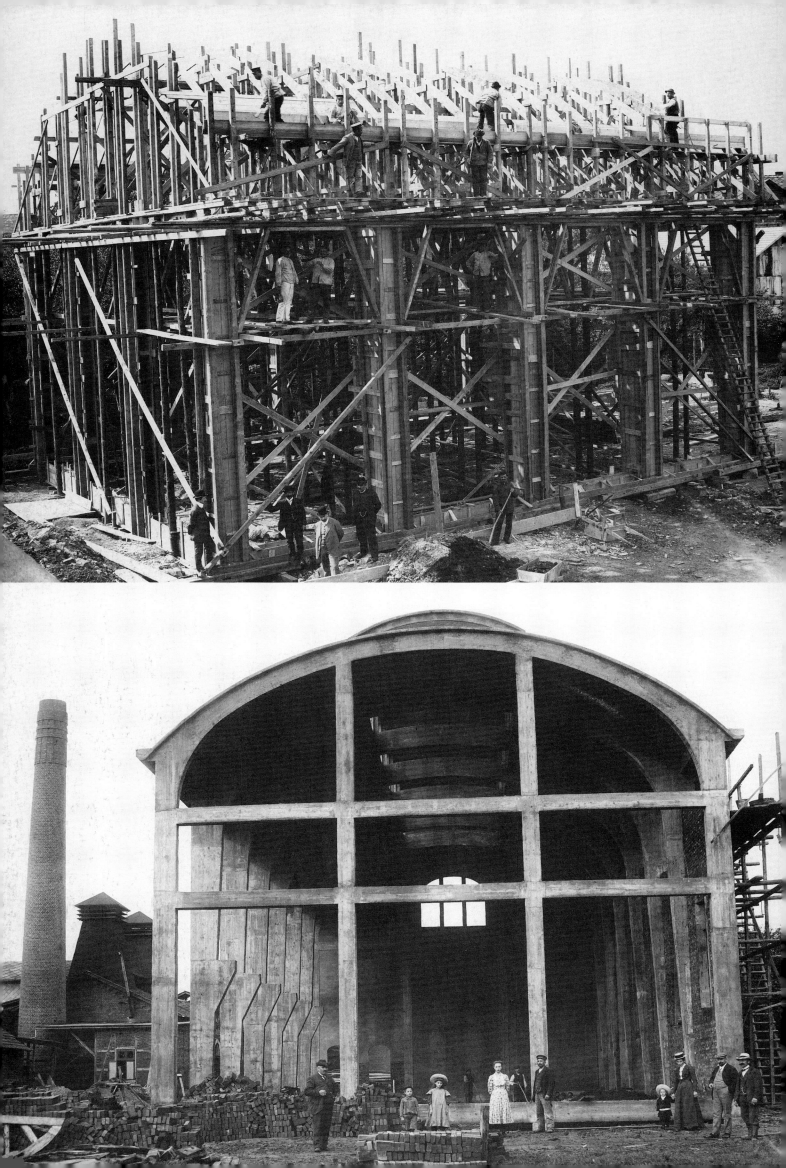

senbahnen und größerer Etablissements, wo sie bereits von den unregelmäßigen und großen Schlacken und Stücken befreit ist, und man hat dann nur nötig, sie durch Waschen, wie bei dem Sand schon beschrieben, von den Staubteilen zu befreien.«[33]

Ein Musterhaus in Holzminden

Ein entscheidender Schritt war der Bau von Häusern vollständig aus Stampfbeton. 1877 errichtete Bernhard Liebold ein solches Gebäude in Holzminden an der Bahnhofstraße (heutige Haus-Nr. 23; vgl. Abb. 1): Als Bauherr trat Kaufmann Friedrich Planck auf, Mitgründer der Portlandzementfabrik und Zementbaugesellschaft Vorwohle. Man darf diesen Bau als Musterhaus interpretieren, mit dem die Aufmerksamkeit der Bauwelt auf den Grobmörtelbau gelenkt werden sollte. Unter diesem Vorzeichen wurde er auch im selben Jahr in der »Deutsche[n] Bauzeitung« von seinem Urheber publiziert[34] – die folgende Beschreibung orientiert sich an diesem Bericht.

Das Gebäude wurde komplett aus Grobmörtel oder Stampfbeton bzw. Konkretmauerwerk – die Begriffe verwendete Liebold synonym – hergestellt. Die Außenmauern besitzen eine Stärke von 30 cm, die inneren Mauern 25 bzw. 20 cm; im Kellergeschoss sind sämtliche Mauern jeweils 10 cm stärker. Fundament- und Kellermauern wurden in Erdgräben gestampft und die Kellerräume erst nach Erhärten dieser Mauern durch Ausschachten hergestellt. Für das aufgehende Mauerwerk wurde die Betonmasse schichtweise in Schalungen gestampft. Lediglich die ausladenden Gesimse der Außenmauern bestehen aus Ziegelsteinen, für deren Befestigung zuvor durch Einlegen von Hölzern ein Spalt freigehalten worden war. Schornstein- und Ventilationsröhren wurden ebenfalls durch entsprechende Formen in der Betonmasse freigehalten. Einzelne gestaltete Elemente wie Gesimse, Friese, Fensterumrahmungen, Brüstungen usw. wurden vor Beginn des Baus aus Grobmörtel hergestellt und während der Aufführung der Mauern versetzt und befestigt. Die Fenster- und Türöffnungen der Außenmauern wurden durch später entfernte Brettformen freigehalten.

Für die Decken wurden im Hinblick auf die Funktion des Gebäudes als Musterhaus verschiedene Gewölbeformen gewählt: preußische und böhmische Kappen sowie Kreuzgewölbe. Vermengte man für Außenmauern und Dächer den Zement mit Sand und Kies, ersetzte man für die Gewölbe ebenso wie für die Treppen den Kies durch Steinkohlenschlacke. Dies geschah wegen des geringeren Gewichts dieses Materials – das noch wenige Jahre zuvor vertretene Argument der Porosität scheint keine Rolle mehr gespielt zu haben!

Das durchgehende, auf dem Erdgeschoss ruhende Dachgewölbe ist über dem quadratischen

Abb. 6 – 8
Erdgeschossgrundriss, Ansicht, Schnitt
Entwurf von Bernhard Liebold für das Gasthaus in Vorwohle, 1876

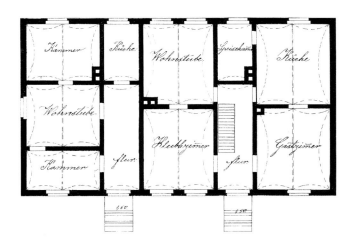

Grundriss als Halbkugel konstruiert, als solche für den Betrachter allerdings nicht erkennbar, da es nach außen im ersten Obergeschoss als Mansarde gestaltet ist. Diese Mansarde empfand B. Liebold als »*stilistisch anfechtbar*« und wies ausdrücklich darauf hin, dass sie dem Wunsch des Bauherrn entsprungen sei; er musste zugleich zugeben, dass sich so das Dach und eine »*solide Dachrinnen-Anlage*« am einfachsten verbinden ließen. Die Stärke des Gewölbes verringert sich von im untersten Bereich 30 cm auf zehn bis zwölf im Scheitel. Die Dachrinnen waren ursprünglich lediglich durch Erhöhung der Mansardenwände gebildet. Probleme mit der Dichtigkeit des Dachgewölbes führten einige Jahre nach dessen Ausführung zur Anlage eines Ziegeldachs, dem auch die Plattform weichen musste.

Noch weitere Beeinträchtigungen hatte das Haus in der Folgezeit hinzunehmen: So wurde an der Südseite ein zweigeschossiger Wintergarten mit Pultdach angebaut – ob er die in der Publikation 1877 gezeigte Veranda ersetzte oder ob jene niemals ausgeführt worden war, ist unklar. Stilistisch präsentiert sich das Haus als typische Villa des Historismus'. Insbesondere nach Überdeckung der Betonkuppel mit einem Ziegeldach und dem Verlust der inzwischen baufällig gewordenen Schornsteinbekrönungen sowie der Balustrade im 20. Jahrhundert weist es äußerlich kaum eine Besonderheit auf. So stand es bis vor wenigen Jahren, als weder Baugeschichte noch verwendetes Baumaterial bekannt waren, auch nicht unter Denkmalschutz.

Das hat sich inzwischen gewandelt. Insofern erbrachte die jüngste Nutzungsänderung (vom Musikaliengeschäft zur Anwaltskanzlei) sogar den Rückbau einiger unschöner Umbauten vergangener Jahrzehnte. Vor allem wurden 1997 durch den Restaurator Ulrich Heitfeldt, Hannover, umfangreiche Untersuchungen zur historischen Polychromie des Gebäudes durchgeführt, auf die kurz eingegangen werden soll. Die Außenwände wurden demzufolge dominiert von einem sehr hellen Grau, fast einem gelbstichigen, gebrochenen Weiß. Die Fugenimitationen wurden durch rötliche Farbe betont. Die Gesimse und Fensterbedachungen waren in einem mittleren Grauton gestrichen. An Zierformen und Fensterlaibungen konnte wiederum der rötliche Ton nachgewiesen werden. »*Eine Probe aus dem Bereich des Festons im Dachgeschoß verweist auf eine aufwendige Polychromie.*« Mangels vollständiger Einrüstung des Gebäudes konnte Heitfeldt hier jedoch keine nähere Untersuchung vornehmen.

Die Intention bei der Wahl dieser ursprünglichen Fassung ist unschwer zu erkennen: Es sollte ein Werksteinbau vorgetäuscht werden, was bereits durch die Verzierungsformen geschah und mit der Farbgebung unterstrichen wurde. Das neue Material wurde zunächst zum Bau in alten Formen genutzt – eine für viele Übergangsphasen typische Erscheinung.

Zu den Innenräumen sei abschließend Heitfeldt zitiert – seine Ermittlungen fügen sich nahtlos

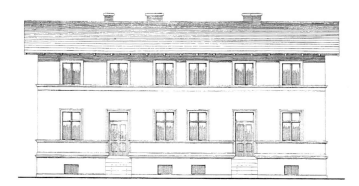
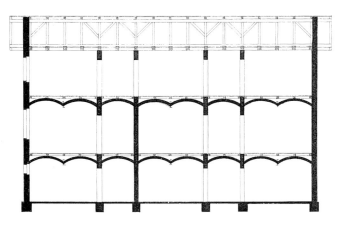

dem bisher Gesagten an: »*Bei der Erstausmalung handelt es sich im Bereich der Wand- und Deckenflächen um eine steinimitierende Farbgebung (Marmorierung), wobei die Wandflächen sehr glatt geputzt und abschließend poliert worden sind. Der historische Gipsputz wurde so verdichtet, daß ein gewisser Oberflächenglanz entstanden ist.*«

Bernhard Liebolds Bewertung dieser Bauweise war, wie bei einem der Werbung dienenden Beitrag nicht anders zu erwarten, positiv. Den gewünschten Erfolg, nämlich dem Portlandzement ein neues Verwendungsgebiet zu erschließen, brachte das Holzmindener Haus jedoch nicht.

Weitere Bauten der Vorwohler Zementbaugesellschaft

Ein 1884 benutzter Briefbogen der Vorwohler Zementbaugesellschaft, der wohl auch in jenem Jahr gedruckt wurde,[35] kann als Referenz nur sehr wenige weitere Hochbauten in »Cementbau-Ausführung« nennen:

- Gasthaus in Vorwohle, 1876,
- Wohnhaus[36] ebd., 1877,
- Hotel Maigatter, Kreiensen, 1877,
- Bad in Gandersheim, 1878,
- Wohnhaus Baumeister Peters, Seesen, 1878,
- Wohnhaus Amtmann Mylius, Bevern, 1879,
- Wohnhaus Bauführer Bohe,[37] Osterode, 1880.

Bauteile wie Gewölbedecken oder Treppen kamen allerdings in beträchtlicher Zahl hinzu.
Für das Gasthaus der »Frau Restaurateur Meier« neben der Zementfabrik in Vorwohle liegt der unter dem 26. März 1876 datierte Entwurf Bernhard Liebolds vor.[38] Er zeigt ein zweigeschossiges, voll unterkellertes Gebäude. In Grundrissen und Längsschnitt erkennbar sind Gewölbedecken für Keller und Erdgeschoss (Abb. 6–8). Der zugehörige Schriftwechsel ist leider nicht überliefert.
Für das Haus Bohe in Osterode konnte ebenfalls ein Bauplan ermittelt werden, offenbar vom Bauherrn selbst entworfen.[39] Er zeigt jedoch Innenwände und Decken aus Fachwerk. Ob und in welchem Umfang der Kontakt zur Vorwohler Zementbaugesellschaft hier zu Änderungen geführt hat, geht aus der Bauakte nicht hervor.
Hinsichtlich ihrer geographischen Lage finden sich die nachweisbaren Bauten der Vorwohler Zementbaugesellschaft im Bereich zwischen Holzminden und dem südwestlichen Rand des Harzes – also in einem überschaubaren Gebiet. Einige wurden in nächster Nähe der Zementfabrik errichtet, zwei (in Seesen und Osterode) von zum Baubetrieb gehörenden Personen. Das jüngste Gebäude entstand 1880, also drei Jahre nach dem Holzmindener ‚Musterhaus'. Das ist insgesamt eine ernüchternde Bilanz!
Fragt man nach den Gründen für diese Erfolglosigkeit des Betonbaus in den 1870er-Jahren, kommt als Ursache vor allem die finanzielle Frage ins Spiel. Es ist leider kaum möglich, rückblickend unparteiische Zahlenangaben zu ermitteln und aus ihnen eine sachliche Berechnung zu erstellen. Offenbar waren die ökonomischen Anreize aber nicht groß genug, für den Bereich des Hochbaus weiter dem versuchsweise eingeschlagenen Weg zu folgen. Dazu wäre vor allem eine weit gehende Gleichförmigkeit der zu errichtenden Bauten und Bauteile notwendig gewesen. Der Grundriss des Vorwohler Gasthauses zeigt hierzu Ansätze: Sämtliche Querwände durchziehen die gesamte Breite des Hauses; auch von den weiteren Trennwänden sind jeweils möglichst viele von einheitlichem Maß. Das ergibt allerdings eine sehr starre Aufteilung, die recht bald die Frage nach einem sinnvollen Verhältnis von Funktion und Größe eines Raumes aufgeworfen haben dürfte. Auf diese Weise wurde jedoch die Zahl der notwendigen Schalungselemente minimiert; außerdem erforderte der Einbau gewölbter Decken (vgl. Längsschnitt) passende Raumgrößen.
Diese anzustrebende Gleichförmigkeit führt neben der funktionalen Frage zu einem weiteren Argument, das seinerzeit gegen den Betonbau vorgebracht wurde: »*die Bedenken ästhetischer Natur*«.[40] Sie betrafen zunächst rein äußerlich den Eindruck des verwendeten Materials, bezogen sich des Weiteren aber auch auf das fabrikähnliche Aussehen mancher Betonbauten. Die Gestal-

tung des Gasthauses in Vorwohle mag als Beleg angeführt werden – von der äußeren Form her könnte es auch eine Arbeiterkaserne sein. Deshalb propagierte man seine Verwendung selbst von interessierter Seite weniger für »*eigentliche Wohn-Häuser*« als für »*Werkstätten- und Fabrikbauten, Lagerhäuser, Speicher, Silos, Stallgebäude usw.*«[41]

Eine Nutzung des Portlandzements geschah daher zunächst vor allem im Brückenbau und bei der Erstellung von Wasserbehältern: Diese Bauaufgaben sollten in den beiden letzten Jahrzehnten des 19. Jahrhunderts zur Spezialität der sich aus der Vorwohler Zementbaugesellschaft entwickelnden Firma B. Liebold & Co. werden. Hier bewährte sich der neue Baustoff, bevor er, mit Eisenbewehrung nach Monier versehen, Jahrzehnte nach den ersten Erprobungen in den Hochbau zurückkehrte.

Anmerkungen

1. Zur Einführung in die hier sowie im Folgenden genannten Bauweisen sei verwiesen auf den präzisen Überblick von Andreas Kahlow: Stampfbeton. Frühe Anwendungsbeispiele im Hochbau. In: Hartwig Schmidt (Hg.): Zur Geschichte des Stahlbetonbaus. Die Anfänge in Deutschland 1850 bis 1910. In: Beton- und Stahlbetonbau, Spezial. Berlin 1999, S. 16–26.
2. Kahlow, wie Anm. 1, S. 21–23; Armin Niemeyer: Ein Vorläufer des Betonbaues am Rande Berlins. In: Aus den Forschungen des Arbeitskreises für Haus- und Siedlungsforschung, Berichte zur Haus- und Bauforschung 2. Marburg 1991, S. 97–108.
3. 1828–1903, geb. in Segeberg / Holstein; vgl. Godhard Prüssing †, Tonindustrie-Zeitung 27 (1903), Nr. 123 v. 17. Oktober 1903.
4. Bericht der Handelskammer zu Braunschweig für das Jahr 1874. Braunschweig 1875, S. 15.
5. Baugewerks-Zeitung 6 (1874), S. 107.
6. Niedersächsisches Staatsarchiv in Wolfenbüttel: 12 Neu 5 Nr. 3474; 130 Neu 3 Nr. 857. Diese Häuser wurden 1876 dem Gemeindebezirk Lenne zugelegt.
7. Richard Bettgenhaeuser: Die Industrien des Herzogthums Braunschweig, I. Theil. Braunschweig 1899, S. 229.
8. Zum fünfzigjährigen Jubiläum der Herzoglichen Baugewerkschule zu Holzminden am 3., 4. u. 5. Januar 1882. Holzminden o. J., S. 71.
9. Baugewerks-Zeitung 4 (1872), S. 29 f., 48, 58 f.
10. Baugewerks-Zeitung 5 (1873), S. 117; Deutsche Töpfer- und Ziegler-Zeitung 4 (1873), S. 51.
11. Zeitschrift für Bauhandwerker 17 (1873), S. 15, 28–31.
12. Das heutige Stadtroda / Thüringen.
13. Vgl. Anzeige in: Zeitschrift für Bauhandwerker 18 (1874), S. 127.
14. Stadtarchiv Holzminden: E. 4 Nr. 6.
15. Eine historisch-kritische Aufarbeitung der Firmengeschichte liegt bislang nicht vor. Zur Einführung vgl. Max Liebold: Beitrag zur Geschichte der Firma B. Liebold & Co. AG Holzminden und der Firma Habermann & Guckes-Liebold AG, Jahrbuch für den Landkreis Holzminden 10/11 (1992/93), S. 50–67.
16. Stadtarchiv Holzminden: E. 4 Nr. 6. Die Angaben dieses Werbeblatts wurden übernommen von Bettgenhaeuser, wie Anm. 7, S. 232–236.
17. Datierung laut Baugewerks-Zeitung 6 (1874), S. 5.
18. H. Gerhardt in: Baugewerks-Zeitung 3 (1871), S. 393 f.
19. Vgl. Baugewerks-Zeitung 4 (1872), S. 262 f.; 5 (1873), S. 117 sowie 182 f.; 6 (1874), S. 5 f., 20 f.
20. Ebd. 6 (1874), S. 6.
21. Vgl. Georg Osthoff: Ueber die Anlage und Ausführung von Eisenbahn-Wärterhäusern, Zeitschrift für Bauhandwerker 22 (1878), S. 92–94, 139–141.
22. Bernhard Liebold: Der Zement in seiner Verwendung im Hochbau und der Bau mit Zement-Béton zur Herstellung feuersicherer, gesunder und billiger Gebäude aller Art. Nach eigenen und fremden Erfahrungen bearbeitet. Halle / S. 1875, S. VI. Demgegenüber kaum Neuigkeiten enthält ein kurzer Aufsatz Bernhard Liebolds: Practische Mittheilungen über die Verwendung der Zemente, Zeitschrift für Bauhandwerker 21 (1877), S. 7 f., 27 f., 45–47, 57–59. Rieses Bauten bei Berlin werden ebenfalls im Jahrgang 1877 der Zeitschrift erwähnt (S. 148 f.): »Cementbau. Holzbau«.
23. Ebd. (1875), S. III.
24. Ebd. S. IV f.
25. Ebd. S. 48; vgl. Niedersächsisches Staatsarchiv in Wolfenbüttel: 130 Neu 3 Nr. 857.
26. Ebd. S. 48.
27. Ebd. S. 99–102.
28. Ebd. S. 114.
29. Ebd. S. 103.
30. Ebd. S. 48.
31. Ebd. S. 1–33.
32. Ebd. S. X f.
33. Ebd. S. 79.
34. Deutsche Bauzeitung 11 (1877), S. 458 f.
35. Er nennt Bauausführungen bis einschließlich 1883 (Stadtarchiv Holzminden: I-b-M-b2).
36. Vermutlich das Wohnhaus der Vorwohler Asphalt-Fabrik, über das Liebold kurz berichtete, vgl. Bernhard Liebold: Gutachten über Béton-Bauten im Hochbau, Zeitschrift für Bauhandwerker 24 (1880), S. 3 f, 21–24, 36–39, 53–56, 74–76, 91–93, 105–107, 118–120, hier S. 38.
37. Fälschlich »Bobe«.
38. Kreisverwaltung Holzminden, unverzeichnete Bauakten.
39. Stadtarchiv Osterode: Bauakten Nr. 377/1.
40. Der Portland-Cement und seine Anwendungen im Bauwesen. Bearbeitet im Auftrage des Vereins Deutscher Portland-Cement-Fabrikanten. Berlin 1892, S. 277.
41. Wie Anm. 40.

DIE WOHN

JNGSBAUFABRIKEN

Hartwig Schmidt
Winfried Brenne
Ulrich Borgert

Die Baustelle als Experimentierfeld –
Industrieller Wohnungsbau in Berlin 1924–1931

1923 erschien im Leipziger Paul List Verlag die deutsche Übersetzung der Biographie Henry Fords »Mein Leben und Werk.«[1] Dieses Buch, in dem Ford sehr eindrucksvoll die Methoden schildert, die seinen Aufstieg vom Sohn eines kleinen Landwirts zum Detroiter ‚Automobilkönig' ermöglichten, wurde in Kürze zu einem Kultbuch der »Moderne«. »Fordismus« wurde zum Schlagwort für die angestrebte Modernisierung der nach dem Ersten Weltkrieg daniederliegenden Industrie, aber auch von Architektur, Wohnungswesen und Städtebau. »*Fords Memoiren sind nicht das Werk eines wissenschaftlichen Denkers*«, liest man im Vorwort des Herausgebers, »*sie sind auch kein Lehrbuch des kaufmännischen und industriellen Erfolges. Ford ist auch alles andere eher als ein Literat. In der ganzen etwas saloppen Art, in der er seine Erinnerungen niederschreibt, verrät sich der self-made-man, der Autodidakt. Aber aus jeder Zeile spricht der originelle, urwüchsige Denker, der unbeirrt um alle Tradition doch mit erstaunlicher Zielsicherheit seine eigenen Wege schreitet. Vor allen jedoch ist sein Werk von einem idealistischen Geist getragen, der, im Sonderfall vielleicht rücksichtslos, immer das große Ziel der Menschheit im Auge behält.*«[2] Mit diesem Bild des wagemutigen, doch sozial denkenden Neuerers konnten sich Politiker wie Walther Rathenau ebenso identifizieren wie Martin Wagner, Ernst May und Walter Gropius.

Die große Aufmerksamkeit, die den Ideen Henry Fords in Deutschland entgegengebracht wurde, lassen sich nicht nur durch die geschilderten neuartigen Produktionsvorgänge wie z. B. das Fließband und die allgemeine Bewunderung für das ‚amerikanische Wirtschaftswunder' erklären. Ein wichtiger Grund darüber hinaus war ganz konkret die amerikanische Wirtschaftsförderung durch den »Dawes-Plan«, der nach der Inflation 1924 dazu dienen sollte, die Reintegration der stagnierenden deutschen Wirtschaft in das Weltwirtschaftssystem zu fördern. Mit der Vergabe der amerikanischen Industriekredite war gleichzeitig die Forderung nach einer Rationalisierung der industriellen Fertigung durch Normierung und Typisierung und die Herstellung von Massenprodukten verbunden. Für die Bauproduktion bedeutete das, dass die rückständigen Strukturen des Bauhandwerks zu Gunsten einer Industrialisierung des Wohnungsbaus auf der Grundlage einer Typisierung der Grundrisse und Normierung der Bauteile verändert werden mussten. Ziel der Bemühungen sollte die Wohnung als standardisiertes Massenprodukt sein, erschwinglich für Jedermann.

Über die Architektur der 1920er-Jahre in Berlin ist viel publiziert worden und die Großsiedlungen dieser Zeit sind sorgfältig untersucht und restauriert worden.[3] Trotzdem ist es noch immer schwierig, sich eine Übersicht über die damaligen Experimente zur Industrialisierung des Wohnungsbaus zu verschaffen. Beschrieben wird in der Literatur zumeist ausführlich das Erscheinungsbild der Bauten, jedoch nur selten ihre Konstruktionsweise. Eine zusammenfassende Arbeit über die Bautechnik dieser Jahre in Berlin liegt bis heute nicht vor und deshalb gelten als wichtige Orte, an denen mit neuen Bauverfahren und -materialien experimentiert wurde, noch immer Frankfurt (Ernst May, »Das neue Frankfurt«), Dessau (Walter Gropius, Siedlung Törten), Celle (Otto Haesler), Karlsruhe (Siedlung Dammerstock) und Stuttgart (Werkbundsiedlung 1927). Auch dieser Aufsatz kann die Forschungslücke nicht schließen, sondern nur auf bereits bekannte Beispiele hinweisen.

Was waren die Ursachen für das anscheinend so wenig experimentierfreudige Berlin während der

Abb. vorherige Doppelseite
Produktionshalle des Fertigbetonwerks Karlsruhe-Hagsfeld, 1962, Züblin AG

Weimarer Republik? Die Beseitigung der katastrophalen Wohnungssituation nach dem Ersten Weltkrieg war eine Aufgabe, der sich eine ganze Generation von Architekten und Städteplanern widmete. Trotzdem stand am Ende der Entwicklung weder eine Modernisierung des Baugewerbes noch die Einführung neuer Bautechniken und Baumaterialien. Die Zeit für einen grundlegenden Wandel im Baugewerbe ist anscheinend zu kurz gewesen und das Beharrungsvermögen des kleinteilig strukturierten Baugewerbes war zu groß. Nur sieben »fette« Jahre, wie sie Bruno Taut nannte, waren den Experimenten des »Neuen Bauens« vergönnt, von 1924 bis 1930, vom Ende der Inflationsjahre bis zum Beginn der Weltwirtschaftskrise.

Martin Wagner

Die entscheidenden Initiativen zu einer Industrialisierung des Berliner Bauwesens gingen von Martin Wagner (1885–1957) aus, der 1918–1921 Stadtbaurat von Schöneberg und 1922–1933 Stadtbaurat der 1920 neu geschaffenen Großgemeinde Berlin war.[4] Zur Lösung der Wohnungsfrage propagierte er eine Neubautätigkeit in großem Umfang bei gleichzeitiger Reduzierung der Baukosten durch Rationalisierung. Dieses Ziel versuchte er einerseits durch eine Umstrukturierung des Bauwesens zu erreichen, durch die Gründung einer von den freien Gewerkschaften getragenen gemeinnützigen Bauorganisation, den »Bauhütten«, andererseits durch die Rationalisierung der Bauproduktion. Bereits 1918 hatte er sich mit den von Frederic W. Taylor (1856–1915) erarbeiteten Prinzipen einer wissenschaftlichen Betriebsführung beschäftigt,[5] aber auch mit den Untersuchungen von Frank B. Gilbreth (1866–1924), der mit Zeit- und Bewegungsstudien einzelne Arbeitsprozesse analysierte und mit Hilfe einer Filmkamera präzise Bewegungsaufzeichnungen herstellte, um zu zeitsparenden Arbeitsabläufen zu kommen. Im Bereich des Bauwesens hatte Gilbreth 1908/09 die einzelnen Arbeitsschritte untersucht, die zur Herstellung einer Stahlbetonkonstruktion und zum Aufmauern einer Ziegelwand erforderlich waren.[6]

Im Sommer 1924 bereiste Wagner die USA, um die amerikanische Bautechnologie zu studieren. Die Ergebnisse dieser Reise als Stipendiat der freien Gewerkschaften fasst er in dem Buch »Amerikanische Bauwirtschaft« zusammen: »*In Amerika sah ich, wie man auf modernste Weise Arbeiterwohnungen baut. (...) Der Ersatz des Menschen durch die Maschine hat auch in der amerikanischen Bauwirtschaft schon mächtige Fortschritte gemacht. In der dort noch vereinzelt auftretenden Betonplattenbauweise tritt er besonders hervor. An Stelle der kleinen Ziegel, die schon bei der Fabrikation viel Handarbeit verschlingen und bei dem Verarbeiten zu einer Hauswand zahllose Bewegungen der Maurer und Hilfsarbeiter erfordern, werden ein bis drei Tonnen schwere Betonplatten verwandt, deren Innen- und Außenputz schon beim Formen der Platten gegossen wird, und die dann, ohne dass eine Hand sie anfasst, mit großen Kränen versetzt werden. Die Arbeitsleistung, die bei uns 67 Bauarbeiter mit der Hand vollbringen, wird dort durch Maschinen und Kräne von acht Mann bewältigt. Und so ist es einem amerikanischen Ingenieur auf Grund wissenschaftlich ausgeprobter Produktionsmethoden möglich, eine Wohnung an einem Tag im Rohbau herzustellen und die Kosten dieser Wohnung um 40 und mehr von Hundert gegenüber dem Durchschnitt zu senken.*

Ich führe dieses Beispiel an, um dem Leser vor Augen zu führen, dass die Mechanisierung der Arbeit außerordentlich ökonomische Vorteile in sich schließt, denen wir uns, zumal in dem verarmten Deutschland mit seiner Wohnungsnot, nicht verschließen dürfen. Die Frage ist nur, wer nimmt diese Art von Wohnungen zu bauen in die Hand? Wer studiert das System? Wer wendet es an, und wer zieht den Nutzen daraus? Und wie wird die Arbeitskraft bei diesem System vor physischer Ausbeutung und seelischer Aushöhlung schützen?«[7]

Bereits 1920 hatte Wagner versucht, eine Forschungsstelle für wirtschaftliches Bauen zu gründen, um durch die Erprobung wirtschaftlicher Betriebsführung, neuer Baumaterialien und Konstruktionen und den Einsatz von Baumaschinen eine Rationalisierung des Baubetriebs zu erreichen. Das private Baugewerbe griff diese Idee auf und bildete 1920, ohne Wagner mit einzubeziehen, eine Interessengemeinschaft, die sich der Verbilligung des Wohnungsbaus widmen sollte. Da lediglich Großbetriebe auf Grund der damit verbundenen Kosten zu einer Rationalisierung fähig waren, wurde das Projekt nach einem Jahr wieder aufgegeben. Einen zweiten Versuch zur

Abb. 1
Martin Wagner (1885–1957), Stadtbaurat für Hochbau und Leiter des Amtes für Stadtplanung in Berlin

Gründung einer Forschungsstelle für industrialisierten Wohnungsbau unternahm Wagner nach seiner Rückkehr aus Amerika mit der Einrichtung der »Dewog-Kopfgemeinschaft«, einem Leitungsgremium innerhalb der zentralen Einrichtung des ADGB (Allgemeiner Deutscher Gewerkschaftsbund) zur Neuorganisation des genossenschaftlichen Wohnungsbaus. In dieses Gremium bat er auch seine Architektenkollegen Ernst May, Bruno Taut und Walter Gropius. Doch die 1925 beantragten 500.000 RM für den Bau von 4–6 Versuchshäusern und die Einrichtung einer Versuchsbaustelle wurden von den Gewerkschaften nicht genehmigt, so dass auch diese Initiative ohne Ergebnis beendet werden musste.[8]

1919–1921 errichtete Wagner in seiner Funktion als Stadtbaurat in Schöneberg die Siedlung »Lindenhof«, eine Stadtrandsiedlung aus kleinen Einfamilienhäusern mit kultivierbaren Gärten. Eingangstor zur Kolonie war das von Bruno Taut entworfene Ledigenheim.[9] Die Siedlung wurde von der öffentlichen Hand finanziert und von einer Genossenschaft verwaltet. Lindenhof war für Wagner das Experimentierfeld für eine Rationalisierung des Baubetriebs, auf das er sich ausdrücklich berief, als er die gewerkschaftlichen Unternehmungen gründete und in der zweiten Hälfte der 1920-Jahre die Pläne für die Großsiedlungen erarbeiten ließ.[10] Doch trotz der unternommenen Rationalisierungsmaßnahmen wurden die veranschlagten Baukosten erheblich überschritten. »Lindenhof« war für einen rationellen Baubetrieb zu klein. Der Einsatz von Baumaschinen und der Bau im Taktverfahren erforderte die Großsiedlung.

1924, im Zuge der wirtschaftlichen Stabilisierung, wurden zur Finanzierung des Wohnungsbaus die Hauszinssteuer erhoben und zur Verteilung der Finanzmittel von der Stadt Berlin die »Wohnungsfürsorgegesellschaft« (WFG) gegründet. Im gleichen Jahr entstanden die gewerkschaftseigene DEWOG (Deutsche Wohnungsfürsorge-AG für Beamte, Angestellte und Arbeiter) und deren Berliner Ableger, die GEHAG (Gemeinnützige Heimstätten-Spar-Bau Aktiengesellschaft). 1925 kam zur Verwaltung des Wohnungsbestands die EINFA (Berliner Gesellschaft zur Förderung des Einfamilienhauses mbH) hinzu. Auf dieser organisatorischen und finanziellen Grundlage und auf Initiative Wagners wurde 1925 mit der ersten Großsiedlung Berlins begonnen, der »Hufeisensiedlung« in Berlin-Britz. Wagner zog sich hier weit gehend aus der Rolle des entwerfenden Architekten zurück[11] und überließ diese Aufgabe dem mit ihm befreundeten Bruno Taut (1880–1938), der zwischen 1924 und 1931 in Berlin über 10.000 Wohnungen in Siedlungen und Großsiedlungen bauen konnte. Finanziert wurden die Siedlungen überwiegend durch die WFG aus Mitteln der Hauszinssteuer.

Bis 1933 entstanden in der »Hufeisensiedlung« in sieben Bauabschnitten 2317 Wohnungen, davon 679 Einfamilienhäuser. Der erste Bauabschnitt mit 500 Wohnungen war nach dem Bau-

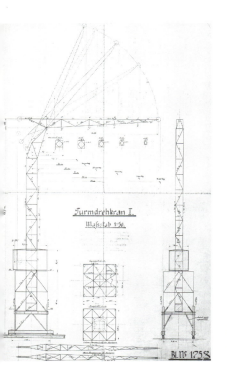

Abb. 2
Turmdrehkran für die »Hufeisen-Siedlung«, Berlin-Britz. Konstruktionszeichnung der Rheinpfälzischen Eisenindustrie 1926

Abb. 3
Turmdrehkran im Einsatz, 1. Bauabschnitt an der Fritz-Reuter-Allee. Foto 1926

beginn im Oktober 1925 bereits nach elf Monaten, zum 1. September 1926, bezugsfähig. Die Bauzeit eines Einfamilienhauses betrug lediglich 45 Tage. Wagner beschrieb in der Zeitschrift »Wohnungswirtschaft« die »Hufeisensiedlung« als beispielhafte Verwirklichung der Rationalisierung.[12] Damit bezog er sich nicht nur auf den Einsatz eines Schaufelradbaggers für den Erdaushub und eines Drehkrans, der den Materialtransport übernahm, sondern auch auf einen geordneten Bauablauf, der es ermöglichte, dass die einzelnen Häuser nach einem Zeitplan im Taktverfahren errichtet werden konnten. Auf den Einsatz neuer Baumaterialien oder -techniken wurde verzichtet. Alle Außenwände wurden in massiver Ziegelbauweise errichtet (generell 38 cm dick), die nicht tragenden Innenwände aus 5 cm dicken Leichtbetonplatten, die Kellerdecke und die Decke des Badezimmers als Stahlsteindecke »System Sperle«. Die Reduzierung der Kosten sollte hauptsächlich durch die Beschränkung auf vier Grundrisstypen und die Verwendung genormter Einzelteile (Fenster, Türen) erreicht werden.

Das allgemeine Interesse am »industrialisierten Wohnungsbau« war groß und 1927 drehte die »Humboldt-Film GmbH« auf der Baustelle den Film »Rationelles Bauen«. Besonders publikumswirksam waren der Einsatz von Bagger und Kran. Beide Großmaschinen mussten jedoch bereits nach Abschluss des zweiten Bauabschnitts ausgemustert wurden, da der Bagger technisch noch nicht ausgereift war und wiederholt repariert werden musste. Der Kran ließ sich nur schwer umsetzen und wurde durch traditionelle Baustellenaufzüge ersetzt.[13]

In die Planung der nächsten Großsiedlung, der »Waldsiedlung Zehlendorf« in der Nähe des U-Bahnhofs »Onkel Toms Hütte«, die in sieben Abschnitten von 1926 bis 1932 errichtet wurde, flossen die Erfahrungen aus Britz ein. Die Grundrisse wurden verbessert, nicht bewährte Typen entfielen und neue wurden entwickelt. Als Baumaterial wurde weiterhin Ziegelstein verwendet, der in großen Mengen günstig eingekauft werden konnte. Stahlbeton kam nur für die auskragenden Vordächer über den Hauseingängen zum Einsatz, als Massivdecken wurden die bewährten Stahlsteindecken verwendet. Die Dächer waren einfache Holzkonstruktionen. Besonderen Wert legte Bruno Taut auf die farbliche Gestaltung der Siedlung. Bedeutung erhielt deshalb der Außenputz, der im Gegensatz zu Britz als glatter Kalkputz ausgeführt wurde und einen farbigen Anstrich mit Mineralfarbe (Fa. Keim) erhielt.

Unabhängig von den baulichen Auflagen, die bei der Verwendung der Hauszinssteuerhypotheken zu beachten waren, entstand 1929–1931 aus den Mitteln eines Sonderbauprogramms eine weitere Versuchssiedlung, die Großsiedlung »Siemensstadt« in Berlin-Charlottenburg in der Nähe der Siemens-Werke. Mit der Durchführung des Siedlungsvorhabens war von M. Wagner die städtische »Gemeinnützige Baugesellschaft Berlin-Heerstraße« beauftragt worden. Fred Forbat, einer der

Abb. 4
Waldsiedlung Zehlendorf (»Onkel Toms Hütte«) während des Baus, 1930/31

Abb. 5
Sperle-Hohlsteindecken. Werbeprospekt, um 1926

beteiligten Architekten, berichtet rückblickend über die Bebauungsplanung der Großsiedlung: »*Als die Architekten ausgesucht wurden, bat mich Wagner, der als Stadtbaurat die oberste Leitung hatte, an dieser Gemeinschaftsarbeit teilzunehmen. Unsere Gemeinschaft bestand aus Scharoun, Gropius, Bartning und Häring aus der radikalen Architektenvereinigung ‚Der Ring', dazu mir und Henning außerhalb der Gruppe. (...) Wir beschlossen in unserer ersten Sitzung, Siemensstadt in Zeilenbau zu errichten, und aus den Bebauungsskizzen, die jeder von uns vorzulegen hatte, wurde der Vorschlag von Scharoun zur Durchführung bestimmt.*«[14]

Mit dem Bau der Siedlung wurde im Juli 1929 begonnen und die Wohnungen des ersten Bauabschnitts (1047 Wohnungen) konnten bereits im April 1930 bezogen werden. Der Unterschied zu den vorhergehenden Siedlungen war, dass keine Einfamilienhäuser mehr gebaut wurden, sondern nur noch Stockwerkswohnungen. Die Rationalisierungsbemühungen konzentrierten sich auf die Gestaltung der Wohnungsgrundrisse und die Anordnung der einzelnen Gebäude. Neu war der Zeilenbau mit parallelen Hausreihen in Nord-Süd-Richtung, welche durch schmale Wohnwege erschlossen wurden, um die Erschließungskosten auf ein Minimum zu reduzieren. Die Flächen zwischen den Zeilen waren gemeinschaftlich genutzte Grünanlagen. Neu war auch die zentrale Beheizung und Warmwasserversorgung der Wohnungen durch ein Fernheizwerk, das auch die Zentralwäscherei enthielt.

Die Häuser wurden wie in den anderen Großsiedlungen in konventioneller Ziegelbauweise ausgeführt. »*Die Stellung der Bauherrin als gemeinnützige Baugesellschaft, die in erster Linie als Treuhänderin der ihr zur Verwendung überlassenen öffentlichen Mittel die Aufgabe hat, gesunde Wohnungen zu erschwinglichen Preisen zu schaffen, schließt die Möglichkeit aus, in größerem Umfange neue Bauverfahren zu erproben, das damit verbundene geldliche Risiko wäre zu groß und unverantwortbar. Es war aber das Bestreben der Gesellschaft, bezüglich der Planung und Gestaltung der ganzen Siedlung, neuzeitliche Ideen zu entwickeln, und es kann wohl gesagt werden, dass die Gesellschaft innerhalb der ihr gesteckten Grenzen sich mit Erfolg bemüht hat, den volkswirtschaftlichen und volksgesundheitlichen so überaus wichtigen Fortschritt auf dem Gebiete der Wohnungskultur zu fördern.*«[15]

Gleichzeitig mit Siemensstadt (1929–1931) und finanziert durch die zweite Hälfte der Mittel aus dem Sonderbauprogramm wurde im Bezirk Reinickendorf eine weitere Großsiedlung errichtet, die Großsiedlung Schillerpromenade, die »Weiße Stadt«. Bauherr war hier die »Gemeinnützige Heimstättengesellschaft Primus mbH«, die Ausführung teilten sich die Architekten Otto Rudolf Salvisberg, Bruno Ahrends und Wilhelm Büning. Wie in Siemensstadt verzichtete man auch hier auf Experimente und errichtete die einzelnen Bauten in bewährter Ziegelbautechnik. Eine Ausnahme

Abb. 6
Stahlbetonkassettendecken im Brückenhaus

Abb. 7
Großsiedlung »Weiße Stadt«, Berlin-Reinickendorf. 1929–1931. Brückenhaus Aroser Allee, Bauteil Salvisberg

macht nur das Laubenganghaus von O. R. Salvisberg, das in Stahlbetonskelettbauweise die Aroser Allee überspannt. Rationalisierungsbemühungen beschränkten sich auf einzelne Bauteile und Fertigteilkonstruktionen. So sind die Treppen (Wangen und Stufen) Betonfertigteile und die das Aussehen der Siedlung prägenden verglasten Wintergärten grazile Stahlkonstruktionen mit ausgefachten Brüstungen, die vor die mit einem glatten Kalkputz versehenen Fassaden gesetzt wurden.

Doch wenn nicht in den Großsiedlungen, wo fanden dann die Experimente zur Rationalisierung des Bauwesens statt? Anscheinend waren nicht die Gemeinnützigen Wohnungsbaugesellschaften Initiatoren des ‚industrialisierten Bauens', sondern die privaten Bauunternehmungen, die Konkurrenten der sozialen Baubetriebe. Ihre Versuche, den Wohnungsbau zu rationalisieren, bezogen sich auf zwei Bautechniken: auf den Betonbau und den Stahlskelettbau.

Adolf Sommerfeld

Zu den großen Berliner Bauunternehmern der 1920er-Jahre gehörte Adolf Sommerfeld (1886–1964), Eigentümer mehrerer Terraingesellschaften und Generaldirektor der Baufirma »Allgemeine Häuserbau AG von 1872 – Adolf Sommerfeld« (AHAG).[16] Befreundet mit Walter Gropius war er der wichtigste Mäzen des Bauhauses, gab Aufträge an die Bauhaus-Werkstätten und ermöglichte den Bau des Versuchshauses »Am Horn« in Weimar (1923). 1920 hatten Gropius und Adolf Meyer für ihn in Zehlendorf das berühmte Wohnhaus in der von Sommerfeld als Patent angemeldeten Blockbauweise errichtet und durch die Bauhaus-Werkstätten ausstatten lassen.[17]

Sommerfeld hatte große Ländereien in Zehlendorf erworben, auf denen nicht nur die »Waldsiedlung Zehlendorf« der GEHAG errichtet wurde, sondern auch die GAGFAH-Siedlung »Im Fischtalgrund«. Dieses konservative Gegenmodell zur gegenüberliegenden GEHAG-Siedlung war als »Versuchssiedlung für den Mittelstand« geplant und wurde von Sommerfelds AHAG errichtet. Der Entwurf der einzelnen Häuser stammte von 17 Architekten unter der Leitung von Heinrich Tessenow. Für die im September/Oktober 1928 stattfindende Ausstellung zur Fertigstellung der Siedlung entwarfen W. Gropius und L. Moholy-Nagy den Ausstellungspavillon.[18]

Sommerfeld war für Gropius in den 1920er-Jahren der wichtigste Auftraggeber und obwohl mehrere gemeinsame Projekte scheiterten, war es die Inaussichtstellung umfangreicher Aufträge für die nächsten zwei Jahre und ein Mindestjahreseinkommen von 50.000 RM, was Gropius mit dazu veranlasste, Anfang 1928 das Bauhaus zu verlassen. Das für Gropius attraktivste Projekt war

Abb. 8
Adolf Sommerfeld (1886–1964)

Abb. 9
Das Sommerfeld'sche »Bauschiff« in der Waldsiedlung Zehlendorf, Argentinische Allee 1930/31 (Entwurf Baubüro der GAGFAH, Hans Gerlach). Zwischen den Häuserzeilen fährt ein beide Seiten bedienender Laufkran für die Leichtbetonzuführung.

dabei die von Sommerfeld der Öffentlichkeit vorgestellte »Häuserbaufabrik«, in der fabrikmäßig im Montagebau Häuser für den Mittelstand hergestellt werden sollten. Das technische Konzept hierfür hatte Gropius bereits 1927 auf der Werkbundsiedlung in Stuttgart mit dem Bau zweier Einfamilienhäuser vorgestellt.[19] Beide Häuser stellten unterschiedliche Lösungen für den Montagebau dar. Während das eine Haus im Halbtrockenbauverfahren errichtet wurde, mit Außenwänden aus Bimshohlblöcken und im Wesentlichen nach handwerklichen Baumethoden, wurde das zweite im trockenen Montagebauverfahren ausgeführt. Es bestand aus einem Stahlgerüst, das auf einer am Ort erstellten Betongrundplatte errichtet wurde und dessen Füllwände mit 8 cm dicken Expansitkorkplatten ausgefacht wurden. Die Außenhaut bestand aus Asbestzementplatten, das Innere aus verschiedenen Materialien (Asbestzement, Lignat- und Celotexplatten). Dieses Konzept, von Gropius als Beginn eines neuen bautechnischen Zeitalters gepriesen, des »neuen Bauens auf industrieller Basis«, legte Sommerfeld der »Häuserfabrik« zugrunde.[20] Im März 1929 wurde im Bauatelier Gropius ein »Montagehaus« für Sommerfeld projektiert, das in Fortsetzung des Weißenhoftyps eine leichte Stahlrahmenkonstruktion mit Plattenfüllung zeigte.[21] Eine Weiterentwicklung bis zur Praxisreife fand jedoch nicht statt.

Sommerfelds Interesse als Bauunternehmer lag aber nicht allein auf dem Gebiet des von Gropius bevorzugten Montagebaus, sondern auch in einer Weiterentwicklung des Betonschüttbaus, der Herstellung von »Häusern aus einem Guss«. In den 1920er-Jahren hatte der 1918–1930 in Merseburg/Sachsen als Stadtbaurat tätige Friedrich Zollinger (1880–1945) eine Betonschüttbauweise entwickelt, die er unter dem Namen »Zollbauweise« patentieren ließ.[22] Verwendet wurde ein bewehrungsloser Beton mit Zusatz von Lokomotivschlacke und Asche, der in geschosshohe, leicht zu montierende Holzschalungen gefüllt wurde. Die Geschossdecken wurden massiv ausgeführt. Die Wirtschaftlichkeit der Schüttbetonbauweise war in erster Linie abhängig von der Mechanisierung des Arbeitsprozesses und dem System der Schalung. Die hohe Baufeuchtigkeit und die damit verbundene Gefahr der Rissbildung waren jedoch nachteilig im Vergleich zu einem Trockenbausystem mit nicht zu großen Einheiten, die sich mit einem Lkw von der Produktionshalle zur Baustelle transportieren ließen, wie z. B. der Plattenbauweise »System Stadtrat Ernst May«. Um den Mechanisierungsgrad auf der Baustelle zu erhöhen, setzte die Merseburger Baugesellschaft Betonmischer und Transportbänder ein und seit 1928 das »Bauschiff«, ein portalartiges hölzernes Gerüst auf Schienen, das sich über die Bauten hinweg bewegte und dessen Vorbilder die Portalkräne auf den Werften waren. Für die »Gemeinnützige Aktiengesellschaft für Angestelltenheimstätten« (GAGFAH) baute Sommerfeld in Merseburg 1929–1931 die Großsiedlung Markwardstraße mit 750 Wohnungen[23] und im benachbarten Bad Dürrenberg eine Großsiedlung für die Leuna-Werke bei Merseburg mit 1000 Wohnungen. Das letztere Projekt hatte Gropius zusammen mit Alexander Klein geplant, den Auftrag aber im März 1929 an Sommerfeld zurückgegeben, da die GAGFAH verlangte, die vorgesehenen Flachdächer durch Steildächer zu ersetzen. Ein großer Nachteil des »Bauschiffs« war das unerlässliche Umsetzen der portalartigen Beschickungsanlage am Ende der Häuserzeile, das den zügigen Bauablauf hemmte, zeitraubend und kostspielig war. Auch war die Gestaltung der Siedlung an die Gleise des »Bauschiffs« gebunden, was eine gewisse Monotonie der Gebäudeanordnung zur Folge hatte. Deutlich wird dies in der 1930/31 von Sommerfeld errichteten GAGFAH-Siedlung in Berlin-Zehlendorf beiderseits der Argentinischen Allee.[24] Hier benutzte Sommerfeld zum Einschalen der Häuser das »Bauschiff« und – um den Beton in die Schalungen einzubringen – lange Förderbänder, die an einem auf Schienen fahrenden Laufkran befestigt waren.[25]

Nach Abschluss dieses Bauvorhabens wurden von Sommerfeld keine weiteren Versuche mehr mit der Schüttbetonbauweise unternommen, denn ab 1930 ging die Bautätigkeit infolge der Weltwirtschaftskrise extrem zurück und in den Jahren nach 1933 verzichtete man im Wohnungsbau auf Experimente mit neuen Baumethoden. Auch die Großplattenbauweise (System »Occident«), die 1926 bei der Versuchssiedlung des »Reichsbundes der Kriegsbeschädigen« in Berlin-Friedrichsfelde eingesetzt worden war, fand keine Nachfolge in Berlin.[26]

Hingewiesen sei noch darauf, dass der Wohnungsbau mit Stampf- und Schüttbeton in Berlin eine lange Tradition hat. Schon in der Frühzeit des Betonbaus wurde 1872–1875 in Berlin-Rummelsburg die Arbeitersiedlung »Victoriastadt« aus Stampfbeton errichtet. Einen weiteren Versuch mit diesem Material unternahm Max Taut 1919–1921 in der Heimstättensiedlung »Eichkamp«. Hier entstanden die zweigeschossigen Doppelhäuser am Eichkatzweg im Schlackenbeton-Gussverfahren der Firma Loesch, Karlsruhe/Berlin. Da das Ergebnis nicht befriedigend war, ging man bei den nächsten Bauten wieder zum herkömmlichen Ziegelbau zurück.[27] Auch die großformatigen Entwurfszeichnungen Mies van der Rohes für ein Wohnhaus aus Beton und ein mehrgeschossiges Bürohaus, die er auf der Großen Berliner Kunstausstellung 1923 präsentierte, blieben unausgeführt.

Brüder Luckhardt und Alfons Anker

Neben den Versuchen mit Schütt- und Gussbeton drängten ab 1926, unterstützt durch die Stahlindustrie, Stahlskelettkonstruktionen für den Wohnungsbau auf den Markt. »*Der heutige Stahlskelettbau geht von dem Grundgedanken aus,*« schreibt Albert Sigrist (hinter diesem Namen verbarg sich der Berliner Architekt Alexander Schwab) »*dass als tragende Kraft eines jeden Gebäudes, auch des höchsten Wolkenkratzers, ein entsprechend konstruiertes Stahlgerüst ausreicht, und dass die Wände dann nur noch in Form von Platten in dieses Gerüst einzuhängen sind, also nicht mehr, wie bisher selbst tragen. Der Bauvorgang wird dadurch zum größten Teil in die Fabriken verlegt, in denen die Stahlgerüstteile und die Füllungsplatten in Normalabmessungen und in Normprofilen serienweise hergestellt werden. Auf der Baustelle selbst ist dann nur noch die Montagearbeit nötig, die sehr rasch, überwiegend mit angelernten Arbeitern und fast bei jeder Witterung nach vorher festgelegtem Plan vor sich gehen kann. Damit wird das Bauen aus seiner Abhängigkeit vom Wetter befreit, es braucht nicht immer ein Saisongewerbe zu bleiben, es bleibt auch kein Handwerk mehr, es wird vielmehr eine Industrie, die technisch fast das ganze Jahr hindurch produzieren kann.*
Die kritische Frage dieser Entwicklung ist die, ob der richtige Baustoff als Füllung gefunden wird. Dieser Baustoff darf des Transportes und der Montage wegen kein hohes Gewicht haben, es muss möglich sein, ihn in großen Abmessungen und beliebigen Formen herzustellen. Er muss wetterbeständig und schalldicht sein. Es scheint, dass man diese Platten, für die zahlreiche Versuche gemacht worden sind, am besten nicht aus einem einzigen Stoff, sondern aus verschiedenen Stoffen in einer Verbindung mehrerer Lagen herstellt.«[28] Als Beispiel für diese Bauweise bildet Sigrist die zu dieser Zeit viel beachtete Siedlung in der Schorlemerallee ab, die von den Architektenbrüdern Luckhardt und Alfons Anker errichtet worden war.
1921/22, bei der Aufteilung der Ländereien der Domäne Dahlem, hatten die Brüder Wassili und Hans Luckhardt Grundstücke beiderseits der Schorlemerallee erworben, um sie auf eigene Kosten

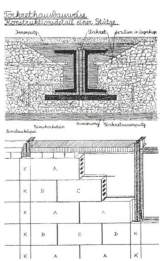

Abb. 10
Atelierhaus der Brüder Luckhardt und Alfons Anker,
Berlin, Schorlemerallee 17b.
1926/27,
Torkret-Skelettbauweise

Abb. 11
Konstruktionsschema der Torkret-Skelettbauweise der Torket-Gesellschaft Berlin

zu bebauen und anschließend zu verkaufen. Für die Grundstücke nördlich der Straße planten sie drei gestaffelte Reihenhauszeilen mit insgesamt 18 Häusern, von denen 1926 zwei Zeilen fertig gestellt waren. Die Bauten wurden als traditionelle Mauerwerksbauten ausgeführt. Auf dem rückwärtigen Grundstücksteil zwischen den beiden Wohnzeilen sollte das Ateliergebäude des Büros entstehen, das nicht mehr als traditioneller Mauerwerksbau geplant wurde, sondern als Experimentalbau für industriellen Wohnungsbau. Gewählt wurde ein mit Bimsbetonhohlsteinen auszufachender Stahlskelettbau nach dem Patent der »Torkret-Gesellschaft mbH Berlin«. Baubeginn war Anfang Oktober 1926. Am 23. Oktober wurde mit der Montage des Stahlgerüsts auf der Betongrundplatte begonnen, die bereits am 4. November beendet war. Von den Architekten wurde der Bauvorgang minuziös in einem Bautagebuch, mit Fotos belegt, festgehalten. Danach folgte die Dach- und Deckenplattenmontage, das Ausfachen der Wände mit 16 cm dicken Bimsbetonhohlsteinen und das Torkretieren der Flächen. Im Dezember, nach nur zweimonatiger Bauzeit, war der Rohbau fertig gestellt und es hätte die Rohbauabnahme stattfinden können, wenn nicht die örtliche Bauaufsicht gegen die gewählte Konstruktionsart Einsprüche erhoben hätte. Durch die Dispensverhandlungen verzögert, konnte das Gebäude erst im November 1927 bezogen werden und diente von da an der Arbeitsgemeinschaft als Atelier.[29]

Nach Fertigstellung des Ateliergebäudes wurden auf dem unbebaut gebliebenen Grundstück zum Breitenbachplatz hin drei einzelne Wohnhäuser als Stahlskelettkonstruktionen ähnlich dem Ateliergebäude geplant. Diese 1927 in der »Bauwelt« vorgestellte Planung kam jedoch nicht zur Ausführung. Statt dessen entstand 1928 an der Ecke zur Spilstraße ein Doppelhaus, das ab 1929 von dem bekannten Filmregisseur Fritz Lang und Thea von Harbou bewohnt wurde. Auf dem Restgrundstück wurden zwei Einzelhäuser errichtet. Alle drei Bauten wurden zusammen mit der Firma »Philipp Holzmann AG« geplant und in dem von der Firma für Stahlskelettbauten entwickelten Bausystem errichtet. Die Häuser wurden von der Bauaufsicht als »Versuchsbauten« deklariert und als solche im Rohbau abgenommen. Da sich für die beiden Einzelhäuser keine Käufer fanden, blieben die beiden Häuser jahrelang im Rohbau stehen, wurden zum öffentlichen Ärgernis, 1932 weiß gestrichen und erst 1935/36 fertig gestellt.

Als letzte Bauten in der von den Architekten als »Versuchssiedlung Schorlemerallee« bezeichneten Anlage entstanden 1929/30 die vier zweigeschossigen Reihenhäuser auf der gegenüberliegenden Straßenseite (Schorlemerallee 12–12c). Statt einer Stahlkonstruktion verwendeten die Architekten hier eine monolithische Stahlbetonkonstruktion nach dem »System Holzmann-Müller« der »Philipp Holzmann AG«. Die tragenden Wände bildeten zugleich die Haustrennwände, so dass eine individuelle Aufteilung des Inneren möglich war. Die gesamte Breite des Wohnraums

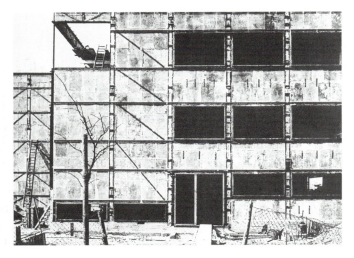

Abb. 12
Doppelwohnhaus Schorlemerallee 7/7a/Ecke Spilstraße, Stahlskelettbau nach dem System »Philipp Holzmann«. Rohbauzustand

Abb. 13
Doppelwohnhaus Schorlemerallee 7/7a/Ecke Spilstraße, Berlin-Dahlem 1928. Zustand nach Fertigstellung

öffnete sich mit großen Fenstern über die Terrasse zum Garten und in die Landschaft. Als optische Trennung der einzelnen Häuser wurden auf der Straßenseite haushohe Stahlrahmen mit Luxfer-Prismen errichtet, die heute noch (rekonstruiert) den Häusern ihr charakteristisches Aussehen geben. Die drei zu gleicher Zeit erbauten Häuser »Am Rupenhorn« wurden wieder als ausgefachte Stahlskelettkonstruktionen errichtet.[30]

Philipp Holzmann AG, Zweigniederlassung Berlin

Die Betonbauweise, in der von den Gebrüdern Luckhardt & Anker die Häuser in der Schorlemerallee 12–12c errichtet wurden, war von dem Direktor der Berliner Filiale der Philipp Holzmann AG, Dipl.-Ing. Otto Müller-Reppen (gest. 1937), ausgearbeitet und als »Holzmann-Müller-System« zum Patent angemeldet worden.[31] Ein damals in der Fachpresse viel diskutiertes Projekt, das 1930 zusammen mit dem Atelier Gebrüder Luckhardt & Anker in dieser Bautechnik ausgearbeitet worden war, war der Entwurf von Kleinstwohnungen als viergeschossige Reihenhauszeile. Das System beruhte auf einer Schottenbauweise, wobei die einzelnen Zellen die Größe einer ganzen Wohnung haben sollten (37 m²). Dazwischen lagen kleinere Zellen für die Treppenhäuser. Durch maßgerechte Schalungen und die Beschränkung auf glatte Querwände und Decken sollte der Bauprozess erheblich vereinfacht werden. Für die Verteilung des Betons war die eben erst in der Praxis eingesetzte Betonpumpe vorgesehen.

Neben der Betonbauweise hatte die Firma eine Stahlskelettbauweise entwickelt und bereits 1926 mit dem bekannten Berliner Architekturbüro Mebes & Emmerich an einem dreigeschossigen Mietshaus mit Walmdach in Berlin-Britz erprobt. Die Außenwände bestanden aus Schüttbeton.[32] Auf diesen Erfahrungen aufbauend entstand der mehrfach veröffentliche Entwurf für einen »Eisen-Skelett-Bau – System Philipp Holzmann-Müller DRP.«[33] Die neu entwickelte Stahlskelettbauweise bestand aus einer Kombination von einem bis zur Traufe durchgehenden Stahlgerüst und einer Ausfachung aus Bimsbeton, der zwischen geschosshohe Schalungen gegossen wurde. Zum Betontransport diente ein haushoher portalartiger Aufzug, der an der Außenwand entlang fuhr. Die Dach- und Geschossdecken wurden als Massivdecken ausgeführt. Die aufwändige Konstruktion für den Betontransport, aber auch die erhebliche Feuchtigkeit, die durch den Beton in das Bauwerk eingebracht wurde, waren nachteilig und führten zu keiner zeitlichen Reduzierung des Bauvorgangs. Aus diesem Grund wurde bei einem neuen Patentantrag der Firma 1930 der Schüttbeton durch großformatige Bimsplatten ersetzt, die trocken eingebracht werden konnten.

Abb. 14
Reihenhäuser Schorlemerallee
12–12c, 1929/30.
Stahlbetonkonstruktion nach
dem »Holzmann-Müller-System«

Abb. 15
Einzelwohnhäuser Schorlemerallee 9 und 11 im Rohbauzustand.
Foto 1929

Durch die in jeder Fuge eingelegten Rundeisen entstand eine stabile Außenwand. Stahlskelett und Platten wurden mit einem Rabitzgewebe überzogen und verputzt. Durch die dünne Luftschicht, die dadurch entstand, hatten die einzelnen Materialien die Möglichkeit, auf Temperaturschwankungen zu reagieren. Damit hoffte man, einer eventuellen Rissebildung vorzubeugen.

Georg O. Richter & Schädel

Neben der Philipp Holzmann AG war es die Berliner Baufirma Georg O. Richter & Schädel, die für den Wohnungsbau ein patentiertes Stahlskelettbausystem anbot.[34] Mit dieser Firma realisierten Mebes & Emmerich 1928/29 die Wohnanlage am Kranoldplatz in Berlin-Neukölln (mit 223 Wohneinheiten)[35] und im gleichen Jahr ein Laubenganghaus mit 56 Wohneinheiten in Berlin-Lichterfelde, Neuchateller Straße, für den »Beamten-Wohnungs-Verein Neukölln« in Zusammenarbeit mit dem Wiener Architekten Anton Brenner, das erste moderne Laubenganghaus in Berlin.[36]
Zu den größeren Aufträgen der Firma gehörte der Bau einer Wohnanlage in Berlin-Moabit zwischen Tile-Wardenberg- und Agricolastraße für die »Gemeinnützige Baugenossenschaft Steglitz« nach Entwurf der Architekten Beyer und Köhler, Berlin.[37] Die Bauzeit für 130 Wohnungen konnte auf fünf Monate abgekürzt werden und das Gewicht von 20.000 t (Ziegelbauweise) auf 12.000 t reduziert werden. Anlass für die Gewichtsreduzierung war der schlechte Baugrund – das Grundstück liegt nahe der Spree –, der durch 10 m tiefe Betonpfeiler stabilisiert werden musste. Für die Ausmauerung der Außenwände wurden hauptsächlich leichte Schwemm- und Schlackensteine verwendet, für die Geschossdecken die üblichen Kleine'schen Decken zwischen T-Trägern.
Das schon im Rohbau beeindruckende Bauwerk wurde überschwänglich gelobt: »*Der Eisengerippebau, in der Art, wie er von dieser Gesellschaft dem Wohnungsbau dienstbar gemacht wurde, ist nun kein Versuch mehr, sondern die erste, dem jahrhundertealten Bauen mindestens gleichwertige, wenn nicht in vielen Dingen sogar überlegenen Bauform!*
Er bietet das, was dem modernen ingenieurmäßigen Denken Lebensbedürfnis geworden ist: statt des Brauches – ständiges Errechnen und Prüfen, statt der schwer kontrollierbaren Arbeitsvorgänge der handwerksmäßigen Handgriffe – Maschine und rollendes Band –, statt schwerer Transporte und Mühsal der Lasten – Verringerung allen Gewichtes und Massen, und in der Wärmewirtschaft, der Schalltechnik, der Konstruktion jede Erfahrung ausnutzend und ständig verbessernd!
Letzten Endes das Ziel: unabhängig zu werden von der Witterung, also Übergang vom Saisongewerbe zum ständigen Bauen, sodann Verkürzung der Bauzeit und vor Allem dadurch, dass man durch das

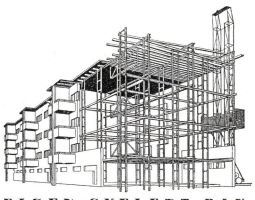

Abb. 16
Projekt eines Stahlskelettbausystems der Firma Philipp Holzmann AG und der Architekten Mebes & Emmerich, Berlin 1926

Abb. 17
Laubenganghaus Neuchateller Strasse 18a–20, Berlin-Lichterfelde. Mebes & Emmerich mit A. Brenner, Wien, 1928/29. Ausführung Richter & Schädel

tragende Gerippe von dem statischen Zwang der Wände unabhängig wird, freieste Grundrissgestaltung, und Ausnutzung der Baustoffe in ihrer letzten wärmewirtschaftlichen und stofflichen Leistungsfähigkeit.«[38]

Reichsforschungssiedlung Berlin-Spandau, Haselhorst

Mit dem ausdrücklichen Ziel, durch Bauforschung und experimentelles Bauen die Kosten für den Kleinwohnungsbau zu verringern, wurde im Juni 1927 auf Initiative des Reichstags die »Reichsforschungsstelle für Wirtschaftlichkeit im Bau- und Wohnungswesen e. V.« (RfG) gegründet.[39] Zu ihren Aufgaben sollte neben der wissenschaftlichen Begleitung von vier ausgesuchten Siedlungen (Frankfurt, Dessau, Stuttgart, München) der Bau einer eigenen Siedlung gehören. 1928 wurde hierfür ein Gelände in Berlin-Spandau in der Nähe der S-Bahn in Aussicht genommen. Die praktische Durchführung sollte als Bauherr die »Gemeinnützige Heimstätten-Aktiengesellschaft Groß-Berlin« (HEIMAG Groß-Berlin) übernehmen. Im September 1928 schrieb die RfG einen Reichswettbewerb *»zur Erlangung von Vorentwürfen für die Aufteilung und Bebauung des Geländes der Forschungssiedlung in Berlin-Spandau-Haselhorst«* aus. Entsprechend den geltenden Bestimmungen waren etwa 4000 Wohnungen, zumeist Klein- und Mittelwohnungen von 36–48 m² sowie Schulen, Kinderheime, Ledigenheime, ein Altersheim, ein Volkshaus mit Volksbibliothek, eine Zentralwäscherei und Läden auf dem Grundstück unterzubringen. Neben den Untersuchungen zum Städtebau – es waren Zeilenbauten mit Ost-West-Belichtung vorgeschrieben – und der Entwicklung verschiedener Grundrisstypen sollte die Wirtschaftlichkeit von verschiedenen Bausystemen – Ziegelmauerwerk, Ziegelskelettbau, Gussbeton sowie Stahlskelettbau – untersucht werden, ebenso Bauvorbereitung und -ausführung. Für die einzelnen Arbeitsprozesse sollten Arbeits- und Zeitstudien angefertigt werden.

Die Wettbewerbsbeteiligung war mit 221 Entwürfen außerordentlich groß. Das Preisgericht, zu dem Otto Bartning, Paul Mebes, Ernst May, Fritz Schuhmacher und Martin Wagner gehörten, prämierte 13 Arbeiten. Walter Gropius, der vier Varianten mit verschiedenen Bebauungsarten eingereicht hatte, erhielt den ersten Preis wegen der »wissenschaftlichen Gründlichkeit« der Ausarbeitung.

Da die RfG im Juni 1931 aufgelöst wurde, führte die Wohnungsbaugesellschaft »HEIMAG Groß-Berlin« das Projekt in eigener Regie weiter, doch trat der Forschungsgedanke unter dem Druck der immer schlechter werdenden Verhältnisse auf dem Kapitalmarkt allmählich in den Hintergrund.

Abb. 18
Wohnanlage Tile-Wardenberg- und Agricolastrassse 13–15, Berlin-Moabit. Beyer und Köhler, Berlin 1926/27. Rohbauzustand

Abb. 19
Wohnanlage Tile-Wardenberg- und Agricolastrassse im fertigen Zustand. Bauausführung Richter & Schädel

Baubeginn für die ersten beiden Bauabschnitte (I und IV) war im Herbst 1930. In beiden Bauabschnitten waren die Zeilen vier bis fünf Geschosse hoch, hatten Flachdächer und waren zu 80 % einfache Ziegelbauten (Wanddicke 38 cm) mit Verputz (ohne Anstrich). Die Bauten wurden an die Firmen Boswau & Knauer, Heilmann & Littmann und Philipp Holzmann AG zur schlüsselfertigen Herstellung vergeben.

Für die Durchführung des Bauabschnitts I, der aus den Nord-Süd-Zeilen 1–10 bestand und insgesamt 832 Wohnungen umfasste, wurde zur »künstlerischen Gestaltung« Fred Forbat mit hinzugezogen.[40] Die Entwürfe waren bereits vom Planungsbüro der HEIMAG weit gehend festgelegt, die Aufträge an die Baufirmen vergeben und die Baustelle schon eingerichtet, so dass sich die Tätigkeit Forbats auf einzelne Vereinfachungen im Lageplan und eine Verbesserung der Grundrisse und Baukörper beschränken musste.

Die Zeilen 2–9 des Bauabschnitts I wurden in normaler Ziegelbauweise mit Holzbalkendecken und Holzpultdach errichtet, die Zeilen 1 und 10 als Stahlskelettbauten mit Massivdecken und fünf verschiedenen Außenwandkonstruktionen:

- 1 Haus mit Gasbeton-Hohlblöcken der Firma Torkret,
- 2 Häuser mit Schlackenbeton-Hohlblöcken,
- 3 Häuser mit Einhandhohlziegeln (EHZ),
- 1 Haus einer zweischaligen Schlackenbeton-Plattenwand mit Luftschicht,
- 3 Häuser mit Bimsbeton-Hohlblöcken.

Die fünf Zeilen des Bauabschnitts IV mit 392 Wohnungen auf dem nordöstlichen Grundstücksteil wurden 1931/32 von dem Architekturbüro Mebes & Emmerich zusammen mit der Firma Philipp Holzmann AG errichtet, die hierfür ein besonderes Angebot abgegeben hatte.

Für die Zeilen 1–4 war eine Ziegelskelettbauweise vorgesehen, für Zeile 5 die von der Firma Philipp Holzmann entwickelte Eisenbetonbauweise mit 17 cm starken horizontal und vertikal bewehrten Eisenbetonquerwänden, die mit der Eisenbetondecke einen starren Kasten bildeten (Holzmann-Müller-System). Decken wie auch Wände waren hier besonders gegen Schall isoliert. In den einzelnen Zeilen wurden verschiedene Massivdecken-Systeme ausprobiert:

»1. in Zeilen 1 und 4 die beim Massivdeckenwettbewerb an erster Stelle prämierte Montagedecke von Direktor Müller (Fa. Holzmann), eine zwischen eisernen T-Trägern gestelzte 7 cm starke Bimsbetondiele auf besonderer Schalung, 2. in Zeilen 2 und 3 eine mit dem Turmdrehkran zu montierende Decke aus nebeneinander liegenden kontinuierlichen Eisenbetonbalken und 3. über den Kellergeschossen die bekannte Koenen'sche Rippendecke, die auf besonderer Blechschalung betoniert wird. Der für die

Abb. 20
»Reichsforschungssiedlung Spandau-Haselhorst«.
Planungszustand 1931, Lageplan

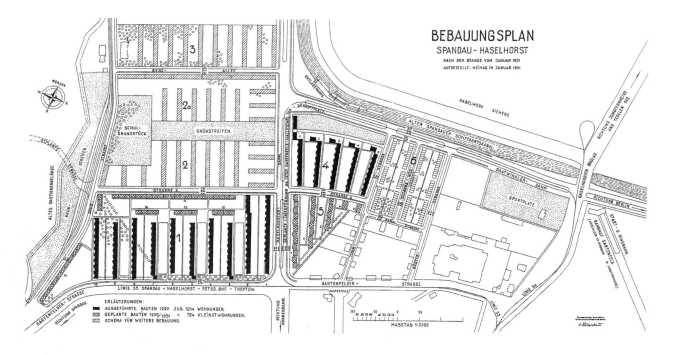

Eisenbetondeckenschalung notwendige Turmdrehkran, der auf einer Schiebebühne zur Bedienung der Zeilen 2 und 3 von einem Gleisstrang auf den anderen verschoben werden konnte, besorgte auch die Betonschüttung der Kellerwände für diese Zeilen, und zwar mittels einer ‚Betonierpfeife' für 400 l, die nach Füllung an der Betonmischmaschine durch den Kran an die zu schüttende Stelle gefahren und dort entleert wurde.

Die flachen Massivdächer auf den Zeilen des Blockes 4 bestehen aus Bimsbetonplatten, die auf hochkant gestellten Bimsbetonstegen im Gefälle verlegt werden. Die Betonstege werden selbst unmittelbar auf der eigentlichen tragenden Massivdecke über dem obersten Wohngeschoß versetzt, so dass ein Luftraum von durchschnittlich 15 cm verbleibt.

Die beschriebenen Massivbauweisen zeitigten zunächst im Rohbau gegenüber dem normalen Ziegelbau mit Holzbalkendecken nicht unerhebliche Verzögerungen des Baufortschritts, doch erwies sich die massive Ausführung durch schnellere Austrocknung der Bauten (teilweise Trocken- und Montagebauweisen) im Ausbau als günstiger.«[41]

Bauforschung und Bauuntersuchungen wurden, da die RfG sich in Auflösung befand, der Arbeitsgemeinschaft Prof. Dr.-Ing. Siedler (TU Berlin) und Dr.-Ing. Hotz (Hannover) übertragen, die seit Dezember 1930 mit Unterstützung der »Stiftung zur Förderung von Bauforschungen« die Baumaßnahmen begleiteten und ihre Ergebnisse laufend publizierten.[42] Das ursprüngliche Ziel der RfG, für die Großsiedlung eine neue Siedlungsform zu entwickeln, wurde nicht erreicht. Ansätze sind erkennbar, wie z. B. der Zeilenbau mit gleich guten Wohnbedingungen für alle Wohnungen und die Trennung der Verkehrs- und Erschließungsstraßen. Die immer schlechter werdende finanzielle Situation führte aber zu einer kaum noch zu reduzierenden Schlichtheit der Baukörper. Trotzdem gab es einen außerordentlich starken Mieterandrang und einen ungewöhnlich raschen Wohnungsabsatz.

Von den Ergebnissen der Bauforschung konnte nicht mehr viel umgesetzt werden, denn mit dem Ende des »Neuen Bauens« in den 1930er-Jahren fanden keine Experimente mit neuartigen Baumethoden im Wohnungsbau mehr statt. 1931 schreibt G. Wellershaus: »*Wer Hochbaustellen für Siedlungsbauten in den letzten Jahren beobachtet hat, kann feststellen, dass nach wie vor die normale Vollziegelbauweise mit Holzbalkendecken das Feld* beherrscht. Gewiss liegt der Grund für die Verwendung dieser althergebrachten und zweifellos bewährten Bauweise zum Teil in der Tradition des Baugewerbes, das sich nur schwer zu Neuerungen entschließt, zum Teil aber auch in der Tatsache, dass die neueren Bauweisen sowohl für den Unternehmer (Garantiepflicht!) als auch für den Bauherrn und späteren Hausbesitzer – und vor allen Dingen für den letzteren – gewisse Risiken in sich bergen, von denen sowohl der Auftraggeber als auch der Ausführende möglichst weitgehend befreit sein möchte.

Abb. 21
Stahlgerüst einer 185 m langen Wohnzeile in der Siedlung Spandau-Haselhorst nach der Ausrichtung. Foto 19. 12. 1930

Es besteht eine offensichtliche Diskrepanz zwischen der Praxis der Bauwirtschaft und dem Werbematerial, das auf Ausstellungen, in Fach- und sonstigen Zeitschriften, Vorträgen und dgl. über unser heutiges Bauwesen verbreitet wird, wenigstens soweit es sich um den Wohnungsbau handelt. Die vielfachen Bestrebungen von Fachkreisen, die Bauweisen des Stahlfachwerks und des Eisenbetons auch für den normalen Wohnungsbau einzuführen, sind jedenfalls nicht über einen gewissen Kreis von Versuchen hinausgekommen und nicht in großem Umfange in die Wirklichkeit umgesetzt worden.«[43]
Sicherlich haben auch die Vergaberichtlinien für die Bewilligung der Hauszinssteuerhypotheken dazu beigetragen, dass man sich mehr auf traditionelle Bautechnik und bekannte Bauformen stützte. Gefördert wurden nach diesen Richtlinien nur »*Bauten, bei denen die nach den örtlichen Verhältnissen wirtschaftlichste Bauweise zur Anwendung gelangt, insbesondere auch solche, die nach bewährten Bautypen und unter Verwendung normierter Bauteile ausgeführt werden.*«[44] Betrachtet man die von J. Schallenberger und H. Kraffert 1926 herausgegebene Publikation über die Berliner Wohnungsbauten, die mit Hauszinssteuerhypotheken errichtet wurden,[45] so findet man darin eine Sammlung traditioneller Wohnhäuser mit Putzfassaden und Steildächern. Zu den wenigen Beispielen »modernen« Bauens gehören die Häuser der Brüder Luckhardt & A. Anker in der Schorlemerallee und die Bauten der Siedlung »Schillerpark« des Berliner »Spar- und Bauvereins« und GEHAGs von Bruno Taut.

Die von der Stadt Berlin eingerichtete »Wohnungsfürsorgegesellschaft« (WFG) war aufgrund ihrer Richtlinien für die Vergabe der Hypotheken in der Lage, eine gewisse Kontrolle über die zu fördernden Projekte auszuüben. »*In dem die Gesellschaft die Gewährung der Finanzmittel für bestimmte Projekte mehr oder weniger von der Einhaltung der baupolizeilichen Vorschriften und der von der WFG selbst vorgesehenen Standards abhängig macht, kontrolliert sie automatisch die Qualität des gesamten Wohnungsbaus, da angesichts der hohen Kreditzinsen kein privates Unternehmen ohne die von der WFG vergebenen Darlehen bauen kann. Dieses aus Hauszinssteuer und WFG zusammengesetzte System, aus der Not geboren und nur als Übergangsregelung gedacht, setzt – in Hinblick auf die Qualität des Wohnungsbaus – zugleich wirkungsvollere Kontrollmechanismen in Bewegung: Es zeigt sich, dass alle Vorschriften der Baupolizei, Gesetze und Verbote bei weitem weniger effektiv gewesen sind als der finanzpolitische Eingriff der Stadtverwaltung. Berlin jedenfalls ist die Stadt in der – im Vergleich zur bestehenden Bausubstanz – am wenigsten gebaut wird*«, schreibt L. Scarpa in ihrer Studie über Martin Wagner.[46]

Der Wohnungsbau der 1920er-Jahre in Berlin blieb trotz der Großsiedlungen konstruktiv traditionell mit gemauerten Ziegelwänden, Holzbalkendecken und Ofenheizung. Versuche, sich von der hergebrachten Bauweise zu lösen, blieben eine Ausnahme. Sie wurden jedoch viel beachtet, so dass

Abb. 22
Der gleiche Bau wie Abb. 21 am 15. 1. 1931. Infolge Frost mussten die Ausfachungs- und Deckenarbeiten eingestellt werden.

Abb. 23
Der gleiche Bau am 15. 1. 1931, von der anderen Seite gesehen

der Eindruck entstehen konnte, dass das Ziel, die »Industrialisierung des Bauwesens«, erreicht worden sei. Doch davon blieb man weit entfernt. Erfolgreich war nur die Verwendung typisierter Bauteile, von Ausbauteilen bis zu Deckenkonstruktionen, auf die sich die Bauindustrie sehr schnell einstellte. Bezeichnend für den Geist dieser Jahre ist jedoch eher die Konzeption der »Kochenhof-Siedlung«, die 1933 zur Stuttgarter Bauausstellung »Deutsches Holz für Hausbau und Wohnung« bewusst als Kontrast zur »Weißenhofsiedlung« – Repräsentant des »Neuen Bauens« – errichtet wurde.[47] Doch die Ideen zur »Industrialisierung des Wohnungsbaus«, des Massenwohnungsbaus und des Bauens mit Stahlskelett- und Betonkonstruktionen, waren so attraktiv, dass sie wieder auftauchten, als die Bauaufgaben der Nachkriegszeit einen Wohnungsbau in bisher nicht gekanntem Umfang erforderten und damit endgültig eine Modernisierung des Bauprozesses in Gang setzten.

Anmerkungen
1 Henry Ford: Mein Leben und Werk. Paul List Verlag, Leipzig 1923. Die amerikanische Originalausgabe: Henry Ford: Life and Work. New York 1922.
2 Henry Ford, wie Anm. 1, S. VII.
3 Siedlungen der zwanziger Jahre – heute. Vier Berliner Großsiedlungen 1924–1984, herausgegeben vom Senator für Bau- und Wohnungswesen u. a. Berlin 1984.
4 Martin Wagner 1885–1957. Wohnungsbau und Weltstadtplanung. Ausstellungskatalog, herausgegeben von der Akademie der Künste Berlin. Berlin 1986.
5 F. W. Taylor: The Principles of Scientific Management. New York 1911. Hierzu Sigfried Giedion: Die Herrschaft der Mechanisierung. Frankfurt 1982, S. 120–152.
6 Frank B. Gilbreth: Concrete System. New York 1908; ders.: Bricklaying System. New York 1909. 1921 erschien in Deutschland eine freie Bearbeitung unter dem Titel »Bewegungsstudien«.
7 M. Wagner: Amerikanische Bauwirtschaft. Berlin 1925, S. 14–19.
8 Arbeitsprogramm für einige Versuchshäuser von Dr. Martin Wagner. A. Jaeggi: Das Großlaboratorium für die Volkswohnung. Wagner, Taut, May, Gropius. 1924/24. In: Siedlungen der zwanziger Jahre – heute. Berlin 1984, S. 29.
9 Berlin und seine Bauten, Teil IV, Wohnungsbau, Band A: Die Voraussetzungen. Die Entwicklung der Wohngebiete. Berlin 1970 (BusB IV A), Objekt 172. Das Ledigenheim wie auch weitere Teile der Siedlung wurden während des Zweiten Weltkriegs zerstört.
10 L. Scarpa: Martin Wagner und Berlin. Architektur und Städtebau in der Weimarer Republik. Braunschweig 1986, S. 27.
11 Als Architekt war Wagner nur für den Baublock in der Stavenhagener Straße zuständig.
12 Martin Wagner: Großsiedlungen. Der Weg zur Rationalisierung des Wohnungsbaues, Wohnungswirtschaft 3 (1926), Heft 11/14, S. 81–114.
13 A. Jaeggi: Hufeisensiedlung Britz. In: Siedlungen der zwanziger Jahre – heute. Berlin 1984, S. 123
14 Zit. nach: A. Jaeggi: Siemensstadt. In: Siedlungen der zwanziger Jahre – heute. Berlin 1984, S. 160.
15 C. Gorgas: Großsiedlung Siemensstadt, Berlin, Bauwelt 21 (1930), Heft 46, S. 1–24.
16 K. Wilhelm: Adolf Sommerfeld, Bauwelt 77 (1986), Heft 34, S. 1258–1267.
17 W. Nerdinger: Walter Gropius. Gebr. Mann Verlag, Berlin 1985, S. 44 f. Die Villa Limonenstr. 30, Berlin-Lichterfelde / Zehlendorf ist abgebrannt.
18 A. Jaeggi: Waldsiedlung Zehlendorf. In: Siedlungen der zwanziger Jahre – heute. Berlin 1984, S. 146 f.; W. Nerdinger, wie Anm. 17, S. 108 f.
19 W. Nerdinger, wie Anm. 17, S. 90–93.
20 W. Nerdinger, wie Anm. 17, S. 108.
21 W. Nerdinger, wie Anm. 17, S. 124 f.
22 K. Junghanns: Das Haus für alle. Zur Geschichte der Vorfertigung in Deutschland. Berlin 1994, S. 110 f.
23 K. Junghanns, wie Anm. 22, S. 110, Abb. 159–164; 16.000 Wohnungen für Angestellte, Denkschrift

herausgegeben im Auftrag der GAGFAH anläßlich ihres zehnjährigen Bestehens. Berlin 1928, S. 86, Abb. S. 127 f.
24 BusB IV A, wie Anm. 9, S. 310, Objekt 154 IV,1.
25 Die neue Waldstadt Zehlendorf bei Berlin, DBZ 64 (1930), Heft 18, S. 130 f.
26 Siehe hierzu den Beitrag von Ulrich Borgert in diesem Band.
27 K. Junghanns, wie Anm. 22, S. 108–110, Abb. 156–158.
28 A. Sigrist: Das Buch vom Bauen. Berlin 1930, S. 50.
29 Brüder Luckhardt und Alfons Anker. Berliner Architekten der Moderne, Schriftenreihe der Akademie der Künste, Band 21. Berlin 1990, S. 149. Zur neuen Wohnform. Architekten BDA Luckhardt und Anker, Berlin-Dahlem. Konstruktion: Dipl.-Ing. Müller in Fa. Ph. Holzmann AG: Der wirtschaftliche Baubetrieb, III. Bauwelt-Verlag, Berlin 1930; Konrad Werner Schulze: Aerokret-Gasbeton und das Torkret-Betonspritzverfahren, Die Bauzeitung 38 (1928), S. 404–408; W. Luckhardt: Versuche zur Fortentwicklung des Wohnungsbaus, Bauwelt 18 (1927), S. 762–771; Dagmar Novitzky, Hans und Wassili Luckhardt: Das architektonische Werk. München 1992; Architekten- und Ingenieur-Verein zu Berlin (Hg.): Berlin und seine Bauten, Teil IV, Band D: Reihenhäuser. Ernst & Sohn, Berlin 2002, S. 136–143.
30 Brüder Luckhardt und Alfons Anker. Berliner Architekten der Moderne, wie Anm. 29, S. 156 f.
31 Brüder Luckhardt und Alfons Anker, wie Anm. 29, S. 233; K. Junghanns, wie Anm. 22, S. 115 f.
32 E. Meyer: Paul Mebes. Mietshausbau in Berlin 1906–38. Berlin 1972, Objekt 75.
33 H. Spiegel: Der Stahlhausbau. Wohnbauten aus Stahl, Bd. 1. Leipzig 1928, S. 122 f. E. Meyer, wie Anm. 32, Objekt 88. O. Glass / G. Klinke / E. Jobst Siedler (Hgg.): Baujahrbuch. Jahrbuch für Wohnungs-, Siedlungs- und Bauwesen, Jg. 1926/27. Berlin 1928, S. 738–744.
34 Neue Berliner Mietshausbauten errichtet durch Georg O. Richter & Schädel GmbH. Berlin o. J. (um 1930); Neue Bauten der Richter & Schädel GmbH. Berlin-Steglitz. Mitarb: Adolf Rading. Berlin o. J. (um 1930).
35 E. Meyer, wie Anm. 32, Objekt 95.
36 E. Meyer, wie Anm. 32, Objekt 97. Laubenganghaus an der Wannseebahn, Berlin, Bauwelt 21 (1930), Heft 26, S. 13–16.
37 Wohnbauten der Baugenossenschaft Steglitz. Berlin 1928, S. 31–33. W. Rein: Der Stahlskelettbau – seine Eigenschaften und Konstruktionen. In: Rudolf Stegmann (Hg.): Vom wirtschaftlichen Bauen, 7. Folge. Dresden 1930, S. 21–48.
38 Archiv für Bauten und Entwürfe, Sonderheft 8 (1928). Wohnbauten der Gemeinnützigen Baugenossenschaft Steglitz eGmbH. Berlin 1928, S. 30–33.
39 S. Fleckner: Reichsforschungsgesellschaft für Wirtschaftlichkeit im Bau- und Wohnungswesen. 1927–1931. Entwicklung und Scheitern. Diss. RWTH Aachen, 1993.
40 Reichsforschungsgesellschaft für Wirtschaftlichkeit im Bau- und Wohnungswesen e. V., Reichswettbewerb Spandau-Haselhorst, Sonderheft Nr. 3. Berlin 1929; Fred Forbat, Groß-Siedlung Spandau-Haselhorst, Baugilde 13 (1931), Heft 21, 1653–1661; Architekten- und Ingenieur-Verein zu Berlin (Hg.), Berlin und seine Bauten, Teil IV, Band A: Wohnungsbau. Ernst & Sohn, Berlin 1970, S. 286 f., Objekt 131.
41 G. Wellershaus: Forschungssiedlung Spandau-Haselhorst, Die Wohnung. Zeitschrift für Bau- und Wohnungswesen 6 (1931), Heft 6, S. 55–64.
42 Siedler / Hotz: Die Reichsforschungs-Siedlung in Berlin-Spandau-Haselhorst, Bauwelt 1931, 1932, 1936. Genaue Angaben siehe BusB IV A, wie Anm. 40.
43 G. Wellershaus: Wohnungsbau und Bauweisen, Die Wohnung. Zeitschrift für Bau- und Wohnungswesen 6 (1931), Heft 7, S. 178–182.
44 Richtlinien für die Verwendung des für die Neubautätigkeit bestimmten Anteils am Hauszinssteueraufkommen (1924), Art. I, Abschnitt a. In: J. Schallenberger / H. Kraffert: Berliner Wohnungsbauten aus öffentlichen Mitteln. Die Verwendung der Hauszinssteuer-Hypotheken. Bauwelt-Verlag, Berlin o. J. (1926), S. 111.
45 J. Schallenberger / H. Kraffert, wie Anm. 44.
46 L. Scarpa, wie Anm. 10, S. 33.
47 S. Plarre: Die Kochenhofsiedlung – Das Gegenmodell zur Weißenhofsiedlung. Paul Schmitthenners Siedlungsprojekt in Stuttgart 1927 bis 1933. Stuttgart (Hohenheim) 2001.

Eine Plattenbausiedlung der 1920er-Jahre – Reichsbundsiedlung Berlin-Friedrichsfelde

Ulrich Borgert

Vor dem Ersten Weltkrieg besaß der Baustoff Beton für den Wohnungsbau nur geringe Bedeutung. Beton kam allenfalls zur Schaffung des Baugrunds, zur Herstellung von Fußböden oder als Werkstein zur Ausschmückung von Fassaden zum Einsatz. Zwar wurden schon in der zweiten Hälfte des 19. Jahrhunderts Versuche unternommen, Wohnhäuser aus Beton zu errichten, diese waren aber lokal begrenzt und entsprangen dem Engagement einzelner Bauunternehmer oder Fabrikbesitzer.[1] Aus diesen ersten praktischen Versuchen leitete sich noch keine kontinuierliche Entwicklung für den Betonwohnungsbau ab. Es blieb bei Pionierleistungen, das Potenzial des Baustoffs Beton vorerst noch unentdeckt. Die dem Beton entgegengebrachte Skepsis verhinderte einen nennenswerten Einsatz im Wohnungsbau, so dass Betonhäuser keine Konkurrenz für die in traditioneller Handwerkstechnik errichteten Ziegelbauten darstellten.[2]

Erst nach dem Ersten Weltkrieg kam dem Betonwohnungsbau größere Bedeutung zu, bedingt durch Wohnungsnot und Energieknappheit. Der Betonbau – wie auch der Lehm- und Holzbau – gehörte im Deutschland der frühen 1920er-Jahre zu den so genannten Ersatzbauweisen im Wohnungsbau. Lehm, Holz und Beton fanden als ‚Ersatzbaustoffe' Verwendung, weil der gebrannte Ziegel als traditioneller Baustoff nicht ausreichend zur Verfügung stand.[3]

Die Erfahrungen, die mit dem Baustoff Beton in den Nachkriegsjahren gemacht wurden, führten bei Bauunternehmen und Architekten zu der Einschätzung, dass im Beton nicht nur ein gleichwertiger, sondern sogar geeigneterer Baustoff als Ziegel bereit stehe, der ein billigeres und wirtschaftlicheres Bauen im Wohnungsbau ermögliche.

Die wachsende Bedeutung des Betons für den Wohnungsbau der 1920er-Jahre schlug sich schließlich in unterschiedlichen Betonbauweisen nieder. Neben der Verwendung von Betonsteinen im handlichen Format, die von diversen Herstellern als Voll- oder Hohlziegel angeboten wurden (z. B. der Paxstein, der Ambi-Winkelstein, der Eurichstein, die Plattensteine der Deutschen-Jurko Gesellschaft), sind die so genannten monolithischen Bauweisen im Schütt- und Gießverfahren zu nennen, bei denen Beton zwischen wand- oder geschosshohe Schalungen gegossen oder geschüttet wird. Zu den bekannten Gussbetonverfahren gehören die Systeme Kossel (Bremen), Loesch (Karlsruhe) und Mannebach (Berlin), beim Schüttbetonverfahren die Zollinger-Bauweise aus Merseburg.[4]

Die dritte Gruppe der im Wohnungsbau angewendeten Betonbauweisen sind jene im Plattenbau mit vorgefertigten Bauelementen für Wände und Decken. Die serielle Fertigung standardisierter Bauelemente in der Fabrik oder auf der Baustelle, die Möglichkeit, im maschinellen Montageverfahren unter Verkürzung der Bauzeit und Einsparung von Arbeitskräften preiswerte Wohnungen in großer Stückzahl zu errichten, machte sie für den Massenwohnungsbau interessant. Für die Umsetzung der von Stadtplanern, Architekten und den sich im Wohnungswesen engagierenden Verbänden und Baugesellschaften propagierten Ziele einer Industrialisierung des Wohnungsbaus, einer Rationalisierung und Verbilligung des Baubetriebs zur Schaffung preiswerter Wohnungen, versprach die Betonplattenbauweise das geeignetste Bauverfahren zu sein. Besonders die Avantgarde des »Neuen Bauens« knüpfte große Hoffnungen an Plattenbauverfahren zur Verwirklichung von Massenwohnungsbauprogrammen.

Entsprechend intensiv waren die Versuche, geeignete Plattenbauverfahren für den Wohnungsbau zu entwickeln, überdies gefördert durch die Bereitstellung öffentlicher Mittel. Viel Beachtung fanden die von der 1927 gegründeten »Reichsforschungsgesellschaft für Wirtschaftlichkeit im Bau- und Wohnungswesen« (Rfg) mitfinanzierten Versuchssiedlungen in Dessau-Törten und Frankfurt-Praunheim.[5] Diese Siedlungen sind untrennbar mit den Namen ihrer Erbauer verbunden: Walter Gropius und Ernst May, den wohl konsequentesten Verfechtern eines industrialisierten Wohnungsbaus unter den deutschen Architekten jener Zeit.[6] Die von Gropius und May in Dessau bzw. Frankfurt entwickelten Plattenbausysteme gelten in der heutigen Forschung als Pionierleistungen auf dem Gebiet des im Montagebauverfahren durchgeführten Betonwohnungsbaus in Deutschland. Beide Verfahren zeigen neue Wege in der Herstellung von Wohnungen auf, die auch quantitativ und qualitativ den Ansprüchen eines ehrgeizigen sozialen Wohnungsbauprogramms in der Weimarer Republik zu genügen hatten.

Die Plattenbausiedlungen in Dessau und Frankfurt weisen in ihrer bautechnischen Durchführung einige Unterschiede auf, die besonders in der Größe der Bauelemente und in ihrer Montage gründen. Walter Gropius benutzte in der Siedlung Dessau-Törten eine Bauweise mit Hohlblockplatten aus Schlackenbeton in einer Größe, die so eben noch von einer Person von Hand bewegt werden konnte. Die Decken bestanden aus Betonrapidbalken, die – Balken neben Balken – trocken verlegt wurden. Sämtliche Betonbauteile wurden auf der Baustelle hergestellt.[7] Hiervon unterschied sich die von Ernst May für die Siedlung Frankfurt-Praunheim entwickelte »Häuserfabrik« schon auf Grund der Vorfabrikation der Wand- und Deckenelemente in einer eigens eingerichteten Fabrikationshalle, in der die Bauteile seriell gefertigt wurden, unabhängig von der jeweiligen Baustelle der zu errichtenden Siedlung. Die May'schen Plattenelemente aus Bimsbeton hatten mit einer Länge von 3 m und einer Höhe von 40 cm bzw. 1,10 m[8] zudem eine Größe, die den Einsatz eines Krans zum Versetzen der Platten erforderlich machte.[9] Die in Dessau und Frankfurt angewendeten Plattenbauverfahren nehmen in der baugeschichtlichen Forschung zum Wohnungsbau der 1920er-Jahre einen festen Platz ein, nicht zuletzt wegen der Architekten, die als bekannte Vertreter des »Neuen Bauens« für die Errichtung dieser Siedlungen verantwortlich zeichneten.

Kaum bekannt ist dagegen ein Verfahren mit geschosshohen Betonplatten, das in Berlin – nahezu zeitgleich zu den May'schen Plattensiedlungen – Anwendung gefunden hat. Hier entstand 1926 in Berlin-Friedrichsfelde eine kleine Plattenbausiedlung, die damals große Resonanz in der Fachwelt und der interessierten Öffentlichkeit fand, in einem Atemzug mit den Siedlungen von Gropius und May genannt wurde und Gegenstand zahlreicher Besprechungen in Bauzeitschriften wie auch in der Tagespresse war.[10] Die Bauten der Siedlung wurden als »Häuser, die an einem Tag

Abb. 1
Werbeanzeige der »Occident Deutsche Baugesellschaft mbH«, mit den von der holländischen Muttergesellschaft nach Entwürfen des Architekten Dick Greiner in Amsterdam-Watergraafsmeer errichteten Plattenbauten

Abb. 2
Baustellenplan der Siedlung in Berlin-Friedrichsfelde mit den Kranbahnen bzw. Schwenkpunkten für den Kran

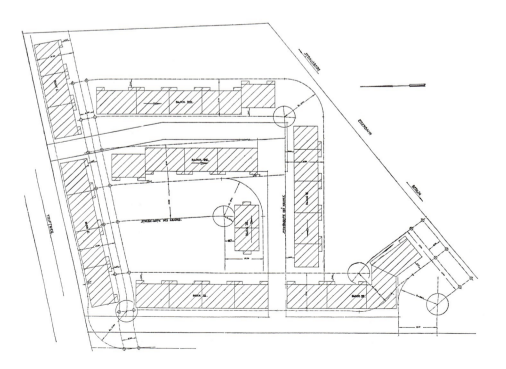

entstehen«[11] überregional bekannt. Das Friedrichsfelder Plattenbauverfahren fand – wie die Plattenbauweisen von Gropius und May – nicht nur Aufnahme in Fachpublikationen, die zu aktuellen Fragestellungen des zeitgemäßen Bauens Stellung nahmen,[12] sondern war sogar Gegenstand von Lehrfilmen, die modernes Baugeschehen einem breiten Publikum näher bringen sollten.[13]

Dass diese Siedlung in der baugeschichtlichen Forschung bis in jüngste Zeit nahezu unbeachtet blieb, hängt vermutlich mit dem frühen Scheitern des Unternehmens zusammen. Weitere Bauvorhaben mit dieser Großplattenbauweise wurden nicht realisiert, die Friedrichsfelder Siedlung geriet schnell in Vergessenheit. Als die Baugeschichtsschreibung den Siedlungsbau der 1920er-Jahre neu entdeckte, konzentrierten sich die Forschungen zu den frühen Plattenbausiedlungen zunächst auf die berühmteren Siedlungen in Dessau und Frankfurt. Die in Berlin-Friedrichsfelde fand größtenteils erst nach 1990 Beachtung.[14]

Bauherrin der Siedlung war die »Gemeinnützige Reichsbundkriegersiedlung GmbH«, ein seit 1924 existierendes Wohnungsunternehmen des »Reichsbundes der Kriegsteilnehmer, Kriegsbeschädigten und Kriegshinterbliebenen«, der 1917 als Kriegsopferverband gegründet worden war. Ziel des Unternehmens war die »*Schaffung billiger und gesunder Kleinwohnungen für minderbemittelte Kriegsteilnehmer, Kriegsbeschädigte und Kriegshinterbliebene.*«[15]

Das Bauprogramm für das in Berlin-Friedrichsfelde erworbene Grundstück sah 138 Wohnungen ($^2/_3$ als Zweizimmerwohnungen und $^1/_3$ als Dreizimmerwohnungen) vor, die sich auf acht Baublöcke mit insgesamt 31 Häusern (zwei- und dreigeschossig) verteilen. Die Finanzierung der als Zweispännertyp errichteten Häuser erfolgte im Wesentlichen über Hauszinssteuerhypotheken. Entsprechend den Richtlinien der mit der Vergabe der Hauszinssteuermittel beauftragten Wohnungsfürsorgegesellschaft wurde jede Wohnung mit Bad und Loggia bzw. Balkon ausgestattet.[16] Mit Ausnahme eines im Krieg zerstörten Blocks hat sich die Anlage erhalten.

Mit der Bauausführung wurde die »Occident Deutsche Baugesellschaft« beauftragt, ein Unternehmen, das sich auf den »Bau von Wohnhäusern aus großen mit Kränen aufzurichtenden Platten« aus Beton spezialisiert hatte – nach einem in Holland patentierten Großplattenverfahren namens »Bron«.[17] Die »Occident Deutsche Baugesellschaft« ist die Tochter eines holländischen Unternehmens gleichen Namens, das mit diesem Verfahren in der Gartenstadt Amsterdam-Watergraafsmeer zum ersten Mal Wohnblöcke nach Plänen des Architekten Dick Greiner errichtet hatte. Bei der Gartenstadt Amsterdam-Watergraafsmeer handelt es sich um eine Versuchssiedlung, die zum großen Teil aus Betonhäusern besteht, die nach verschiedenen Verfahren ausgeführt wurden. Der aus den Jahren 1923–1925 stammende Siedlungsteil erhielt dann auch den Namen »Betondorp« (Betondorf).[18]

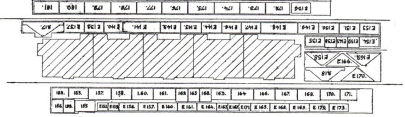

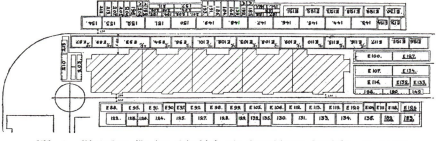

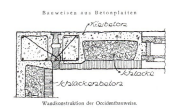

Abb. 3
Plattenplan für Erdgeschoss, Obergeschoss und Dachgeschoss einer Hauszeile

Abb. 4
Wandkonstruktion der »Occidentbauweise«

Die Reichsbundsiedlung in Friedrichsfelde wird in der Forschung immer wieder mit dem Namen Martin Wagners in Verbindung gebracht, der das »Occident-Verfahren« von Holland nach Deutschland gebracht und den Bau der Siedlung initiiert haben soll.[19] Wagner, bekanntermaßen durch seine Schriften und praktische Tätigkeit als Berliner Stadtbaurat ein Protagonist auf dem Gebiet der Industrialisierung und Rationalisierung im Bau- und Wohnungswesen,[20] hat das in Amsterdam erprobte Großplattenverfahren zwar bei einer seiner Hollandreisen kennen gelernt,[21] doch gibt es in den Quellen und in der zeitgenössischen Literatur keine Hinweise, die seine direkte Beteiligung am Bauunternehmen bzw. am Bau der Siedlung in Friedrichsfelde belegen.[22]

Der Reichsbund nennt als Architekten der Siedlung Wilhelm Primke, der zuvor schon im Kölner Raum für den Bau von Reichsbundsiedlungen verantwortlich gezeichnet haben soll.[23] Unklar bleiben die Hintergründe der Kontaktaufnahme zwischen dem Reichsbund und der holländischen Occident-Gesellschaft, die schließlich zur Gründung der deutschen Tochtergesellschaft und zum Bau der Siedlung mit dem in Holland patentierten Plattenbauverfahren »Occident-System Bron« geführt haben.[24]

Das Besondere an der Occident-Bauweise ist die Größe der Platten, die als geschosshohe Bauelemente von 25 bis 40 m² hergestellt und versetzt wurden. Hierdurch unterscheidet sich das Verfahren von den anderen deutschen Betonplattenbauweisen der 1920er-Jahre. Die Plattengröße setzt mit einer doch recht aufwändigen Bautechnik und Baustellenorganisation die Rahmenbedingungen für die Herstellung und Montage der Bauelemente zu mehrgeschossigen Wohnhäusern. Größe und Gewicht ließen die Vorfertigung in einer stationären Fabrikationshalle und den anschließendem Transport zur Baustelle nicht zu. Die Platten mussten vor Ort hergestellt werden, und zwar in unmittelbarer Nähe des zu errichtenden Häuserblocks.[25]

Die Außen- und Innenwände sind dreilagig aufgebaut, sie sind mit Armierungen versehen und haben eine Wandstärke von 25 cm. Bei der Außenwand ist die äußere Schicht aus Kiesbeton, der sich durch hohe Druckfestigkeit und durch Wetterbeständigkeit auszeichnet. Die innere Schicht ist aus porösem Schlackenbeton, der – im Unterschied zum Kiesbeton – eine bessere Wärmehaltigkeit besitzt und zudem nagelbar ist. Der Raum zwischen den Betonschichten dient als Isolierschicht, die mit trockener Schlacke[26] gefüllt ist. Die Innenwand unterscheidet sich im Aufbau von der Außenwand durch auf beiden Seiten mit Schlackenbeton gefertigte Oberschichten. Von diesem Wandaufbau und den dabei verwendeteten Baustoffen versprach man sich eine gute Wärme- und Schalldämmung.[27]

Die Bewehrung, die zum Aufrichten und Versetzen der Platten notwendig war, besteht aus einem kastenähnlich aufgebauten Eisengeflecht, das zur Aussteifung der Plattenelemente an den Rän-

Abb. 5
Anfertigen der Holzbühne mit der Schalung für die Plattenelemente

Abb. 6
Einsetzen der Fenster und der Bewehrung

Abb. 7
Gießen der dreilagig aufgebauten Platten

dern und im Bereich der Fenster- und Türöffnungen eingelassen ist und mit Kiesbeton ausgegossen wird. Für das Aufrichten und die Verbindung zweier Plattenelemente sind an den Bewehrungen in regelmäßigen Abständen Ösen angesetzt. Die Verbindung zweier Platten erfolgte durch einen Eisenstab, der vertikal durch die stirnseitigen Ösen gesteckt wird. Die Fugen der aneinander stoßenden Platten wurden verschalt und anschließend mit Kiesbeton ausgefüllt.
Mehrere Arbeitsschritte waren für die Herstellung der Platten erforderlich:

- Anfertigung einer am Boden liegenden Holzbühne mit Holzverschalung (offene Schalung) als Form für das herzustellende Plattenelement,
- Einstellen von Fenster- und Türrahmen, die beim Herstellungsprozess mit einbetoniert werden,
- Einbringen der Bewehrung für den Rahmen der Platte und Verfüllung mit Kiesbeton,
- Anmischen des Betons auf der Baustelle,
- Gießen der Schlackenbetonschicht (Innenseite der Wände),
- Einbringen der Füllschicht aus trockener Schlacke,
- Gießen der Kiesbetonschicht (Außenwand), bzw. der zweiten Schlackenbetonschicht (Innenwand), mit Armierung (Bewehrungsmatten),
- Aufbringen eines Außen- bzw. Innenputzes.[28]

Die Herstellung der Innenwände berücksichtigte zugleich Aussparungen für die zu verlegenden Leitungen (Gas, Wasser, elektrisches Licht). Für das Aushärten der Platten musste eine Abbindezeit von acht bis zehn Tagen veranschlagt werden.

Die Montage der Platten zu fertigen Wohnhäusern erfolgte geschossweise für eine komplette Hauszeile. Ein eigens erstellter Plattenplan zeigt die einem Baukasten ähnliche Methode der Montage: Nummerierte Plattenelemente für die Innen- und Außenwände[29] eines Geschosses liegen beiderseits und am Kopfende einer zu errichtenden Hauszeile. Zwischen Hauszeile und Platten verlaufen die Feldbahnen des zweigleisigen Baukrans, der – wie beim »Bauschiff« – über die zu errichtende Hauszeile hinweg gefahren werden kann, um die schweren Plattenelemente zu versetzen.

Für das Aufrichten und die Montage der Platten wurde ein leistungsfähiger elektrischer Portalkran[30] mit Laufkatze benutzt, der über eine Tragfähigkeit von acht Tonnen verfügte. Die tägliche Arbeitsleistung des Krans wurde mit ca. 350 m² bis 400 m² versetzter Wand angegeben. Dies entspricht der Herstellung von ca. vier Wohnungen. Die Bedienung des Krans, die Ausrichtung und Montage einer Platte konnte von drei Arbeitskräften bewerkstelligt werden.

Für die Errichtung jeder neuen Hauszeile musste der Kran umgesetzt werden. Im Baustellenplan zur Friedrichsfelder Siedlung sind die Kranbahnen eingetragen. Die Kreise markieren die Schwenk-

Abb. 8
montagefertige Platten
(nach 8–10-tägiger Abbindezeit)

Abb. 9
Baukran für die Montage der einzelnen Elemente

punkte des Krans, der mit Hilfe eingebauter Drehscheiben zur nächsten winklig stehenden Hauszeile weitergeführt werden konnte.

Bezogen auf den konsequenten, auf Typisierung und Rationalisierung angelegten Wohnungsbau hat das Friedrichsfelder Bauvorhaben z. B. gegenüber den von Ernst May in Frankfurt errichteten Plattenbausiedlungen mehrere Nachteile[31]:

- die Vielzahl der benötigten Plattenformate (Einzelstücke), die einem hohen Typisierungsgrad entgegenstand,
- die witterungsabhängige Fabrikation der Platten auf der Baustelle,
- die Fertigung einzelner Bauteile in traditioneller, auf handwerklicher Leistung beruhender Bauweise: das Kellergeschoss aus Stampfbeton, Holzbalkendecken in den Geschossen, der zimmermannsmäßig errichtete Dachstuhl.

Das Festhalten an kleinteiligen Strukturen in der Gesamtanlage der Friedrichsfelder Siedlung, die Architektur der Siedlungsbauten mit traditionellem Satteldach, was eine hohe Anzahl verschiedener Plattenbauteile und Sonderelemente erforderte, dürfte mit den konservativen Architekturvorstellungen der Bauherrin zusammenhängen.

Bezüglich der Wirtschaftlichkeit des Friedrichsfelder Unternehmens gibt es keine verlässlichen Zahlen oder Berechnungen. Die »Occident-Baugesellschaft« bezifferte – nach eigenen Angaben – eine 30 bis 40-prozentige Kostenersparnis im Rohbau, für den Gesamtbau 10 % der Bausumme, die der besonderen Bauweise zugeschrieben wurden.

Zweifel sind angebracht: Der Zuschnitt des Grundstücks, die geringe Anzahl der Wohneinheiten, der städtebauliche Entwurf mit winklig zueinander stehenden kurzen Hauszeilen von maximal fünf Häusern boten keine optimalen Voraussetzungen für die gewählte Bauweise nach dem Occident-Verfahren. Dies gilt besonders vor dem Hintergrund des hohen organisatorischen und technischen Aufwands zur Einrichtung der Baustelle und zur Durchführung des Baubetriebs. Das unerlässliche Umsetzen des Krans hemmte den zügigen Bauablauf, es war zeitraubend und kostspielig.

Ein wirtschaftlicher Erfolg hätte erst bei einem großen zusammenhängenden Bauvorhaben erzielt werden können, das die Möglichkeiten der Bautechnik zur Herstellung und Montage der Bauelemente voll ausgeschöpft bzw. den Kostenaufwand für die Bereitstellung der Maschinen gerechtfertigt hätte. So konnte die Leistungsfähigkeit des Krans nicht ausgenutzt werden. Überschlägige Berechnungen ergeben, dass er erst bei der Errichtung einer aus zwanzig Häusern bestehenden Hauszeile hätte wirtschaftlich arbeiten können.

Abb. 10
Aufrichten eines Plattenelements

Abb. 11
Montage der Platten mit Hilfe des zweigleisigen Baukrans

Abb. 12
Zusammengesetzter Wohnblock, Aufstellen des hölzernen Dachstuhls

Für die Bauherrin der Siedlung, die »Reichsbundkriegersiedlung GmbH«, hat sich die holländische Bauweise rückblickend nicht bewährt. In den ersten Jahren nach Fertigstellung der Häuser traten verschiedene bauliche Mängel auf, die auf eine unpräzise Herstellung der Platten zurückgeführt wurden und erhebliche Folgekosten verursachten, »*so daß das anfänglich so billige Siedlungsvorhaben dann doch teurer geworden (ist), als kalkuliert wurde.*«[32]

Die »*Occident-Baugesellschaft*« geriet durch den Bau der Siedlung in finanzielle Schwierigkeiten. Ein weiterer geplanter Siedlungsteil mit 220 Wohnungen konnte nicht realisiert werden.[33] Bereits 1928 ging die Gesellschaft in Liquidation,[34] so dass die Friedrichsfelder Siedlung das erste und letzte in Deutschland vor dem Krieg durchgeführte Bauvorhaben in Großplattenbauweise aus Beton blieb. Schon wenige Jahre nach Fertigstellung der Siedlung war die »Occidentbauweise« bereits »*aufgegeben*«[35] und das Interesse an der in Berlin-Friedrichsfelde durchgeführten Großplattenbauweise »*nur noch ein historisches*«.[36]

Nach der Wiedervereinigung 1990 oblag die Verwaltung der Siedlung der »Wohnungsbaugesellschaft Lichtenberg«, die ein bautechnisches und bauphysikalisches Gutachten zur Gebäudesubstanz in Auftrag gab. Demnach befanden sich die Gebäude in einem schlechten bauphysikalischen Zustand, bedingt durch das Setzen der inneren Füllschicht aus Schlacke. Die zu erwartenden hohen Sanierungskosten veranlassten den Reichsbund (heute »Sozialverband Deutschland e. V.«), der die Siedlung über Rückübertragungsansprüche zurückerhalten hatte, die Liegenschaft zu veräußern.

Der heutige Privateigentümer führte ab dem Jahr 2000 sukzessiv eine Sanierung der Siedlung durch. Schadensbilder zeigten sich an den Gebäudeecken. Hier waren durch Korrosion der Bewehrungen flächige Abplatzungen des Betons festzustellen. Dagegen haben sich die Befürchtungen des Gutachtens nicht bestätigt. Der Aufbau der Platten ist intakt, Wärmemessungen haben zufrieden stellende Werte ergeben, so dass bei der Instandsetzung der Gebäude auf zusätzliche wärmedämmende Maßnahmen verzichtet wurde.

Abb. 13
Blick in die Siedlung kurz nach der Fertigstellung 1926

Abb. 14
Wohnblock an der Ontarioseestraße (Gartenansicht) nach der Wiederherstellung 2001

Anmerkungen

1. Die ersten Betonhäuser Deutschlands entstanden 1872–1874 im Gussbetonverfahren in der Kolonie »Victoriastadt« in Berlin-Lichtenberg. Siehe Ernst Kanow: »Colonie Victoriastadt«. Eine Berliner Wohnsiedlung mit mehr als hundert Jahre alten Wohnhäusern aus Beton, Architektur der DDR 30 (1981), Heft 1, S. 50–53; Armin Niemeyer: Ein Vorläufer des Betonbaues am Rande Berlins. In: Berichte zur Haus- und Bauforschung, Bd. 2, herausgegeben vom Arbeitskreis für Hausforschung. Marburg 1991, S. 97–108; Christina Czymay: »Colonie Victoriastadt« in Berlin-Lichtenberg. In: Großstadtdenkmalpflege, Beiträge zur Denkmalpflege in Berlin, Heft 12, herausgegeben vom Landesdenkmalamt Berlin. Berlin 1997, S. 61 f.; dies.: Die Colonie Victoriastadt. Betonhäuser in Berlin-Rummelsburg; Andreas Kahlow: Stampfbeton. Frühe Anwendungsbeispiele im Hochbau. In: Hartwig Schmidt (Hg.): Beton- und Stahlbetonbau, Spezial: Zur Geschichte des Stahlbetonbaus. Die Anfänge in Deutschland, 1850 bis 1910. Berlin 1999, S. 11–15 bzw. 16–26. – Siehe auch den Beitrag von Matthias Seeliger in diesem Band.
2. Vgl. Kurt Junghanns: Das Haus für alle. Zur Geschichte der Vorfertigung in Deutschland. Berlin 1994, S. 53 ff.
3. Vgl. die vom Reichs- und Preußischen Staatskommissar für das Wohnungswesen (Berlin) herausgegebenen Druckschriften: u. a. Ersatzbauweisen (Druckschrift 2). Berlin 1919; Sparsames Bauen (Druckschrift 4). Berlin 1920; Die Bauwirtschaft im Kleinwohnungsbau (Druckschrift 5). Berlin 1922.
4. Zu den einzelnen Verfahren vgl. Peter H. Riepert: Der Kleinwohnungsbau und die Betonbauweisen. Berlin 1924 (2. Aufl. Berlin 1926); Otto Glass u. a. (Hgg.): Baujahrbuch – Jahrbuch für Wohnungs- und Bauwesen 3 (1926/27). Berlin 1927, S. 687 ff.; W. Petry: Beton im Wohnungsbau, Deutsche Bauzeitung 63 (1929), Beilage »Moderner Wohnbau«, Heft 5, S. 49–58; Erna Strauch: Neuzeitliche Methoden im Wohnungsbau. Berlin 1931, S. 150 ff.; Junghanns, wie Anm. 2, S. 107 ff.
5. Rfg (Hg.): Bericht über die Versuchssiedlung in Frankfurt a. M.-Praunheim, Sonderheft 4. Berlin 1929; Rfg (Hg.): Bericht über die Versuchssiedlung in Dessau, Sonderheft 7. Berlin 1929. Vgl. Wolfgang Triebel: Geschichte der Bauforschung. Die Forschung für das Bau- und Wohnungswesen in Deutschland. Hannover 1983, S. 40 ff.
6. Gropius hatte sich bereits 1910 für eine fabrikmäßige Herstellung von Wohnhäusern eingesetzt, vgl. »Programm zur Gründung einer allgemeinen Hausbaugesellschaft auf künstlerisch einheitlicher Grundlage m.b.H.«. In: Hartmut Probst / Christian Schädlich: Walter Gropius, Bd. 3: Ausgewählte Schriften. Berlin 1987, S. 18–25. May stellte seine Frankfurter Wohnungsbauprojekte u. a. in der seit 1926 herausgegebenen Zeitschrift »Das neue Frankfurt« vor.
7. Vgl. den Beitrag von Andreas Schwarting in diesem Band.
8. Element für Brüstung und Fensterschicht: 110 cm; Sturzelement: 40 cm.
9. Vgl. Ernst May: Mechanisierung des Wohnungsbaus, Das Neue Frankfurt 1 (1926/27), Heft 2, S. 35 bzw. Bauwelt 17 (1926), Heft 45, S. 1085–1091; Ernst May: Die Frankfurter Häuserfabrik. Stein – Holz – Eisen 41 (1927), S. 461 f.; H. Niendorf: Aufzeichnungen über die Frankfurter »Hausfabrikation«, Das Bauwerk 1 (1927), Nr. 5, S. 101–106; Christoph Mohr / Michael Müller: Funktionalität und Moderne. Das neue Frankfurt und seine Bauten 1923–1933. Frankfurt / Köln 1984; Peter Sulzer: Die Plattenbauweise »System Stadtrat Ernst May«, Bauwelt 77 (1986), Heft 28, S. 1062 f.; Junghanns, wie Anm. 2, S. 125 ff.
10. Fr. Huth: Die neuen Betonplattenhäuser, Deutsche Bauhütte 30 (1926), Heft 9, S. 122 f.; A. Lion: Die ersten Wohnungsbauten aus Betonplatten in Deutschland, Deutsche Bauzeitung 60 (1926), Beilage »Konstruktion und Ausführung«, Nr. 15, S. 112–114; Friedrich Paulsen: Industrieller Häuserbau, Bauwelt 17 (1926), Heft 12, S. 273–276; A. Lion: Wohnhäuser aus Betonplatten, Der Neubau 8 (1926), Heft 13, S. 148–151; Ein neues Schnellbauverfahren, Der Bauingenieur 7 (1926), Heft 14, S. 287; Riepert, wie Anm. 4 (2. Aufl. 1926), S. 76–82; R. Stotz: Fabrikation von Häusern – ein Mittel zur Hebung der Wohnungsnot, Bibliothek der Unterhaltung und des Wissens 50 (1926), Bd. 11, S. 127–139; Peter H. Riepert: Das neue Haus, Neue Werte der Baukunst, Heft 1. Berlin 1927, S. 7–10; ders.: Die deutsche Zementindustrie. Berlin 1927, S. 650 ff.; Paul Schmidt: Handbuch des Hochbaus. 3. Aufl. Nordhausen 1927, S. 89 ff.; Baujahrbuch 1926/27, wie Anm. 4, S. 700 f.
11. Huth, wie Anm. 10, S. 122; »Ein Haus in einem Tage«, Jahrbuch der Technik – Technik und Industrie 13 (1926/27), S. 61 f..
12. u. a. in: Fritz Block: Probleme des Bauens. Potsdam 1928, S. 183; Heinz und Bodo Rasch: Wie bauen? Stuttgart 1928, S. 102.
13. Sie wurden vom Filmausschuss für Bau- und Siedlungswesen in Zusammenarbeit mit der »Humboldt-Film GmbH« in Berlin herausgegeben, bei der u. a. Richard Paulick beratend tätig war. Vgl. R. Paulick: Wie wohnen wir gesund und wirtschaftlich? (Filmskript), Berlin 1926; Filmdokument zum Bau der Siedlungen in Frankfurt Praunheim und Berlin-Friedrichsfelde unter dem Titel »Die Häuserfabrik der Stadt Frankfurt« in der Stadtbildstelle Frankfurt.
14. Eine erste Würdigung erfolgte im Rahmen der Unterschutzstellung der Siedlung durch die Denkmalpflege der DDR, für die Karl-Heinz Hüter 1981 eine 13-seitige unveröffentlichte Dokumentation erstellte. Weitere Erwähnung in Forschungen zu Martin Wagner als Berliner Stadtbaurat: Siehe Ludovica Scarpa in der ital. Architekturzeitschrift Rassegna, Heft 5 (1981). Monografien zur Siedlung nach 1990, überwiegend als studentische Arbeiten mit soziologischem Schwerpunkt: Bettina Kussat: Plattenbauten in Berlin-Karlshorst, TU Dresden (Sem. Arb. Architektur) 1987; Barbara Sorgato: Splanemann-Siedlung in Berlin-Lichtenberg – die erste deutsche Siedlung in Plattenbauweise, TU Berlin, Institut für Soziologie. Berlin 1992; Andreas Bachmann u. a.: Splanemannsiedlung – Vom Ursprung deutschen Plattenbaus, Studienprojekt der TU Berlin, Institut für Stadt- und Regionalplanung. Berlin 1996. Erst Junghanns, wie Anm. 2, S. 119 ff. und Rolf Schaal / Stephan Pfister / Giovanni Scheibler: Baukonstruktion der Moderne aus heutiger Sicht, Bd. 1: Bautechnik I: Zum Rohbau. Basel / Boston / Berlin 1990, S. 93 ff. stellen die Bedeutung der Siedlung im Rahmen des industriell-gefertigten Häuserbaus in Deutschland heraus.
15. Geschäftsbericht des Reichsbund-Bundesvorstandes 1924–1926. Berlin 1927, S. 24 ff.; Geschäftsbericht der Reichsbundkriegersiedlung von der Gründung bis zum 31. 12. 1926. Berlin o. J., S. 6.
16. Vgl. den Bericht in »Heim und Garten«, Beilage zum »Reichsbund«, Zentralorgan des Kriegsopferverbandes 3 (1926), Heft 4, S. 25 f. und 4 (1927), Heft 4, S. 25–29 sowie Heft 8, S. 57–61.
17. Amtsgericht Berlin-Charlottenburg, Eintragung der Baugesellschaft in das Handelsregister (Akte 93 HRB 56750) am 17. 6. 1925. Gegenstand des Unternehmens »ist die Übernahme und Ausführung von Bauten jeder Art, insbesondere in der durch das Patent Bron geschützten Bauweise.«
18. Vgl. A. J. Bakhoven: Betonwohnungsbau in Holland, Das Bauwerk 1 (1927), Nr. 8, S. 168–172, Nr. 10, S. 223–226, Nr. 11, S. 250–255; Marieke Kuipers: Bouwen in beton. Experimenten in de volkshuisvesting voor 1940. Amsterdam 1987; vgl. den Beitrag von Marieke Kuipers in diesem Band.
19. z. B. Junghanns, wie Anm. 2, S. 124: Er geht von einer direkten Beteiligung Wagners an der Gründung von Occident und am Bau der Siedlung aus.
20. Wagner publizierte dazu zahlreiche Artikel, u. a. in »Wohnungswirtschaft« und »Soziale Bauwirtschaft«. Vgl. Ludovica Scarpa: Martin Wagner und Berlin. Architektur und Städtebau in der Weimarer Republik. Braunschweig / Wiesbaden 1986; Martin Wagner 1885–1957. Wohnungsbau und Weltstadtplanung. Die Rationalisierung des Glücks. Ausstellungskatalog, herausgegeben von der Akademie der Künste Berlin. Berlin 1986.
21. Vgl. Martin Wagner: Neuere Betonbauweisen. In: Wissenschaftliche Betriebsführung im Baugewer-

be, Dreikellen-Bücherei, Reihe A, Heft 4. Berlin 1924 ; Martin Wagner: Wohnungsbau im Großbetrieb, Wohnungswirtschaft 1 (1924), Nr. 4, S. 29–32.
22 Die Akte, wie Anm. 17, verweist nicht auf Wagner. Dieser weist sogar in seiner einzigen Stellungnahme zur Friedrichsfelder Siedlung auf Mängel hin, vgl. »Groß-Siedlungen – Der Weg zur Rationalisierung des Wohnungsbaus«, Wohnungswirtschaft 3 (1926), Heft 11/14, S. 109 f.
23 Vgl. »Heim und Garten«, wie Anm. 16, 4 (1927), Heft 4, S. 27; Huth, wie Anm. 10, S. 122. Primke war Gesellschafter und Geschäftsführer der »Occident-Baugesellschaft«, vgl. Akte, wie Anm. 17.
24 Möglicherweise entstand die Verbindung durch den Prokuristen und späteren Direktor der deutschen Tochtergesellschaft Walter Christaller. Angeblich geht der Export der in Holland patentierten Großplattenbauweise nach Deutschland auf seine Initiative zurück. Vgl. Ruth Hottes: Walter Christaller. Ein Überblick über Leben und Werk, Geographisches Taschenbuch 1981/82. o. O. 1982; Ruth Hottes: Werk und Leben Walter Christallers, Standort – Zeitschrift für Angewandte Geographie 21 (1997), Heft 1, S. 29. Im Nachlass Christallers (Institut für Länderkunde, Archiv für Geographie, Leipzig) weist nur eine Visitenkarte (IfLA 579/320) auf dessen Direktorenstelle bei Occident hin.
25 Angaben zur Konstruktion und zur Montage der Platten nach zeitgenössischen Berichten (vgl. Anm. 10).
26 Diese lieferte kostengünstig ein nahegelegenes Gaswerk: vgl. »Vom Ziegel zum Betonbau«. In: Berliner Börsen-Courier vom 27. 4. 1926.
27 Dies u. a. in Kombination mit Balkendecken herkömmlicher Bauart.
28 Die holländischen Occident-Bauten hatten keinen Außenputz: Dort wurde die Kiesbetonschicht kurz nach dem Gießen mit einer Stahlbürste bearbeitet, so dass eine lebhafte Oberfäche entstand, auf welcher der Außenanstrich direkt aufgetragen wurde: Vgl. Bakhoven, wie Anm. 18, S. 224 f.; Betonwoningbouw volgens Bronspatenten, Werbeschrift der Maatschappij Occident AG. Amsterdam o. J. Das Aufbringen eines Außenputzes in Berlin-Friedrichsfelde wurde mit der minderwertigen Qualität des verwendeten Betons begründet.
29 Vgl. Abb. 3, Plattenplan. Mit »E« gekennzeichnete Platten sind die Innenwände, alle anderen Außenwände.
30 Der Kran der »Maschinen- und Kranbau AG« Düsseldorf soll speziell für dieses Bauvorhaben entwickelt worden sein, vgl. Huth, wie Anm. 10, S. 122.
31 Vgl. May, wie Anm. 9, 1 (1926/27), S. 33–39; ders.: Die Rationalisierung und Industrialisierung des Wohnungsbaus. In: Rudolf Stegemann (Hg.): Vom wirtschaftlichen Bauen, Folge 4. Dresden 1927, S. 29–32. Trotzdem bezeichnete Wagner die »Occident-Bauweise« (zum Zeitpunkt des Entstehens der Siedlung) als diejenige, »die den gesteckten Zielen der Industrialisierung des Wohnungsbaus von allen praktisch erprobten Bauweisen am nächsten kommt.« (Wagner, wie Anm. 21, S. 110.)
32 Bericht über die Verhandlungen des 5. Reichsbund-Bundestages 1930. Berlin 1930, S. 109.
33 Riepert, wie Anm. 4, S. 10.
34 Vgl. Akte, wie Anm. 17.
35 Eduard Jobst Siedler: Die Lehre vom Neuen Bauen. Berlin 1932, S. 33.
36 Strauch, wie Anm. 4, S. 171. Die fertigen Neubauten fanden wenig Beachtung. Zeitgenössische Aufnahmen finden sich nur in den hauseigenen Publikationen des Reichsbundes: u. a. in: »Heim und Garten«, wie Anm. 16, 4 (1927), S. 25, 29, 57–61 und in: Wie Kriegsbeschädigte abgefunden sind und wie sie wohnen. Berlin 1927, S. 90 ff.

Abb. nächste Doppelseite
Herstellen von Fertigteilstützen
auf der Baustelle, 1960,
LVA-Hochhaus in Karlsruhe.
Archiv der Züblin AG

Andreas Schwarting

Rationalität als ästhetisches Programm –
Zur Beziehung zwischen Konstruktion und Form bei der Siedlung Dessau-Törten[1]

es wäre ein irrtum, zu glauben, daß das ziel der rationalisierung der bauwirtschaft allein darin läge, die bestehende bauproduktion nur wirtschaftlich, nicht auch sozial zu verbessern. die rationalisierung ist nicht eine mechanische ordnung! wir dürfen um keinen preis über der ratio das schöpferische vergessen! Walter Gropius, 1930[2]

Mit einem Bauvolumen von 314 Einfamilienhäusern ist die Siedlung Dessau-Törten das größte realisierte Bauprojekt im Kontext der Dessauer Bauhausbauten und wurde sowohl in der örtlichen Tagespresse als auch in den zeitgenössischen Fachpublikationen heftig und kontrovers diskutiert. Vor dem Hintergrund der in den 1920er-Jahren herrschenden Wohnungsnot war der erhoffte Impuls für den Wohnungsbau einer der Gründe für den damaligen Oberbürgermeister von Dessau, Fritz Hesse, sich so nachdrücklich für den Umzug der Institution von Weimar nach Dessau einzusetzen.[3] Während in Dessau der Bau des Bauhausgebäudes sowie der Meisterhäuser mit skeptischer Distanz beobachtet wurde, war die Kritik an der Siedlung Dessau-Törten eine andere, direktere. Hier traf sich die Lebenswelt der Dessauer Bevölkerung mit den Gestaltungsidealen des Bauhauses bzw. seines Direktors Walter Gropius sehr viel unmittelbarer als beim Bauhausgebäude und den Häusern für die Bauhausmeister. Forschungen zur Baugeschichte der Siedlung Dessau-Törten gestalten sich auf Grund der dürftigen Quellenlage schwierig – rund 70 Jahre nach Fertigstellung der Häuser sind weder originale Bauakten aufzufinden noch die Ausführungspläne aus dem Baubüro Gropius. Gropius selbst hat die Siedlung 1930 in seinem Buch »Bauhausbauten Dessau« vorgestellt.[4] Die Einteilung in Bauphasen und Haustypen ist im Buch zugunsten der Verständlichkeit vereinfacht und entspricht nicht in allen Aspekten der gebauten Wirklichkeit. So sind im Lageplan der Siedlung Gebäude dargestellt, die nie gebaut wurden, und die veröffentlichten Grundrisse unterscheiden sich bei näherer Betrachtung erheblich von den realisierten Gebäuden.[5] Der Bau der Siedlung wurde ab 1927 von der neu gegründeten »Reichsforschungsgesellschaft für Wirtschaftlichkeit im Bau- und Wohnungswesen« finanziell unterstützt und umfangreich dokumentiert.[6] Obwohl diese Publikation heute die wichtigste schriftliche Quelle zur Siedlung darstellt, ist auch hier Vorsicht in Bezug auf zahlreiche Details angebracht, die zum Teil missverständlich oder offensichtlich falsch wiedergegeben sind: seien es ungenaue Lagepläne, Ungereimtheiten bei den Bauteilbezeichnungen oder nicht nachvollziehbare Kostenberechnungen. Neuere Veröffentlichungen beziehen sich meist ausschließlich auf das bekannte Foto- und Quellenmaterial.[7] Durch Untersuchungen an verschiedenen Bauten der Siedlung konnten in den letzten Jahren neue Erkenntnisse zu einzelnen Bautypen, ihrer Ausstattung und Farbigkeit gewonnen werden.[8]

Die Architektur der Wohnhäuser

Mit der Siedlung Dessau-Törten bot sich für Walter Gropius die Gelegenheit, die von ihm seit Beginn der 1920er-Jahre immer wieder geforderte Rationalisierung und Industrialisierung im Wohnungsbau praktisch umzusetzen. In Anlehnung an die Produktion von Automobilen am Fließband sollte der Bau von Wohnhäusern von Grund auf neu organisiert werden, um eine entscheidende Verbilligung der Baukosten zu erzielen.[9] Obwohl angesichts des Bauvolumens von zunächst nur 60 Wohneinheiten eine industrielle Fertigung im eigentlichen Sinne nicht rentabel war, entschloss sich Gropius zum Einsatz eines 1,5 t Turmdrehkrans, dessen Gleise die »Fabrikationsachse« des ersten Bauabschnitts bildeten (Abb. 1).

Durch einen präzisen Zeitplan, der das Ineinandergreifen der Gewerke in einem Ablaufdiagramm »*nach art der eisenbahnbetriebspläne*« visualisiert, wurden Leerlaufzeiten am Bau weit gehend vermieden.[10] Da auf der Baustelle jeder Arbeiter immer wieder für die gleiche Tätigkeit mit den gleichen Handgriffen eingesetzt wurde, konnten viele ungelernte Kräfte beschäftigt werden, was zu weiteren Einsparungen führte. Mit dem von Gropius angestrebten »Baukasten im Großen«[11] hatte die Törtener Konstruktionsweise jedoch nicht viel zu tun: Die Bauweise in Dessau-Törten beruht auf der tragenden Wirkung der als Schotten ausgebildeten Wohnungstrennwände.[12] Die Längswände, also die Straßen- und Gartenseiten, wurden als nichttragende Füllwände ausgebildet, die auf armierten Betonträgern ruhen. Bis auf einzelne Bauteile, die mit dem Kran versetzt wurden, handelt es sich um eine Mauerwerkskonstruktion, die in der Regel bei den tragenden Wänden aus 22,5 x 25 x 50 cm großen Schlackenbetonhohlkörpern (Abb. 2) bestand, bei den nicht tragenden Straßen- und Gartenfassaden aus einem zweischaligen Mauerwerk aus 6 cm Bimsbetonsteinen außen und 6 cm Schlackenbetonsteinen innen mit einem Luftzwischenraum von 1 cm.[13] Die Geschossdecken sind als Rapidbalkendecken ausgeführt, einem in den 1920er-Jahren gebräuchlichen Deckensystem aus profilierten armierten Betonträgern, die trocken dicht an dicht verlegt wurden.[14]

Um so mehr Bedeutung bekommen damit die im Außenbau sichtbaren industriell gefertigten Bauteile, wie Stahltüren, Glasbausteine oder die so genannten Luxfer-Prismen, die bei den Bautypen »sietö II« 1927 und 1928 als Treppenhausbelichtung eingesetzt wurden. Bei allen Haustypen wurden außerdem Stahlfenster der Crittal-Werke aus Düsseldorf verwendet, deren Preis immerhin um ein Drittel höher lag als der für vergleichbare Holzfenster. Trotz des minimalen finanziellen Gestaltungsspielraums wurde mit dem Argument, das Stahlfenster schlucke wegen der geringeren Rahmenbreite weniger Licht als ein Holzfenster, ein typisches Element der Industriearchitektur eingesetzt.[15] Die Fensterkonstruktionen wurden in mehreren Schritten verändert, architektonisch gesehen zum raumbreiten Fensterband hin, im Detail mit verbesserten Öffnungsmechanismen und Profilen. Bei den Fenstern des ersten Bauabschnitts 1926 handelt es sich noch um einfache Drehflügel mit Scharnierbändern. Ab 1927 wurden solche eingebaut, die über Ausstellbänder verfügen und durch den Spalt, der beim Öffnen entsteht, die Reinigung der Fenster von

Abb. 1
Doppelreihe, Ansicht während der Bauarbeiten 1926

innen ermöglichen. Außerdem kann dieses Fenster in jeder beliebigen Position über einen Gleitfeststeller fixiert werden. Im Jahre 1928 schließlich kam eine Wendeflügel-Konstruktion zum Einsatz, bei der ca. ¼ des Flügels nach innen aufschlägt, ³/₄ nach außen. Der Drehpunkt ist in die Fensterebene gerückt – eine sowohl konstruktiv als auch ästhetisch überzeugende Lösung, gerade in der Außenansicht. Durch die gekammerten Profile mit doppeltem konisch ausgeformten Anschlag wird die Zugdichtigkeit der Fenster erhöht, auf einen Stangen- oder Basküleverschluss, der den Flügel an drei Punkten an den Rahmen presst, wurde allerdings verzichtet (Abb. 3).

Die scheinbar äußerst reduzierte Formensprache der Häuser des Typs I mit dem starken Kontrast zwischen den unverputzt belassenen Haustrennwänden und den glatt verputzten weißen Füllwänden erweist sich als differenzierte Komposition. Die Spiegelung der Grundrisse, die nebeneinander liegenden Hauseingänge und die Gruppierung von jeweils acht Häusern als gestalterisches Mittel, die schmalen, nur 5,90 m breiten Fassaden zu größeren Einheiten zusammenzufassen, sind aus älteren Beispielen der Gartenstadtarchitektur bekannt. Doch die Zusammenfassung und Gruppierung ist hier ästhetisch gebrochen, denn mühelos gleitet das Auge über die schmalen Zwischenräume und verbindet die Straßenfront zu einem durchgehenden und beliebig verlängerbaren Band (Abb. 4).

Die Fassade des Typs I ist in verschiedene Ebenen gegliedert, die auf die konstruktive Bedeutung der Bauglieder hinweisen. So treten die Haustrennwände und Längsträger als statisch wirksame Bauteile etwas aus der Fassadenebene hervor. Während die eine Querwand zwischen den Hauseingängen unterhalb des Dachträgers endet und einen die beiden Eingangssockel trennenden Fortsatz in Höhe der Erdgeschoss-Fensterbrüstung aufweist, ist die andere Querwand zwischen den Fenstern über die Dachebene hinaus geführt und scheint den Baugrund nicht zu berühren, sondern tritt erst auf Höhe der Fensterbrüstung aus der Fassadenebene heraus. Damit wird die paarweise Anordnung der Häuser zum ästhetischen Spiel, denn sie ist nun nach beiden Seiten wirksam: Die aneinander stoßenden Fenster veranschaulichen die Zusammengehörigkeit zur einen Seite, die nebeneinander liegenden Eingänge zur anderen. Die exakt quadratische Fassadenfläche einer Hauseinheit wird durch die Oberkante des Längsträgers zwischen den Geschossen in zwei Hälften geteilt. Durch den nach innen gezogenen Eingangsbereich entstehen drei Flächen, die nach dem gleichen Prinzip, aber mit unterschiedlichen Proportionen aufgeteilt werden. Dabei umschließt eine größere Fläche (Füllwand bzw. Glasbausteine) als Winkel oder L-Form ein kleineres Rechteck (Stahlfenster bzw. Hauseingangstür). Dieses Gestaltungsprinzip, möglicherweise aus der Grundrissfigur abgeleitet, wird auf die Querwände übertragen, die z. B. zwischen den Hauseingängen als Wandscheibe aus dem Baukörper heraustreten. Die unverputzten Schla-

Abb. 2
Fertigung der Schlackenbeton-Hohlblöcke, 1. Bauabschnitt 1926

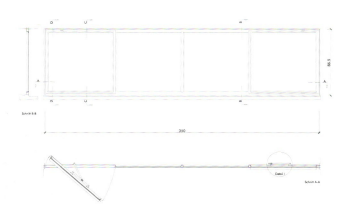

Abb. 3
Aufmaß Stahlfenster, M 1 : 50
Haustyp »sietö IV« 1928

ckenbetonsteine, die Längsträger aus Beton, die Terrazzo-Fensterbänke und die Glasbausteine werden als materialsichtige Oberflächen mit den verputzten Fassaden und den lackierten Stahlfenstern kombiniert. Dabei kontrastiert Gropius bewusst die Präzision der maschinell gefertigten Stahlfenster und Glasbausteine mit den roh belassenen Schlackenbetonsteinen.[16]

Die Ästhetik der Bauten ist zweifellos weniger der gestalterische Ausdruck fertigungstechnischer Prozesse als vielmehr der Versuch, in Hinblick auf eine zukünftige, durch industrielle Produktion geprägte Architektur einen angemessenen künstlerischen Ansatz zu finden. Hinter den ungewöhnlichen Fassaden verbirgt sich jedoch eine aus älteren Beispielen der Siedlungsarchitektur wohlbekannte Grundrissdisposition (Abb. 5): Auf etwa 75 m² wird im Erdgeschoss die repräsentative ‚gute Stube' zur Straße hin orientiert, die Wohnküche und Spülküche, die auch als Badezimmer dient, zum ca. 350–400 m² großen Garten. Ein gartenseitiger Anbau nimmt den Kleintierstall und die Trockentoilette auf.[17] Im Obergeschoss befinden sich drei Schlafzimmer und – als einziges »modernes« Element – eine Dachterrasse über dem Stall. Erst bei den neueren Haustypen »sietö II« und »sietö IV« wurde auch die innere Organisation der Häuser verändert. Im zweiten Bauabschnitt wurden neben 16 nur leicht abgewandelten Häusern des Typs »sietö I« in der Doppelreihe 84 Häuser des neu entwickelten Haustyps »sietö II« hauptsächlich entlang der Damaschkestraße gebaut. Jeweils zwölf Häuser am Eingang der Querstraßen veranschaulichten bereits die Ausdehnung der Gesamtsiedlung. Durch die Organisation des Grundrisses über zwei Kompartimente und die konstruktiv richtige Lage der Treppe parallel zu den Deckenträgern ergeben sich trotz einer leichten Reduktion der Wohnfläche von 75 auf 70 m² entscheidende Vorteile (Abb. 6). Das Badezimmer liegt nun im Obergeschoss und das Klosett ist separat neben dem Stall angeordnet. Über dem Keller befindet sich ein unbelichteter Abstellraum, der den traditionellen Stauraum unter dem Satteldach ersetzen soll. Durch die Verbreiterung des Hauses hat außerdem der Garten ein besser nutzbares Format bekommen.

Vom Typ »sietö II« wurden 1928 im dritten Bauabschnitt 46 Häuser mit dem gleichen Grundriss, jedoch mit einer entscheidenden Veränderung in der Formensprache realisiert. Waren die Fassaden 1926 und 1927 noch von der Tektonik der tragenden und lastenden Bauteile bestimmt, so ist nun das äußere Erscheinungsbild radikal vereinfacht. Die Gebäude erscheinen als Komposition weißer Kuben mit eingeschnittenen Fenstern, die zumeist als Fensterband von Wand zu Wand angeordnet sind. Lediglich angedeutet sind die nun ebenfalls verputzten und weiß gefassten Querwände, die nur noch leicht aus der Fassadenebene heraustreten (Abb. 7). Die Veränderung im Erscheinungsbild vollzieht die stilistische Entwicklung des »Neuen Bauens« nach, wie sie beispielsweise bei den Bauten von J. J. P. Oud oder Mart Stam in der »Weißenhofsiedlung« in Stutt-

Abb. 4
Doppelreihe, Ansicht von Westen, ca. 1927

gart 1927 deutlich geworden war. Die Zurücknahme materialsichtiger Bauelemente zugunsten einer abstrakten Ästhetik zeigt sich folgerichtig auch in den zehn Häusern in Ziegelbauweise, die entsprechend der Forderung der Reichsforschungsgesellschaft als Vergleichsgruppe gebaut wurden.[18] Die Unterschiede in der Baukonstruktion mit tragenden Ziegelwänden, Holzbalkendecken und Holzfenstern treten im Außenbau kaum in Erscheinung und sind nur an den geringfügig kleineren Fensterformaten abzulesen.

Bedingt durch steigende Baupreise und die Notwendigkeit, den Preis einer Heimstätte auf ca. 10.000 RM zu begrenzen, entwarf Gropius für den Hauptteil des dritten Bauabschnitts mit seinen 100 Einheiten in Mittelring und Nordweg den völlig neuen Typ »sietö IV«[19] (Abb. 8, 9). Auf nur noch 57 m² Fläche werden alle Funktionen des Wohnens platzsparend untergebracht. Durch die Anordnung der Räume im »split-level«-Prinzip wird die Fläche für ein voll ausgebautes Treppenhaus eingespart. Die Schlafräume werden über lediglich sechs Stufen aus dem Wohnzimmer erreicht, die Kellerräume, von denen einer als Waschküche und Badezimmer dient, sind von der Küche aus erreichbar. Das Trockenklosett stand wiederum im Stall, den Verschlag dazu hatten sich die Bewohner selbst zu bauen. Auch die Installation der Häuser war auf das Äußerste beschränkt: Die beiden Stromkreise waren nur für elektrisches Licht ausgelegt, Steckdosen waren nicht vorgesehen. Gebadet wurde in einer Zinkbadewanne, der so genannten Junkers-Sparbadewanne, die durch ihre sich nach unten verjüngende Form besonders wenig Wasser benötigte. Die räumliche Einsparung des Treppenhauses geht im Grundriss teilweise allerdings durch einen umständlich langen Eingangsflur verloren. Außerdem wird das Wohnzimmer zum Durchgangszimmer, was Gropius mit der gewünschten Vermeidung der ‚guten Stube' begründete.[20] Trotzdem darf »sietö IV« wohl als der interessanteste und innovativste Haustyp der Siedlung angesprochen werden, nicht zuletzt auch wegen des äußeren Erscheinungsbilds, das in seiner reduzierten Formensprache tatsächlich ein neues ästhetisches Bild des Kleinhauses vermittelt. Die große Hausbreite und die Eineinhalbgeschossigkeit zur Straße hin, verbunden mit den langen Fensterbändern und den in der Schrägansicht kaum sichtbaren Eingängen erschweren die Ablesbarkeit einzelner Wohneinheiten. Anders als in der traditionellen Gartenstadtarchitektur wird aber nicht mehr die Zusammenfassung von winzigen Wohneinheiten zu größeren Hauseinheiten angestrebt. Die langen Häuserzeilen von Dessau-Törten transformieren in ihrer scheinbar endlosen Reihung auch ein gesellschaftliches Ideal von Walter Gropius, der die Idee der Rationalisierung in einen Zusammenhang mit dem Gemeinwohl und der Gleichheit stellt.

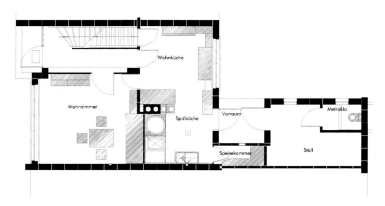

Abb. 5
Erdgeschoss Haustyp »sietö I«,
1926, M 1 : 150

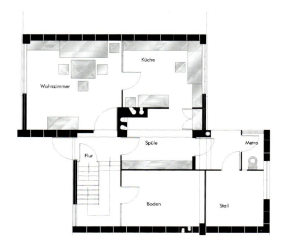

Abb. 6
Erdgeschoss Haustyp »sietö II«,
M 1 : 150

Die »Neue Einheit von Kunst und Technik«

Walter Gropius war sich entgegen dem Eindruck, den er zuweilen in der Öffentlichkeit vermittelte, selbst durchaus bewusst, dass es sich bei der Bauweise von Dessau-Törten um einen Kompromiss zwischen einer rein handwerklichen Bautechnik und einer echten industriellen Serienfertigung handelt. Sein architektonischer Ansatz ist zugleich bescheidener und komplexer. Nicht die rein konstruktiven Fragen waren es, mit denen sich Gropius beschäftigte. Die Orientierung der Bauwirtschaft zur Industrie hin sollte nach seiner Ansicht auf drei Ebenen gleichzeitig erfolgen – auf der volkswirtschaftlich-organisatorischen, auf der technischen und auf der gestalterischen Ebene.[21] Das Zusammenführen dieser drei elementaren Forderungen an ein »Neues Bauen« steht analog zu dem, was Gropius mit der neuen Einheit von Kunst und Technik bezeichnet und seit 1923 immer wieder gefordert hatte. Weder die Organisation der Baustellenarbeit noch die Experimente mit unterschiedlichen Konstruktionen und Baumaterialien stellen für sich genommen echte Neuerungen im Bauwesen der 1920er-Jahre dar.[22] Die zur Ausführung gekommenen Bauweisen der Siedlungsbauten waren zum großen Teil durchaus gebräuchlich, wie beispielsweise die Deckenkonstruktion mit Stahlbetonträgern des Deckensystems »Rapid« aus Baden-Baden.[23] Das Anliegen der »Reichsforschungsgesellschaft für Wirtschaftlichkeit im Bau und Wohnungswesen«, in verschiedenen Siedlungen die Wirtschaftlichkeit unterschiedlicher Bauweisen wissenschaftlich zu untersuchen, ist mit dem besonderen Anliegen von Gropius nicht vollständig deckungsgleich, und so ist es in diesem Zusammenhang auch nicht verwunderlich, wenn die Wirtschaftlichkeit der Betonbauweise – gerade gegenüber den zehn Häusern der so genannten Ziegelgruppe – nicht überzeugend nachgewiesen werden konnte.[24] Der für Gropius entscheidende Punkt war die Verknüpfung einer industriellen – oder an industrieller Produktion angelehnten – Bauweise mit einer neuen Ästhetik, die sein Rationalisierungsbestreben überzeugend reflektierte. Die Gestalt der Törtener Häuser leitet sich somit nicht direkt aus dem Herstellungsprozess ab, sondern verdeutlicht eher bildhaft ein Bekenntnis zur Serienproduktion.

Im Vergleich mit den fast zeitgleich entstandenen Meisterhäusern und dem Bauhausgebäude lassen sich unterschiedliche Gestaltungsansätze und damit auch unterschiedliche Funktionen der Formensprache beobachten. Das Bauhausgebäude selbst, als gleichsam gebautes »Manifest der Moderne« spiegelt in der äußeren Gestaltung der einzelnen Gebäudeteile die Gebäudefunktionen und Nutzungszusammenhänge im Inneren wider. So werden beispielsweise die zwei unterschiedlichen Institutionen Bauhaus und Gewerbliche Berufsschule durch den aufgeständerten Brückentrakt nicht nur funktional, sondern auch gestalterisch verbunden. Der fast vollständig ver-

Abb. 7
Nordweg. Ansicht von Nordosten,
ca. 1928. Haustyp »sietö IV«

Abb. 8
Querschnitt Haustyp »sietö IV«,
M 1 : 150

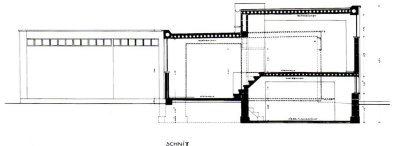

glaste Werkstättentrakt präsentiert in seiner Transparenz die großzügig belichteten Werkstatträume als zentralen Bestandteil der Bauhausidee nach außen, während die Fassade des Ateliergebäudes mit ihren einzelnen Lochfenstern und kleinen Balkonen die individuellen Rückzugsbereiche der studentischen Wohnräume ablesbar macht. Anders verhält es sich bei den Meisterhäusern, deren geometrisches Spiel der durch Spiegelung und Drehung ineinander verzahnten Hausgrundrisse seine Parallele in der Ausformung des gesamten Baukörpers hat, der in seiner künstlerischen Durchdringung von unterschiedlich ausgebildeten Kuben an eine konstruktivistische Plastik denken lässt. Hier finden die Überlegungen von Gropius zu einem »Baukasten im Großen«, dessen Einzelteile sich zu unterschiedlichen Hauskompositionen zusammensetzen lassen, ihren gestalterischen Ausdruck. Sowohl beim Bauhausgebäude als auch bei den Meisterhäusern ist die eigentliche Konstruktion unter einer Haut aus weißem Putz verborgen und lässt sich allenfalls aus der Ausformung und Anordnung der Fenster erschließen. An seinem eigenen Wohnhaus ließ Gropius sogar zwei Betonstützen mit schwarzem Spiegelglas verkleiden, um sie optisch »wegzuretuschieren«.[25]

Bei der Fassadengestaltung der Siedlung Dessau-Törten wird deutlicher als bei den anderen Dessauer Bauhausbauten die Konstruktion und Materialität in den Vordergrund gerückt. Sowohl die Oberflächen – roher Beton, Schlackenbetonsteine, Terrazzo, Stahl und Glas – als auch die differenzierte Ausformung der einzelnen Bauglieder, die entsprechend ihrer konstruktiven Wertigkeit unterschiedlich weit aus der Fassadenebene hervortreten, verdeutlichen hier in der Gesamtwirkung nicht nur die Bauweise, sondern die Auseinandersetzung mit dem Prozess des Bauens selbst. Wie wichtig Gropius die Präsentation der Baustelle und des Bauprozesses nahm, wird auch in der Darstellung der Siedlung in dem bereits erwähnten Buch »Bauhausbauten Dessau« deutlich, in dem die Dokumentation der Baustelle mit zahlreichen Baustellenfotos und Bildern aus mehreren Filmen einen überaus großen Raum einnimmt.[26] Die Thematik des Bauens ist aber nun etwas, was in der Siedlung seit der Fertigstellung der Häuser in Form von zahlreichen Umbauten, Ergänzungen und Wohnraumerweiterungen bis heute aktuell geblieben ist. War die Konstruktion der tragenden Haustrennwände zunächst in Hinblick auf eine möglichst rationale Herstellung gewählt worden, so erwies sie sich im Laufe der vergangenen Jahrzehnte zudem als Voraussetzung für eine große Flexibilität und Veränderbarkeit der Häuser (Abb. 10). So bedauerlich der heutige Zustand mit dem Verlust der ursprünglichen Ästhetik der Architektur von Walter Gropius auch sein mag, er dokumentiert in erster Linie nicht das Scheitern des architektonischen Konzepts, sondern ist Beleg für das grundsätzliche Funktionieren einer Struktur, die im Detail zahlreiche Veränderungen ermöglicht. Letztlich war es ja Walter Gropius selbst, der 1926 forderte, dass »nur die Bautei-

le typisiert werden, die aus ihnen zusammengesetzten baukörper dagegen nach individuellem Wunsch variieren«.[27] Waren 1926 beim Bau der Siedlung Dessau-Törten die notwendigen technischen Voraussetzungen für ein solches Vorgehen noch nicht gegeben, so ließ sich die Realisierung individueller Wohnvorstellungen in der Folge kaum verhindern und stellt die Denkmalpflege heute vor die Herausforderung, eine überzeugende Gesamtkonzeption zu entwickeln, die sowohl der Bedeutung der Siedlung als Denkmal des »Neuen Bauens« gerecht wird als auch die Wünsche der Hauseigentümer nach zeitgemäßem Wohnkomfort berücksichtigt.[28] Die dabei zu entwickelnden Gestaltungsgrundsätze sollten nicht nur eine Ensemblewirkung der Gesamtsiedlung anstreben, sondern auch der individuellen Baugeschichte der Häuser gerecht werden.

Mit den zahlreichen baulichen Veränderungen, Modernisierungen, Um- und Anbauten ist die vielleicht wesentliche ästhetische Qualität der Häuser verloren gegangen. Dennoch ist die Siedlung Dessau-Törten nach wie vor ein entscheidendes Dokument für die Suche nach einer zeitgemäßen und überzeugenden formalen Antwort auf die als notwendig erkannte Industrialisierung des Bauwesens in der Mitte der 1920er-Jahre. In der eindringlichen, fast beschwörenden Mahnung von Walter Gropius, nur ja nicht das Schöpferische zu vergessen, scheint angesichts der immer stärker empfundenen Entfremdung von Arbeits- und Lebenszusammenhängen bereits die Befürchtung eines Scheiterns anzuklingen und tatsächlich ist die Einheit von wirtschaftlicher Rationalisierung, sozialem Fortschritt und künstlerischem Anspruch, wie sie von Gropius 1930 gefordert wurde, bis heute eine Utopie geblieben.

Anmerkungen

1 Der erste Teil des Beitrags ist folgendem Artikel entnommen: Andreas Schwarting: Die Siedlung Dessau-Törten. Bauhistorische Aspekte und Folgerungen für den Umgang mit einem Baudenkmal der klassischen Moderne. In: architectura 31/2001, S. 27–48.
2 Walter Gropius: bauhausbauten dessau, bauhausbücher 12. Fulda 1930 (Reprint Mainz 1974; 2. Aufl. Berlin 1997), S. 200.
3 »Bei den Überlegungen, die zur Übernahme des Bauhauses nach Dessau führten, hatte nicht zum geringsten Teil der Gedanke eine Rolle gespielt, daß durch die mit dem Bauhaus der Stadt zugeführten schöpferischen Kräfte auch der Wohnungsbau neue Impulse erhalten könnte (...) Von einer Bewährung auf diesem Gebiete durfte auch eine Festigung seiner Stellung und seines Ansehens namentlich bei der arbeitenden Bevölkerung erwartet werden.« Fritz Hesse: Von der Residenz zur Bauhausstadt. Erinnerungen an Dessau. Bonn 1963 (3. Aufl. Dessau 1995, S. 218).
4 bauhausbauten dessau, wie Anm. 2.
5 Zum Beispiel sind im Grundriss vom Haustyp »sietö IV« von 1928 Wandschränke und ein Waschplatz zwischen den Schlafzimmern eingezeichnet, die bisher bei keinem Haus in der Siedlung nachgewiesen werden konnten.
6 Bericht über die Versuchssiedlung Dessau, herausgegeben von der Reichsforschungsgesellschaft für Wirtschaftlichkeit im Bau- und Wohnungswesen, Sonderheft Nr. 7. Berlin 1929.
7 Winfried Nerdinger: Der Architekt Walter Gropius. Berlin 1985 (2. Aufl. Berlin 1996). Christine Engelmann / Christian Schädlich: Die Bauhausbauten in

Abb. 9
Kleinring von Süden,
Ansicht um 1928

Abb. 10
Kleinring von Süden,
Ansicht 1999

Dessau. Berlin 1991 (2. Aufl. Berlin 1998); unveröffentlichte Arbeiten: Christine Kutschke: Bauhausbauten der Dessauer Zeit. Ein Beitrag zu ihrer Dokumentation und Wertung. Weimar 1981 (Diss. Hochschule für Architektur und Bauwesen Weimar). Markus Löffelhardt: Siedlung Dessau-Törten. Form und Funktion bei Walter Gropius. Freiburg 1998 (Magisterarbeit Universität Freiburg). Verwiesen sei weiterhin auf eine Untersuchung der Bewohnerstruktur zur Erbauungszeit: Thomas Koinzer: Die Geschichte des Siedlungsbaus des Bauhauses am Beispiel Dessau-Törten 1926–1930 vor dem Hintergrund der Wohnungsnot in der Weimarer Republik. Berlin 1996 (Magisterarbeit Humboldt-Universität Berlin).

8 Erste Ergebnisse der Forschungsarbeit sind in der folgenden, bei der »Stiftung Bauhaus Dessau« erhältlichen Broschüre veröffentlicht: Andreas Schwarting: Die Siedlung Dessau-Törten. Walter Gropius 1926–1928. Dessau 2001. Das Projekt »Bauforschung Bauhausbauten Dessau« wurde mit Mitteln des Landes Sachsen-Anhalt finanziert und an der Stiftung Bauhaus Dessau durchgeführt. Ziel des Projekts ist es, durch bauhistorische Recherchen sowie gezielte Fachuntersuchungen zu einzelnen Bauten eine Grundlage für denkmalgerechte Sanierungskonzeptionen zu entwickeln. In diesem Rahmen wird seit 1998 an der »Stiftung Bauhaus Dessau« ein Bauarchiv aufgebaut, in dem u. a. Bauteile und Baumaterialien zu den Bauhausbauten und weiteren Bauten der klassischen Moderne gesammelt werden. Im Zusammenhang mit dem Forschungsprojekt ist eine umfassende Darstellung der Siedlung Dessau-Törten in Arbeit.

9 Als Vorbild wurde von Gropius selbst immer wieder Henry Ford genannt, dessen Modell der Automobilherstellung am Fließband die gleichzeitige Steigerung der Produktion bei sinkenden Preisen versprach. Die Zusammenhänge zwischen industrieller Serienherstellung von Automobilen und Wohnungsbau werden eingehend untersucht in: Zukunft aus Amerika. Fordismus in der Zwischenkriegszeit: Siedlung, Stadt, Raum, herausgegeben von der Stiftung Bauhaus Dessau. Berlin 1995. Insbesondere sei hier auf den Beitrag von Harald Kegler zum Thema Fordismus und Bauhaus verwiesen. Vgl. auch Nerdinger, wie Anm. 7, S. 9 ff.

10 bauhausbauten dessau, wie Anm. 2, S. 155.

11 Den »Baukasten im Großen« hatte Gropius auf der Bauhaus-Ausstellung 1923 in Weimar vorgestellt. Die Idee eines vorgefertigten, aus standardisierten Elementen bestehenden Wohnhauses wurde von Gropius bis in die 1940er-Jahre verfolgt. So entwickelte er gemeinsam mit Konrad Wachsmann ab 1941 auf dieser Grundlage das »General Panel System«. Vgl. Konrad Wachsmann: Wendepunkt im Bauen. Wiesbaden 1959 (Reprint Dresden 1989), S. 140 ff.

12 Als ein Vorläufer dieser Bauweise ist das »Haus mit einer Mauer« von Adolf Loos anzusehen, das er 1921 für die Heuberg-Siedlung in Wien entwickelt hatte. Der Architekt Leopold Fischer, ein Schüler von Loos, realisierte in Dessau als Architekt des »Anhaltischen Siedlerverbands« gemeinsam mit Leberecht Migge u. a. ab 1925 die Knarrberg-Siedlung in Dessau-Ziebigk und in der Siedlung Dessau-Törten die Bebauung des Großrings mit Doppelhäusern bis 1930. Ob Fischer, der zeitweise auch im Baubüro Gropius beschäftigt war, Anregungen zur Bauweise der Siedlung Dessau-Törten gab, ist nicht bekannt. Vgl. Helmut Erfurth: Das Baubüro Gropius als innovativer Teil des Bauhauses. In: M. Tullner (Hg.): Sachsen-Anhalt. Beiträge zur Landesgeschichte. Halle 1997, S. 26.

13 Interessanterweise vermied Gropius in seinen Veröffentlichungen alle Begriffe wie Mauer oder Mauerwerk, die an traditionelle Fertigungstechniken erinnern. Vgl. Kurt Junghanns: Das Haus für alle. Zur Geschichte der Vorfertigung in Deutschland. Berlin 1994, S. 133.

14 Vgl. Eduard Jobst Siedler: Die Lehre vom Neuen Bauen. Berlin 1932, S. 148 ff.

15 Reichsforschungsgesellschaft, wie Anm. 6, S. 53.

16 Eine restauratorische Untersuchung am Haustyp »sietö I 1926« konnte bisher noch nicht durchgeführt werden, so dass exakte Aussagen über die Polychromie an der Straßenfassade nicht möglich sind. Alle bisherigen Erkenntnisse deuten jedoch darauf hin, dass an der Straßenfassade lediglich Schwarz, Weiß und Grau in verschiedenen Schattierungen eingesetzt wurden.

17 Beim so genannten Metroclo, System Leberecht Migge handelte es sich um ein Trockenklosett, bei dem durch die Verwendung von Torf die Geruchsbildung weit gehend verhindert wurde. Vom Garten aus konnten die mit Fäkalien gemischten Torfplatten der Grube entnommen und als Dünger verwertet werden. Reichsforschungsgesellschaft, wie Anm. 6, S. 13.

18 Vertrag zwischen der Stadtgemeinde Dessau und dem Deutschen Reich, 1. Februar 1928. Stadtarchiv Dessau, SB 129.

19 Ein Typ »sietö III« wurde nie gebaut. Die wenigen erhaltenen Quellen deuten darauf hin, dass »sietö III« im Zusammenhang mit einem Siedlungsabschnitt für Angestellte der Wolfener AGFA-Werke steht, der aus noch ungeklärten Gründen nicht zur Ausführung kam. Für diese Information und für zahlreiche anregende Gespräche zur Siedlung Dessau-Törten möchte ich Annemarie Jäggi (Institut für Baugeschichte, Universität Karlsruhe) an dieser Stelle ganz herzlich danken.

20 Reichsforschungsgesellschaft, wie Anm. 6, S. 24.

21 Walter Gropius: bauhausbauten dessau, bauhausbücher 12. Fulda 1930 (Reprint Mainz 1974; 2. Aufl. Berlin 1997), S. 193.

22 Vgl. Bauwelt-Katalog: Handbuch des gesamten Baubedarfs. Bauwelt-Verlag, Berlin 1929. Eine Baukonstruktionslehre, die auch die damals neuen Baustoffe und Bauweisen mit einschließt, erschien 1932: Eduard Jobst Siedler: Die Lehre vom Neuen Bauen. Berlin 1932. Kurt Junghanns hat 1994 eine Zusammenfassung und Bewertung der Rationalisierungsbestrebungen von der Jahrhundertwende bis in die 1920er-Jahre vorgenommen. Siehe dazu Junghanns, wie Anm. 13.

23 Vgl. Siedler, wie Anm. 22, S. 148.

24 So wird im Bericht der Reichsforschungsgesellschaft zwar der leichte Kostenvorteil der Betonbauten gegenüber den in traditioneller Bautechnik errichteten Häusern genannt, während bei den Kostenvergleichen der einzelnen Bauteile (Fenster, Decken- und Wandkonstruktionen) die traditionellen Bauweisen jedoch zumeist kostengünstiger abschneiden. Vgl. Reichsforschungsgesellschaft, wie Anm. 6.

25 Vgl. dazu eine Tagebuchnotiz von Ise Gropius vom 11. 10. 25: »walter ist sehr bekümmert über eine verkorkste stelle am haus, nämlich die säulenstützung des speichers. mir hat sie auch nie gefallen, aber es wird schwer sein, sie jetzt noch zu ändern.« Bauhaus-Archiv Berlin 1998/55.

26 Es handelt sich um Sequenzen aus der Filmreihe »Wie wohnen wir gesund und wirtschaftlich« der »Berliner Humboldt-Film GmbH«. Vgl. die Broschüre von Richard Paulick: Wie wohnen wir gesund und wirtschaftlich. Berlin 1927, in der die Filme im Einzelnen vorgestellt werden.

27 Walter Gropius: der große baukasten. In: Das Neue Frankfurt 1. Frankfurt a. M. 1926/27, S. 25–30, zitiert nach: Hartmut Probst / Christian Schädlich: Walter Gropius, Bd. 3: Ausgewählte Schriften. Berlin 1987.

28 Einen ersten Schritt in diese Richtung stellt die 1994 in Kraft getretene Gestaltungssatzung der Stadt Dessau dar: Erhaltungs- und Gestaltungssatzung. Bauhaussiedlung Dessau-Törten, Laubenganghäuser, L.-Fischer-Häuser im Großring, herausgegeben von der Stadtverwaltung Dessau – Baudezernat, Amt für Denkmalpflege. Dessau 1994.

Concrete Houses in Holland –
Heritage of experiments and urgency

Marieke Kuipers

In the Netherlands the most popular building material for housing is brick – without any doubt. Yet, some 3500 houses of concrete have been built before 1940 as experiments and temporary solutions for overcoming the shortage of housing after World War I. The best known example is the so-called Concrete Village (the Betondorp) in Amsterdam-Watergraafsmeer, but the spread of concrete housing is much wider.[1] In the late forties new experiments of council housing in concrete set off within the national framework of post-war reconstruction in countless numbers all over the country. While the use of brick had always been very much bound by regional traditions, the adoption of concrete was linked with national rules and with international exchange. After four to ten decades, the heritage of concrete housing is touched by the dynamics of repair and renewal over time, which can vary from demolition to careful conservation and many stages in between.

Accidental pioneers and American inspiration

In such remote villages as Marrum in Friesland and Santpoort near Haarlem two early examples can be traced of flat-roofed houses with solid walls of concrete. By coincidence they date from the same year – 1911 – and both seem to be directly inspired by American models. However, the intentions of the initiators involved were totally different.

It is told that the concrete house in Marrum, located at the Lage Herenweg 6, has been built by the local contractor/carpenter Mellema after his return from a trip to Florida where he could have seen the first civic adaptions of the new building material. Whether this story is true or not, the house has a typical local appearance with rather clumsy Art Nouveau-like details and it shows some similarities with an earlier concrete house nearby, in Franeker, built in 1906 as a home for the small Willens' cement stone factory and its director. Anyhow, these two Friesian examples represent the almost overlooked series of early concrete houses built by small cement or concrete firms for their workers, which had neither great technical innovations nor high aesthetic aspirations, but were simply the first of their kind.[2]

Far more pretentious was the so-called cast house of concrete in Santpoort at Vinkenbaan 14, which appeared in many publications as a novelty or as a provocation (Ill. 1). The initiative for this interesting project came from the rather unknown engineer H. J. Harms, who had cooperated with Thomas Edison and his assistant G. E. Small in the United States to develop a rapid system for building monolithic houses in concrete. For this purpose they founded the "Monogram Construction Company" in New York in 1909 and applied for patents in many countries.[3] While the interest in the USA was lacking, a special prepatory team was formed to promote the MCC system in Europe, to begin in the Netherlands. Harms had joined forces with his cousin Herman Hana, an autodidactic artist with radical ideas about masshousing, and the famous architect H. P. Berlage, who had pleaded already several times in public to investigate the architectural opportunities of reinforced concrete and who was ready to act as 'aesthetic advisor'. Both Hana and

Ill. 1
The "cast house" at Santpoort under construction

Berlage were socialists and engaged with the housing problem of the labour class, which they sought to solve in different ways.

Berlage designed a modern L-shaped house with seamless walls and cubic volumes under a slightly projecting flat roof. The type was described as a 'beach villa', perhaps because a sort of loggia with Italianate openings was situated at the upper floor of the projecting part, which could have offered nice views towards the dunes nearby. In spite of its rather luxurious characteristics and its remoted location, the 'cast house' in Santpoort was intended as an experimental prototype for future massproduction, but it remained a stand-alone in all respects.

The house was inaugurated in May 1911 after a remarkably short construction period: three days for building up the iron shuttering, six hours for pouring the concrete, two days for drying and then removing the forms. In spite of the intensive publicity campaign and Berlage's aesthetic involvement, this experiment did not immediately lead to the massproduction which Hana had in mind to realise a revolution in housing. Hana propagated a new building style and a new attitude towards housing based on industrial production methods and standardization, just like bikes and aircrafts, in stead of continuing the good old tradition of building houses in brick. He dreamed of hundreds of houses in concrete spread over the country like the block toys of children. Precisely because of Hana's outspoken support of uniformity and 'Neugestaltung' – together with a social revolution – his radical ideas caused much resistance against any continuation of casting houses in concrete, not only for aesthetic reasons but also because the brick building industries, bricklayers and architects feared serious competition. Flat roofs and plastered walls were regarded, then, as ugly and unappropriate for Dutch housing, especially when produced in massive repetition.

However, it was mainly due to practical and economic reasons that the Santpoort experiment had no follow-up in the Netherlands. Especially the forms were very expensive, although in principle suited for re-use, and at that time it was not easy to transport the 2600 cast iron pieces and 10.000 bolts over large distances.[4] It is uncertain if these elements have ever been re-used elsewhere, but it is reported that Harms was more successful in France.[5]

Totally different was another stand-alone, also hidden at the countryside: Villa Nora at Huis ter Heide (near Utrecht), built in 1915–1919 for the businessman A. B. Henny by Rob van 't Hoff (Ill. 2). This flat-roofed horizontalising house was directly inspired by the architecture of Frank Lloyd Wright, whom Van 't Hoff had visited in 1914 in the United States. Because of its aesthetical innovation it was immediately published in the "De Stijl" magazine as the architectural model of the neo-plasticism which Theo van Doesburg had in mind. The main structure of columns, floors, roofs and balconies was made of reinforced concrete, but the walls were erected in brick and then plastered white, alternated by the grey bands of plinths, rims and awnings. Even the surface of the flat roof was carefully detailed as the 'fifth facade', to be seen from the air – and indeed, there are early aerial photographs of this concrete villa.

The construction of the house was both a technical and a social experiment, but affected by the difficulties of the wartime it was later completed than anticipated. The use of a concrete frame was then quite uncommon for a house and at first stage not correctly calculated. More problematic was that the idealistic architect worked not only side by side with the construction workers at the site, but also with an open-ended budget for a commission 'en régie' together with the contractor. When the work was half-way, the contractor was mobilized and the material prices increased. So, the commissioner resigned and the house was finished for a new owner, while keeping the name and fame as villa Henny.[6]

International experiments of 'Ersatzbau'

During World War I, the Netherlands managed to avoid direct involvement in the military conflicts. Instead, a fertile climate was created for artistic and political innovations, especially in Amsterdam, which could turn into the 'Mekka of social housing' thanks to the efforts of such policy makers as F. M. Wibaut (then elected as the first social alderman for housing), A. Keppler (director of the municipal housing department) and J. W. C. Tellegen (mayor and formerly director of the building control department) and the creations of Berlage, K. P. C. de Bazel, M. de Klerk, P. L. Kramer and many other reknowned architects.[7] But the country could not escape from the negative side-effects of the war, resulting in an immense shortage of houses – especially after the demobilization – and tremendously high building costs. Bricks were hardly available or affordable, because of losses by floods and lack of fuel for burning the ovens. Moreover, the wages of skilled construction workers had sharply risen after some strikes for better working conditions.

So, the local authorities were eager to find alternative solutions and to learn from experiments abroad with other building materials than brick; hence the German expression "Ersatzbau". The Dutch housing experts of the three major cities Amsterdam, Rotterdam and the Hague payed visits to all kinds of building exhibitions, inspected the large amount of concrete housing experiments on the spot and participated in several international conferences about housing and town planning. The topic was hot and urgent, not only for the thousands of homeless people, but also for the politicians who were supporting social affairs or did not want more social unrest after the Russian Revolution and the war (in the Netherlands the socialist P. J. Troelstra had tried, in vain, to cause a revolution in 1918).

Keppler and his assistent V. Jockin went to England in order to visit special building exhibitions, like "The Ideal Home Exhibition" and the "Building Trades Exhibition", and to inspect several realized concrete housing systems for eventual suitability in the Netherlands, like Dorlonco in Dormanstown and Winget in Braintree. From the more than 40 tested systems only these two were recommended for adoption in the Netherlands, taking into account the Dutch building conditions and the English results.[8]

Also J. J. P. Oud went to England, on behalf of the housing department of Rotterdam, and to Germany as well. There he visited the quarter of Langenhorn near Hamburg (designed by Fritz Schumacher) and the quarter of Finkenau near Bremen, both using a casting system developed by Paul Kossel for monolithic concrete walls (Ill. 3). For Oud it was perhaps disappointing, afterwards, that he never had had the opportunity to build concrete houses himself, although he had published nice designs for a twin house of reinforced concrete in "De Stijl" already in 1918.[9]

All reported in detail about the inspected sites and systems, together with their recommendations and critical comments. Although the Dutch inspectors were critical about the simple wooden forms of the Kossel system, which could not be re-used, this solution was still much cheaper than the use of iron elements at the Santpoort MCC house. They were also critical about the traditional architecture of the Kossel houses, especially the building of pointed tops for the pitched

Ill. 2
Villa Nora, situation 1979

Ill. 3
Light concrete houses according to the Kossel Schnellbausystem at Bremen-Finkenau, 1920

roofs, which was not fit for the material.[10] Nevertheless, the Kossel system was regarded positively in the end and it is perhaps the only one which became applied in all three major Dutch towns, with more than 840 dwellings in total.

All inspected housing experiments had been realized in a garden village-like context, mostly consisting of just two twin houses or a small row, and this rather conflicting combination of a modern building material in a non-urban setting was certainly no coidence. On the one hand, the idea of a garden village was very popular among the leading contemporary town planners – and especially Keppler was a great supporter to give each labourer (and his family) his own little house with a garden, just like Schumacher. On the other hand, most of the alternative concrete systems were not appropriate for structures with more than two levels, because they produced thin cavity walls of light concrete, partly mixed with cinders, slags, pumice or other cheap and porous additions, and often without reinforcing steel bars. Besides, it should be kept in mind that in the west of the Netherlands, most houses had to be built on marshy soils and that the adaption of light structures could avoid expensive foundations.

For the Dutch it was self-evident to learn lessons from their neighbouring countries, while paving a new way on their own. What the experts found were suitable technical alternatives, but too traditional architectural solutions. The only exceptions would be created in heavily damaged Belgium, which on its turn was highly influenced by the Dutch.[11] The experiences from abroad, extended by additional visits later on, activated also the Dutch building companies to strive for a share in the concrete housing experiments and thanks to the local politicians, who were principally more in favour of Dutch firms rather than foreign, they got their chances albeit in competition.

Creating Concrete Village in Amsterdam

When Keppler, in 1921, unfolded his plan for a large-scaled test of concrete housing systems in the Watergraafsmeer neighbourhood (Ill. 4), two other initiatives had been equally important for the final creation of the famous Betondorp (Concrete Village). One was a small test in the first garden city of Amsterdam, north of the river Y, Tuindorp Oostzaan, where about 20 concrete houses had been built according to the English Winget system and the German Schütz & Bangert system, respectively (around Castor square) (Ill. 5). The advantage of these systems was that unskilled labour was sufficient to produce hollow concrete blocks (aided by an imported ma-

Ill. 4
Site map of the Watergraafsmeer-polder showing the plots for the experimental housing project, 1 : 10 000, about 1917

Ill. 5
Experimental twin house by Jan Mulder, Schütz & Bangert system, 1920/21

chine) and that in this manner not only – subsidized – employment was found for the dozens of unemployed workers from different branches (like sigar makers and diamond cutters), but also a clear start was made to solve the serious problem of housing shortage.[12] The social democrats demonstrated, thus, that they could tackle two problems by one solution for the benefit of all labourers.

The other initiative regarded the development of a garden village in the Watergraafsmeer, even before this area became part of Amsterdam by the annexation of 1921. The City of Amsterdam had already purchased a large piece of land south-east of the large cemetery there, in 1917, for the realization of future housing projects. Because the local authorities of Watergraafsmeer had wanted to continue its indepency as long as possible, a grandiose extension plan had been designed by P. Vorkink and J. Ph. Wormser for its whole territory in 1904. Consequently, the housing department of Amsterdam was forced to adopt the already planned subdivision for that site, which contained a large square and an intricate street pattern. However, the detailed town planning scheme was worked out by J. Gratama and G. Versteeg, who also worked for two Amsterdam housing societies (AWV and Eigen Haard), to supplement the municipal housing of Amsterdam in that area with each 600 dwellings (with brick walls and pitched roofs in repetition), while D. Greiner was commissioned to transform the intended square into a real community centre. It was Keppler who insisted in such a concentration and variety of communal facilities, knowing that the new neighbourhood would be far away from the inner city.

After an open subscription, ten different systems had been selected in order to build 900 dwellings in total.[13] At that time there were three main methods to build houses in light concrete and each would be represented by three different systems, like follows:

▸ Block building: Bredero (Olbertz), Isotherme, Winget,
▸ Monolithic or casting method: Korrelbeton (coarse concrete), Kossel, Non Plus,
▸ Assembling method with pre-fab elements: Bims Beton Bouw (BBB), Bron, Hunkemöller, besides the Dorlonco construction of a steel frame with concrete slabs.

The foreign systems, like Winget, Kossel and Dorlonco, had already given a proof of their qualities, but except for the coarse concrete system of Greve (adapted already in The Hague), not so much was known of the Dutch systems. What would be tested effectively was both the technical and the aesthetical quality of each system, for which nine different architects and seven building firms were responsible. Of course, economic considerations were also taken into account, but that was not the first priority.

Ill. 6
Light concrete houses under construction, using the system of A. Hunkemöller, 1923

Ill. 7
Concrete houses along Duivendrechtselaan / Graanstraat, Winget house by Jan Mulder (left), Bims Beton Bouw houses by Han van Loghem (right), situation in 1981

The subdivision of systems is indicated on a map, showing how the concrete houses were made part of the larger garden village. Most houses were constructed with wooden beams for the floors, but all were flat-roofed.

Essentially, the block building systems did not deviate much from the traditional brickwork, although prefabricated blocks were applied of such large sizes that they needed to be carried with two hands (Ill. 6). Without mechanical means the transport was heavy. Apart from the advantage of alternative employment, the block building systems were quicker than the traditional way of brick laying, just because of the larger sizes. Yet, accuracy was needed when laying the blocks upon each other, because special mortar had to be poured down from above in left open spaces in order to form a kind of second joint inside the blocks. Some systems did need a finishing layer on the outer walls, but this was not always applied. For economic reasons paints were not allowed on the facades, even if they were plastered, except for the wooden parts. But inventive as they were, the architects used creosote to enliven the walls and cheerful colours for the doors and window frames to show that new materials and a relatively high degree of standardization still could bring attractive architecture. For instance, the Isotherme houses of H. F. Mertens had originally completely black façades, while the Winget houses were marked in the top sections with zebra-like stripes. It seems almost unbelievable that these expressive creations of the municipal housing architect J. H. Mulder have been built according to the same method as the experimental houses in Oostzaan or in England.

The monolithic systems continued more or less the early concrete experiment at Santpoort although this time wooden forms had been used for casting the concrete. In these cases cavity walls were constructed, preferably of a porous type of light concrete, to reduce the weight and also to obtain an optimal insulation. But then – in contrast to the original intentions to avoid the involvement of skilled stucco workers – always a finishing plaster layer was needed to prevent moisture penetration. All compositions contained waste incenerator slags, but in one case the iron remnants had not been removed, which would cause fatal errors in the fifties.

The assembling methods were technically most advanced, because they were based on the prefabrication of differentiated elements, demanding a high degree of building organisation and mechanization. The Hunkemöller system, for instance, used vertical elements of three metres long and 50 cm wide and weighting about 400 kg each (Ill. 7). They were put in place by means of a crane on rails. The elements of the Bims Beton Bouw were much smaller: 30 by 50 cm. In contrast, the Bron system made use of unit-wide elements of reinforced concrete, produced on the building site with left open spaces for doors and windows and pre-fixed rings for lifting. In fact, this was the most advanced of all tested systems and also the only successful attempt to reduce construction labour compared to brick laying.[14] Proudly the Occident company produced an illustrated brochure to promote its modern construction system and it managed not only to export its system to England and Germany (Friedrichsfelde in Berlin), but also to continue the production in the late forties and early fifties.

The modest expressionist architect Dick Greiner was responsible for the architectural design, where he alternated the coarse plasterings with some tarred parts at the corners and thin grooves with creosote at the upper floors. Greiner, who was a friend of Keppler, designed also the lay-out of the main square, named Brink (village green) and the coarse concrete buildings around it, which were partly decorated with black and white tiles in meandering patterns.

These buildings included besides shops with dwellings over, a community centre, a library, ten garages (for handcarts), a series of mid-class houses and an inspection office. At one corner there used to be also a small café, which was closed down some years later on (Ill. 8).

Because of the anti-clerical of the dominant socialists, no churches were projected for the Watergraafsmeer garden village. Nevertheless, Greiner designed an ornamental tower near the Brink to serve as a landmark and during the postwar period two churches of different denominations have been added (in brick). Instead, several general cultural and educational facilities were provided, such as schools, a community centre and a library with lecture room.

The authorities of Amsterdam, and especially Keppler, were very keen to promote their great achievement by means of publicity – booklets, lectures, excursions, and even a film. But Keppler's

Ill. 8
Situation of Garden Village Watergraafsmeer

triumphant claim that Concrete Village had become an internationally famous experiment and an adventageous model for housing projects in Western Europe, was not always respected by his later successors.

Tackling technical problems

The composition of leight-weight concrete walls bore two risks: dampness and rusting. Therefore, most walls had a layer of plaster or bitumen and small ventilation grids to prevent damp problems (but later on, many occupants filled up these grids to save energy). Only the concrete blocks of the Olbertz system used by Bredero's building company had impervious wax and some odd decorations had been added by the architect, H. W. Valk. They failed immediately. The blocks cracked and the joints of the stretcher bond leaked. One year after completion the moistured walls had been covered with planking, at the expense of the ornamental profiles and the blue roof tiles. Dampness occurred also elsewhere. Therefore, softboard slabs were placed inside the houses of the systems Winget, Non Plus and Bron (Occident).

In the mid-fifties more renovations were needed to solve the problems of moisture and corrosion. The choice of furnace slags which still contained shreds of iron proved then to be fatal for the 54 gently curved houses of coarse concrete by Willem Greve. The rusting walls had become so weak that two of them collapsed after thirty years. Since this was a basic failure, complete replacement was the only option. But one can doubt if the choice of brick though flat-roofed houses was the most logical replacement. In material they deviate, but in general shape they suit the concept of modern architecture in a garden village.

For renovating the remaining concrete houses the policy was to avoid too high rent increases for the low-paid tenants. So, the technical improvements hardly showed respect for the characteristic details of the original architecture (Ill. 9, 10). Most façades were refurbished with plaster or a bituminious layer behind which the typical tar decorations dissapeared of the Winget houses (with 'zebra pattern') and of the BBB houses, built with pumice stone slabs (bims) and geometric patterns by J. B. van Loghem. The roofs of the Bron houses were replaced with greater eaves projection (of 60 cm). The obelisk-like columns with cement eggs of the Olbertz houses were removed. And so a practical face-lift kept the houses for some decades.

When about 1980 new renovation plans were under preparation – according to the rules and finances provided by the urban renewal policy of the late seventies and with lots of opportunities for public comment – both the Dutch Monumentenraad (similar to the Royal Commission) and the Netherlands Department for Conservation intervened by nominating Greiner's core buildings of Concrete Village around the Brink as eligible historic buildings for legal protection. The following decision of the State Secretary of Culture, fitting in the national listing program of protecting the most important modern architecture of the 1900–1940 period, created better conditions for the conservation of the communal amenities, including the public library which had been waiting for restoration since 1968. However, the majority of the concrete houses remained unprotected by state, in the anticipation that unrestricted renovation actions would do better for these already altered and numerous dwellings. Two firms were contracted for the complicated task to reconcile technical, social and architectural historic demands with restricted budgets. One was Onno Greiner, who was responsible for the restoration and partial re-use of the protected creations by his father. Dick Peet was the other one and commissioned to renovate all other remaining concrete houses. In both cases the outer walls would be refurbished with external insulation and thermopane windows, while paying also attention to the architectural details. Greiner decided to wrap the coarse concrete with plastic covering and to finish it with a mineral plaster layer similar to the original, though making the new wall 6 cm thicker than the original. Also Peet decided to cover all other concrete houses houses with a mineral plaster (of the system Strikotherm 300), even when some houses had originally a totally different finishing. Since earlier renovations had affected most houses already, he felt free to make new choices and to underline the unity of Concrete Village as a whole and not to keep all differences between the systems. He only referred to the former differences by means of new details in colours and plasticity. Nowadays one can no longer recognize the original type of construction, but on the other hand the concrete houses are now conserved in their main sizes, shapes and core materials (which is in contrast to the renovation of their counterparts in Rotterdam).

However, some new details might be disputed, especially the elemental houses by Van Loghem, where the – partly enlarged – windows are carefully incorporated in projecting framework (as before) but new garish yellow doors are placed under new geometric decorations by Harmen Abma) (Ill. 11). The same type of doors, in blue, is used for the Olbertz houses by Valk, which originally did not show any similarity with Van Loghems architecture. If there was no hesitation to reconstruct some eye-catching details and doors of other houses (e.g. the 'zebra strips' of Mulder's Winget houses, the colour schemes of Gratama's Hunkemöller houses, the horizontal grooves of the Bron houses by Dick Greiner), why not reconstruct here the conspicuous geometry of Van Loghem? At least one can say that reputed artists were invited to add new decorations: besides Abma, also Dick Cassée and Norman Dillworth. But the inconsistency remains, especially since the old black and white pictures of Van Loghems decorated houses, had become almost the icon of Concrete Village (together with the Brink buildings by Greiner).

Meanwhile, most interiors have been upgraded now to the most recent standards within the limited spaces by offering two or three variants to the occupants (who often had been living there over fifty years!). At present, almost all dwellings have a shower, as a sort of justification for earlier attempts to build in such an important modern convenience for council housing. After all, the experiments of housing in concrete have no expiration date for architects and conservationists. They are still a source of inspiration for revitalization, although the current politicians tend to consider only short-term economic aspects. From the wide range of repair, reconstruction, renovation or radical replacement often a mixed choice is made. Some results might raise mixed feelings if one has the original images in mind, but we may not forget that otherwise none of the concrete villages had survived.[15]

Postwar masshousing and massproduction

After the drama of World War II, much more politicians and more architects were inclined to accept standardization than in 1918 (after World War I) when H. P. Berlage had to defend his support of normalization in housing during a special conference. Firstly, the housing shortage

Ill. 9
Mulder's and van Loghem's concrete houses with plastering of the fifties, Graanstraat, 1981

Ill. 10
Bims Beton Bouw concrete houses by van Loghem with geometrical decorations in tar above the entrance doors, Schovenstraat, 1925

was many times greater and secondly, during the interwar period much more practical and theoretical experience was gained with social housing and prefabrication (e.g. doors, window-frames and kitchen-elements). Thirdly, the architects themselves had organized study groups during the war to develop new housing types for the long abided postwar reconstruction. In 1945 J. A. Ringers became the first Minister of Public Works and Reconstruction and he continued his war-time policy of intensive state control on building and planning activities, by introducing a yearly Building Program indicating how many and where all new houses should be build and the publication of normative guidelines (in 1946, 1947, 1951 and 1965) for plans. The central department for housing provided ready-made plans for familyhouses (Normaalwoningen) per province. It also propagated the building of so-called 'duplex dwellings', which were intended as a temporary solution to accommodate two families in a two-storied, small house, but many are still subdivided up till today.

The stimulation of labour- and material-saving building systems – and especially the use of prefab elements of concrete – was not consistent, depending on the political preferences of the successive Ministers of Reconstruction and Housing. The results of previous experiments like the Amsterdam Concrete Village were evaluated for eventual re-adoption. Also research on housing types took place, in which always the Building Centre, Ratiobouw and various committees were involved. They liked to draw the lessons from Taylor and Neufert in their striving for ergonomy and efficiency, not only in the building process but also in the housekeeping. In practice, however, it was not easy to reform the traditional housing industry – small-scaled and handwork-oriented – towards a modern building industry ready for large-scaled masshousing by means of mechanization and prefabrication, especially not when bricks were (and still are) the most favourite material for façades and a strict control of quality was compulsory.

In 1945 only one firm, Bredero, was fully prepared for prefab-masshousing, having learned from the early concrete housing experiments of the twenties; it had a capacity of 2000 dwellings per year and it realized over 10,000 houses with its improved concrete block building system. For massproduction great investments and a basic certainty about a continuous market were needed. But after the war the lack of money was as great as the lack of building materials and of skilled construction workers, while the main industries and infrastructure were ruined. The government's first priority was to reconstruct these, before it could finance huge housing schemes. Meanwhile, the housing shortage increased more than ever: the population grew from nine to ten million within five years as a result of the babyboom and the (re)migration from the Dutch Indies (Indonesia became independent in 1949).

Ill. 11
Concrete houses of van Loghem after radical renovation of the eighties, Schovenstraat, 1998

At first only temporary houses were supplied by the state, made of wood (e.g. Bruynzeel) or concrete (e.g. Maycrete) and unintentionally they provided a base for further use of prefab elements in the housing industries. The English Airey system was one of the first non-traditional building systems to be adopted (by the stately subsidized NEMAVO, which contracted the traditionalist architects J. F. Berghoef and H. T. Zwiers to make designs for both terraced and multi-storied concrete houses) and one of the few that showed the concrete elements uncovered. Most systems combined outer walls of bricks with inner constructions of concrete and needed Ratiobouw's approval before they could enter the housing industry, but without political and financial aid from the state it was hard to start.

In this respect the European Recovery Program of the American Marshall-aid (1948–1952) was a well-timed boost to the development of non-traditional building systems, such as Rottinghuis, MuWi, Welschen, B. M. B., Korrelbeton, R. B. M. and others, because several municipalities were enabled to contract the involved firms for five to six years.

But their share was rather small in the total housing production (until 1954 about 48,500 or 13 %), which could benefit from the Marshall-aid in a more indirect way by a substantial improvement of the Dutch economy and a greater receptivity of rationalization in the traditional building process.

Just when the Netherlands were rising from the war damages, the great flood in the province of Zeeland (1953) brought a new disaster. Again a new impulse in favour of non-traditional building systems was necessary to speed up the housing production. So, in 1955 the Rotterdam firm Dura obtained a five-years contract to realize large housing schemes with its adapted French system 'Coignet' (e.g. neighbourhood Nieuwland at Schiedam, designed by E. F. Groosman). By then, four-storied blocks were prevailed for economic reasons, because elevators could be left out (the official norm was above eleven meters). Technically, it was easy to build higher housing blocks, but the need of expensive machines and spacious areas as well as the consumer's preference of the one-family-house-with-garden hindered a great progress in the fifties. This changed tremendously when in 1963 Minister P. C. W. M. Bogaers became responsible for a 'pluriform and expansive building policy', which culminated in a massive production of towerblocks (e.g. the Bijlmermeer, Amsterdam) with the aid of new assembly techniques and a high degree of standardization.

Recent developments

Today the optimism of the fifties belongs to the past. The once new neighbourhoods, neglected for a long period and criticized because of their monotony, are now regarded as 'outdated', if not as 'problem districts'. They have a negative image, while the current 'VINEX' districts take over the attraction of freshness. The technical problems (moisture, corrosion, lack of comfort, etc.) can be repaired, though not always at low costs or with respect for the original architecture. However, the social changes, increasing vandalism and crime are the major problems, which are a political problem in the first place. Because of the low rents the early postwar districts have acquired a high concentration of underclass population over time, many immigrants from non-European countries, unemployed and elderly people, not living in understanding with each other (e.g. language and habits), with resulting social frictions. Social control is diminished, common areas are neglected or abused. Some communal facilities can no longer survive economically and are, or will be, replaced by new private properties in order to upgrade the population. More replacements will follow soon and at a very large scale, as a result of the brand new program of 'urban restructuring' which will affect a great deal of the social housing of the Reconstruction period. Many characteristic housing blocks of the fifties are pulled down already, and several towerblocks of the sixties as well, others underwent heavy facelifts.

Also the urban layout is submitted to change. In some cases the large public green areas will be re-ordered or made smaller or serve as building sites, either for private properties or offices, although these open spaces were originally intended to compensate the small internal spaces of the dwellings.

In Emmeloord an ensemble of Airey houses has been demolished in 1999, in spite of an artistic protest. However, at the same time the catholic church at Nagele was transformed into a museum on the village's history and a local building rule states that all houses (built with brick façades) should stay flat-roofed, even in new extensions.

Until some years ago, only a few architects, architectural historians or housing professionals were keen on the cultural historic values of the built heritage of the Reconstruction period. But the confrontation with the continuous loss of typical examples and the upcoming involvement of the post-babyboom-generation with a less-burdened look to the recent past (they were not the builders or observers of the post-war housing schemes) demand a re-evaluation of this substantial part of the built environment.

Thanks to various private initiatives, publications, documentaries and exhibitions – especially after the jubilee year 1995, fifty years after the Liberation – a serious start is made with the process of re-evaluation of the recent heritage of the Reconstruction period by several provincial and municipal bodies as well as universities and architectural organizations and the Netherlands Architectural Institute. After the buildings and ensembles in the reconstructed city cores, the postwar housing schemes in the large extensions have become the most recent subject of study for architects and preservationists. But the first reference for all studies about Dutch housing in concrete will remain Concrete Village in Amsterdam.

Notes
1 This paper is mainly based on my Ph. D. thesis: M. C. Kuipers: Bouwen in beton. Experimenten in de volkshuisvesting voor 1940. 's-Gravenhage 1987 (with English summary), where most sources are mentioned.
2 See R. J. Wielinga: Vroege betonbouw in Friesland. In: Jaarboek 1994, pp. 48–49, where another house in concrete is mentioned and illustrated, built by the same architect at the same street for the local notary in 1912.
3 MCC is the abbrivation of "Monogram Construction Company"; see Architectura 1911, pp. 141–142, 317–318.
4 These iron elements were made by the Belgian firm Pierre Dénis in Brussels and costed about ƒ 10,000.
5 After the Dutch deception, Harms restarted his experiments in Salindres in 1914. According to reports in the newspaper De Telegraaf of 1920 the forms could be much cheaper thanks to the so-called aggloméré-Bourgalliat and dozens of 'cast houses' had been built in France by industrial companies for their workers.
6 See for this section: E. Vermeulen: Robert van 't Hoff. In: C. Blotkamp (ed.): De beginjaren van De Stijl 1917–1922. Utrecht 1982, pp. 216–218.
7 See for a detailed study: N. Stieber: Housing Design and Society in Amsterdam. Reconfiguring Urban Order and Identity, 1900–1920. Chicago / London 1998.
8 See V. Jockin / A. Keppler: Nieuwe Woningbouwsystemen. Amsterdam 1920; they also went to Germany (see Kuipers, o. c. note 1, pp. 93–96).
9 See Kuipers, o. c. note 1, pp. 89–93.
10 Only in one series of Kossel houses at Rotterdam also pitched roofs had been applied, as a result of a strong plea to provide the new municipal houses with enough drying space for the laundry and to make a proper visual combination with the neighbouring garden village Bloemhof. This plea came from the first female member of the Rotterdam city council, Suze Groeneweg, who belonged to the social democrats. See Kuipers, o. c. note 1, pp. 104–118, 187–188.
11 This interaction would form a chapter of its own; see for more details Kuipers, o. c. note 1, pp. 97–99.
12 With the Winget beetling machine two man could produce eighty blocks within one hour, enough to build up a wall of about 10 square metres.
13 The amount of 600 was extended by the introduction of so-called duplex dwellings, being one-family houses which were temporarily subdivided for two families.
14 Also Greve's Korrelbeton system (coarse concrete) saved labour, thanks to the adoption of pre-fabricated forms made for repetitive use, but in Amsterdam the composition of the non de-ironed coarse concrete proved to be too weak and too vulnerable to corrosion.
15 Similar experiments had been carried out in Rotterdam, The Haghe, 's Hertogenbosch, Utrecht, Breda (Teteringen), Groningen, Oss and elsewhere. See note 1 and M. C. Kuipers: Expiring Experiments: Dynamics in conserving Dutch concrete housing complexes. In: Conference Proceedings Vision and Reality, Social Aspects of Architecture and Urban Planning in the Modern Movement, 5th International DOCOMOMO Conference, Stockholm Sweden, September 16–18, 1998. Stockholm 1999, pp. 178–182.

100 JAHR

BAUEN MIT BETON

Niklaus Kohler

Wieviel Beton ist in einem Haus?

Im Rahmen der Nachhaltigkeitsdiskussion werden die grundlegenden Methoden der Stoffstromanalyse[1] und der Lebenszyklusanalyse[2] nicht nur auf Einzelgebäude, sondern auf den gesamten Gebäudebestand angewandt.[3] Die Modellierung der Stoffströme, die von den Bautätigkeiten und der Nutzung von Gebäuden ausgelöst werden, beruht auf der Analyse der Dynamik des Gebäudebestands. Um diese Dynamik zu verstehen, muss die Geschichte des Bestands (und nicht die Geschichte der Einzelgebäude) berücksichtigt werden. Durch diese problemorientierte Art der Forschung werden neue Fragestellungen ermöglicht und wissenschaftliche Methoden, die bisher getrennt vorgegangen sind, von Anfang an miteinander verbunden. Es entstehen dabei Synergieeffekte z. B. zwischen Lebenszyklusanalyse und Baugeschichte / Bauforschung, die wiederum zu neuen Fragestellungen führen. Die hier vorgestellten Untersuchungen sind als Hypothesen und methodische Voruntersuchungen zu verstehen. Ihr Ziel ist es, zu einer neuen, transdisziplinären Forschungsperspektive beizutragen, und nicht, abschließende Resultate vorzulegen.

Fragestellung und methodischer Ansatz

Es ist unbestritten, dass Gebäude und Ingenieurbauwerke des 20. Jahrhunderts maßgeblich durch den Baustoff Beton geprägt sind. Beton als moderner Baustoff, vor allem in der Form des armierten Betons, entstand in der Mitte des 19. Jahrhunderts durch verschiedene Erfindungen, Patente und prototypische Anwendungen zur gleichen Zeit in mehreren Ländern. Seine eigentliche Durchsetzung als Massenbaustoff begann am Ende des 19. Jahrhunderts, gefolgt von einer schnellen Verbreitung in der ersten Hälfte des 20. Jahrhunderts. Sättigungserscheinungen machten sich dann am Ende des 20. Jahrhunderts bemerkbar. Erfindungen und Patente, Erstanwendungen, bemerkenswerte Bauwerke, normierte Berechnungsverfahren sowie für die Entwicklung und Anwendung wichtige Persönlichkeiten sind traditionell Objekte der Baugeschichte. Weniger gut untersucht und bekannt ist die Geschichte der Firmen, die für die schnelle Verbreitung des Baustoffs Beton über ganz Europa entscheidend waren. Erstaunlich ist, wie wenig über die Art, wie der Beton zum dominierenden Baustoff wurde, bekannt ist und wie die quantitative Durchdringung des gesamten Baubestands (und der Infrastruktur) verlaufen ist. Diese Fragestellungen sind erst in den letzten Jahren im Rahmen von Untersuchungen zur Zusammensetzung und zur Dynamik des Gebäudebestands als Teil umweltrelevanter Stoffstromuntersuchungen ansatzweise angegangen worden.[4] Die vier wesentlichen Fragen, welche in diesem Beitrag untersucht werden sollen, sind:

- Wieviel Beton ist im Gebäudebestand als solchem enthalten, in welcher Art von Gebäuden und in welchen Bauteilen?
- Wie hat sich der Beton im Gebäudebestand historisch durchgesetzt, welche Bauteile wurden ab wann in Beton ausgeführt?
- Inwiefern haben Ressourcenknappheit resp. Substitutionsprozesse einen Einfluss auf die Entwicklung der Betontechnologie und auf seine Durchsetzung gehabt?
- Welcher Baustoff folgt nach dem Beton?

Abb. vorherige Doppelseite
Arbeiter beim Waschen der Betonfertigteilplatten für die Bibliothek der TH Karlsruhe, 1961. Archiv der Züblin AG

Wesentliche historische Quellen zur Bautätigkeit sind statistische Angaben zu Hochbau und Tiefbau, zu den Anteilen verschiedener Baustoff resp. Bauteile, soweit sie bekannt sind, zur Entwicklung der Zement-, Kies- und Sandproduktion und der Zusammensetzung und Veränderung des Gebäudebestands. Dazu kommen Quellen zu den dominierenden Bautechniken, die meist in Lehrbüchern, Fachzeitschriften und Werbebroschüren enthalten sind. Diese Angaben wurden in verschiedenen Teilmodellen verwendet:

- ein Top-Down-Ansatz, bei dem versucht wurde, den gesamten produzierten Beton (Zement) zu bestimmten Zeitpunkten im Bestand aufzuteilen (zu verteilen),
- ein Bottom-Up-Ansatz, bei dem versucht wurde, über die genaue Zusammensetzung (nach Bauteilen) einer gewissen Anzahl von repräsentativen Gebäuden elementbezogene Betonintensität-Koeffizienten zu ermitteln,
- Untersuchungen über die Abhängigkeit der Entwicklung der Zementproduktion und der Bautätigkeit, insbesondere die Verifizierung der Hypothese der Betonproduktion entlang einer logistischen Funktion.[5]

Resultate

Entwicklung der Zementproduktion

Abb. 1 zeigt die Zementproduktion in Deutschland für den Hoch- und Tiefbau zwischen den Jahren 1882 und 2000.[6] Die sich durchsetzende Betontechnologie lässt sich am relativ stetigen Wachstum der Zementproduktion bis zum Beginn des Ersten Weltkriegs ablesen. Der damit zusammenhängende Einbruch wird nach Kriegsende durch ein starkes Ansteigen der Produktion abgelöst, das jedoch durch die schwierige wirtschaftliche Situation Deutschlands in der Zeit der Weimarer Republik mehrfach negativ beeinflusst wird. 1932 ist ein Tiefstand der Zementproduktion zu vermerken. Ab 1933 steigt sie dann bis zum Ausbruch des Zweiten Weltkriegs extrem an. Der Bau der Autobahnen in dieser Periode trug sicherlich stark zu dieser Entwicklung bei. 1945, am Ende des Krieges, ist die Zementproduktion fast zum Stillstand gekommen. Im Zuge des Wiederaufbaus in den Nachkriegsjahren steigt sie erneut kräftig an, bis 1973 die Ölkrise mit einer gesamtwirtschaftlichen Rezession zusammentrifft. Diese schlägt sich in insgesamt fallenden Produktionszahlen nieder. Mitte der 1980er-Jahre kommt es zu einer erneuten Wende in der Entwicklung, die Zementproduktion steigt wieder. Die Produktionszahlen Anfang der 1970er-Jahre können jedoch nicht mehr erreicht werden.

Besonders in den Jahren nach der Wiedervereinigung Deutschlands bis in die Mitte der 1990er-Jahre wirkt sich der einsetzende Bauboom positiv auf die Zementproduktion aus. Allerdings ist der Zementverbrauch ab 1994 wiederum rückläufig: Von 1994 bis 2001 geht der Verbrauch um 25 % zurück.[7] Die Differenz zwischen Zementproduktion und Zementverbrauch erklärt sich durch einen starken Rückgang der Importe ab 1994 (von 9,0 auf 1,6 Mio. t).[8]

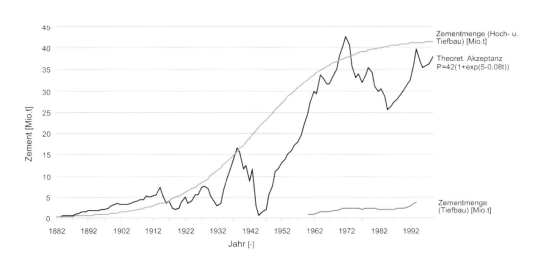

Abb. 1
Entwicklung der Zementproduktion in Deutschland

Der nationale Zementverbrauch pro Kopf ist sehr verschieden. Portugal hat einen Verbrauch, der doppel so hoch ist wie der Europäische Mittelwert, derjenige von Großbritannien liegt bei weniger als der Hälfte dieses Mittelwerts. Deutschland liegt leicht über dem Mittelwert. Es gibt sicher plausible Erklärungen für diese Unterschiede, vor allem die Berücksichtigung der nationalen Bautätigkeit und des Tiefbauanteils. Eine erste Schlussfolgerung ist allerdings, dass man keinesfalls nationale Zementverbrauchswerte übertragen kann und dass trotz aller Globalisierung und Vereinheitlichung anscheinend weiterhin große nationale Unterschiede nicht nur in der Bautätigkeit, sondern auch in der Bautradition und den Baumethoden bestehen.

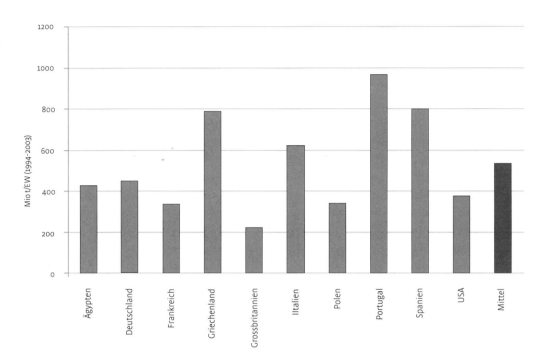

Abb. 2
Zementverbrauch pro Einwohner und Land[9]

Substitutionsprozesse

Die drei klassischen Komponenten des Betons (Bindemittel, Zuschlag und Zusatzstoffe) existieren in einer Vielzahl von stofflichen Ausprägungen. In der Inventionsphase des Betons wurden verschiedene Bindemittel parallel entwickelt und verschiedene Ausgangsmaterialien kamen zum Einsatz. Nachdem sich der Portlandzement durchgesetzt hatte, aus technischen wie wahrscheinlich auch aus firmenstrategischen Gründen, wurden in der Diffusionsphase neue Entwicklungen vorangetrieben und umgesetzt. Sie betrafen entweder die Herstellung von Beton mit besonderen Eigenschaften (Abbindeverhalten, chemische Beständigkeit etc.) oder aber den Versuch, das teure Bindemittel durch billigere Substitute wenigstens teilweise zu ersetzen.[10] Seit Beginn kamen dabei Abfallstoffe aus anderen Industrien, insbesondere der Hochofenindustrie, zur Anwendung. Der Prozess ist nicht abgeschlossen. In der Sättigungsphase, in der die thermodynamischen und stöchiometrischen Grenzen der Portlandzementherstellung graduell erreicht werden, werden Entwicklungen aus wirtschaftlichen Erwägungen wie Gründen der Ressourcenverfügbarkeit und Umweltbelastung vorangetrieben.[11]

Die Wahl der Zuschlagstoffe war traditionell (aus Transportgründen) mit dem Einsatzort verbunden. Die vielseitigen Substitutionsversuche haben deshalb auch regionalen Charakter.[12] Dies sowohl was die Gründe der Substitution betreffen (regionale Knappheit, Umweltbelastung durch Kiesabbau etc.) als auch was die Verfügbarkeit von Substitionsmaterialien betrifft. Auch hier kommen wiederum regional verfügbare mineralische Stoffe oder regional anfallende industrielle oder andere Abfälle (z. B. aus Kläranlagen) in Frage. In der Phase der Sättigung und des Rückgangs wird vermehrt das Recycling von Zuschlagsstoffen aus Gründen der Ressourcenerhaltung in den Vordergrund treten. Auch hier werden bauteil- und rückbauspezifische Argumente sowie natürlich die Transportdistanz eine entscheidende Rolle spielen.

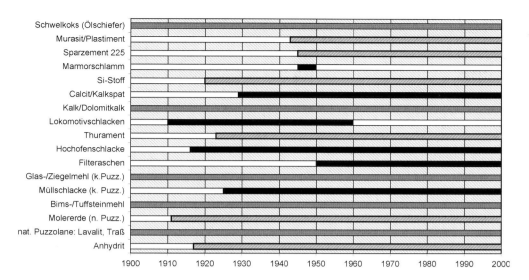

Abb. 3
Ersatzstoffe für Portlandzement. Substitutionsprozesse des Bindemittels. Tendenzen von 1900 bis 2000

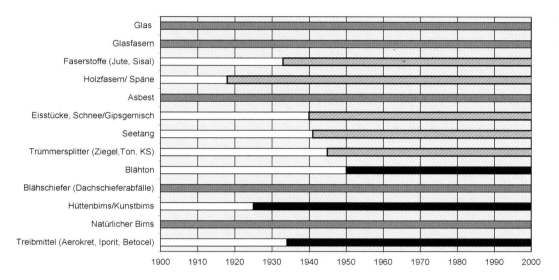

Abb. 4
Ersatzstoffe für natürliche Füllstoffe. Substitutionsprozess für mineralische Zuschlagstoffe. Tendenzen von 1900 bis 2000

Bei den so genannten Zusatzstoffen, welche die Eigenschaften von Beton meist kurzfristig, d.h. für das Einbringen, verändern (Verflüssiger, Frostschutz etc.), werden Substanzen verwendet, die entweder relativ problemlos herzustellen sind oder welche wiederum als Abfallprodukt bei anderen Herstellungsprozessen anfallen. Zum Schluss sei noch auf einen weiteren Substitutionsprozess bei der Wahl der Energieträger in der Zementherstellung hingewiesen.

Durch die hohe Verbrennungstemperatur in den Zementöfen und die bereits vorhandenen, gesetzlich geforderten Abgasreinigungsvorrichtungen können anstelle von Primärressourcen wie Kohle oder Erdöl Abfälle, die in großer Menge anfallen, schwer zu entsorgen sind und einen relativ hohen Brennwert haben, verwendet werden. Die Zementherstellung wird somit gleichzeitig zu einer Anlage für Sondermüllverbrennung. Dieses Verfahren führt allerdings zu einer Anreicherung von Schwermetallen im Zement und damit im Beton. Die gesamten Substitutionsprozesse sind integraler Bestandteil der Entwicklung des Baustoffs Beton und sie werden wahrscheinlich die Entwicklung in Zukunft verstärkt prägen.

Modellierung der Stoffströme

Im Sinne eines konsequenten Top-Down-Ansatzes wurde versucht, die auf Grund der Zementherstellung abgeschätzte Betonmenge (unter Annahme eines mittleren Zementgehalts pro m^3 Beton) zuerst in einen Hochbauanteil und einen Tiefbauanteil (Infrastruktur) aufzuteilen. Dazu gibt es nur vereinzelte Angaben und es ist nicht sicher, wie konstant dieses Verhältnis über kürzere oder längere Zeiträume ist. Der Hochbauanteil wurde dann wiederum nach Elementen im Sinne von Bauwerksteilen aufgeteilt. Die Frage war also: In welchen Bauwerksteilen wurde in einem bestimmten Jahr wieviel Beton eingebaut.

Grundlage dieser Berechnungen sind:
- die Betonproduktion (Hochbau),
- die Konstruktionstechnologien nach Elementen pro Zeitperiode,
- die spezifischen Betonmengen (Koeffizienten) pro Bauwerksteil und Technologie.

Die Modellierung kann je nach Interesse auf verschiedenen Stufen erfolgen:
- Gesamter Bestand
  Der Bestand wird charakterisiert durch die Entwicklung der jährlichen Bautätigkeit (Kosten, Volumen oder Nutzfläche) und wird verknüpft mit der jährlichen Betonproduktion (Zementproduktion) für den Hochbau. Es entsteht ein Betonkoeffizient von t Beton/m³ Gebäude. Analog dazu kann auch die Entwicklung des Betonanteils am Bestand ermittelt werden.[13] Diese Art von Untersuchungen wird vor allem in regionalen oder nationalen Stoffstromanalysen und makro-ökonomischen Betrachtungen verwendet.[14]
- Gebäudetypen
  Der Bestand wird aufgeteilt in eine Anzahl von Gebäudetypen (Infrastrukturtypen) meist in der Form von typischen, repräsentativen Gebäuden. Analog kann der Betonkoeffizient für 1 m³ Wohngebäude, für 1 m² Straße etc. ermittelt werden. Diese Art der Modellierung wurde für die Berechnungen der Rohstoffnachfrage, insbesondere für die zukünftige Entwicklung (Sättigung) verwendet.[15]
- Elemente
  Es wird abgeschätzt, wie groß die mittleren Elementmengen (Anteil) pro typischem Gebäude sind. Im Weiteren werden für die Element-Gebäudearten wiederum Betonkoeffizienten berechnet (z. B. m³ Beton/m² Decke). Über Annahmen zu Altersverteilungen im Bestand, Ersatzfrequenzen von Bauteilen, Entwicklung von Gebäudepopulationen u. a. wird wiederum versucht, die Betonmenge im Hochbau über eine längere Zeitperiode plausibel im Bestand zu verteilen. Erlaubt das so konfigurierte Bestandsmodell, die Betonproduktion über einen längeren historischen Zeitraum plausibel im Bestand unterzubringen, so kann das Modell als wenigstens teilweise validiert gelten. Damit wird es möglich, unter anderen zusätzlichen Annahmen die zukünftigen Abgänge des Betons aus dem Bestand zu prognostizieren: In welchem Jahr fällt wieviel (Größenordnung) Beton aus welchen Bauteilen an. Diese Art der Modellierung wird traditionell in Arbeiten aus dem Bereich Abfallverwertung verwendet.[16] Sie wird in der vorliegenden Arbeit erstmals auf eine Vielzahl von Gebäudetypen angewandt.
- Bauleistungen
  Der beschriebene Elementansatz kann durch eine Aufteilung der Elemente in Bauleistungen noch verfeinert werden. Dies ist vor allem bei Neubauten sinnvoll resp. Erneuerungselementen und bei Rückbauelementen.[17]

Diffusionsprozess des Betons
Die Diffusion des Betons kann auf zwei Ebenen mengenmäßig abgeschätzt werden. Einerseits wurden typische Wohngebäude aus verschiedenen Perioden von mehreren Autoren untersucht. Da der Blickwinkel das Abfallaufkommen war, steht die Abschätzung der großen Stoffflüsse (und damit des Beton) im Vordergrund.[18] Es zeigt sich, dass der Betonanteil zwischen Gebäuden aus der Gründerzeit bis zum Ersten Weltkrieg, d. h. von 1870 bis 1918, bei ca. 10 % des Gesamtgewichts lag. Dieser Anteil hat laufend zugenommen und liegt heute im Durchschnitt bei über 50 %. Es ist erstaunlich, dass sogar bei Einfamilienhäusern aus Holz der Betonanteil (pro m² BGF) durch die große Betonmenge in Fundament, Keller und der Kellerdecke fast gleich groß ist wie bei Häusern aus Betonsteinen, Mauerwerk oder Kalksandsteinen. Es sind also heute fast alle Häuser »aus Beton«, auch wenn sie äußerlich nicht unbedingt so aussehen. Oder anders gesagt: Vielleicht sollte die Bezeichnung »Häuser aus Beton« durch »Häuser, die aussehen wie Häuser aus Beton« ersetzt werden.

Untersuchungen des deutschen Gebäudebestands[19] zeigen anderseits, dass nur weniger als 10 % der heute noch existierenden Gebäude vor 1870 gebaut wurden (also vollständig ohne Beton sind)

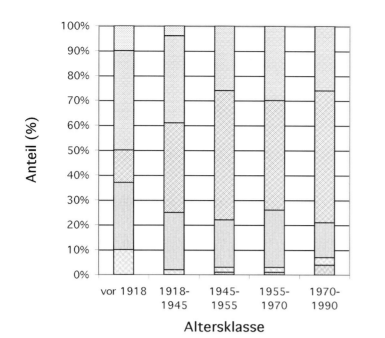

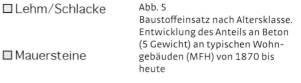

Abb. 5
Baustoffeinsatz nach Altersklasse. Entwicklung des Anteils an Beton (5 Gewicht) an typischen Wohngebäuden (MFH) von 1870 bis heute

und dass in den 20 % der Gebäude, die zwischen 1870 und 1918 gebaut wurden, der Betonanteil noch nicht sehr hoch war. Danach (d. h. für 75 % der zur Zeit existierenden Gebäude) nimmt der Betonanteil rapide zu und man kann davon ausgehen, dass er heute im Bestand um Einiges mehr als 50 % darstellt.

Nach der Studie »Stoffströme und Kosten in den Bereichen Bauen und Wohnen« der Enquetekommission[20] liegt das Gesamtgewicht des Stofflagers des Gebäudebestands im Referenzjahr 1991 bei rund 10,1 Mrd. t. Die Betrachtung der einzelnen Stoffgruppen zeigt, dass der überwiegende Teil der im Bestand gebundenen Stoffe zum mineralischen Bereich zählt (rund 47 % des Stofflagers ist Beton, rund 20 % Ziegel). Redle[21] kommt für die Schweiz auf Grund einer anderen Berechnungsart auf eine Betonkonzentration von 0,35 t/m³ im heutigen Schweizer Wohnbaubestand. Der Anteil von Beton liegt wahrscheinlich im Infrastrukturbereich noch wesentlich höher. Ein zweiter Ansatz ist der Vergleich des Wachstums (im Sinne der langfristigen Bautätigkeit) eines gut bekannten Baubestands wie z. B. der Gemeinde Ettlingen, mit der Diffusionsgeschwindigkeit des Betons (d. h. der Zementproduktion).[22]

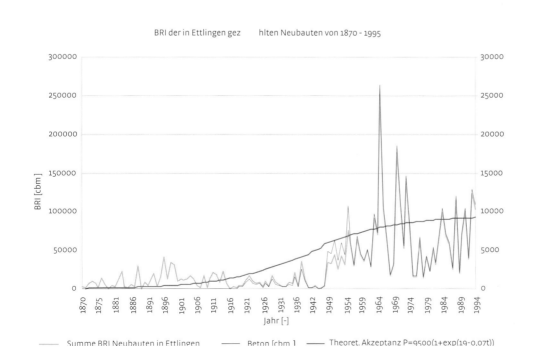

Abb. 6
BRI der in Ettlingen gezählten Neubauten 1870–1995. Entwicklung der Gebäudeproduktion in Ettlingen. Der daraus resultierende Betonverbrauch wurde über altersklassenabhängige Koeffizienten bestimmt. Die theoretische Akzeptanz zeigt eine typische logistische Kurve des Betonverbrauchs.

Betrachtung der Diffusion des Betons

Am Beispiel eines Mehrfamilien-Geschosswohnungsbaus kann der historische Diffusionsprozess von Beton in die elementweise beschriebenen Baukonstruktionen aufgezeigt werden. Ziel dieser Betrachtung ist sowohl das historische Verständnis der tiefen konstruktiven Veränderungen, die durch die Betondiffusion ausgelöst werden, als auch die Abschätzungen der mengenmäßigen Verteilung des Betons in Gebäuden und im Bestand. Diese Angaben können zur Validierung von Modellen der Dynamik des Gebäudebestands verwendet werden. Die Gliederung nach sieben funktionalen und nicht gewerkebestimmten Elementen (Fundament-Bodenplatte, Kellerwand, Decke, Balkon, Treppen, Außenwand, Innenwand, Dach) wird durch das Vorhandensein von betonspezifischen Verfahren, die sich in einer bestimmten Reihenfolge durchgesetzt haben, bestätigt.

Abb. 7
Betonanteil in Bauteilen verschiedener Baualtersklassen von MFH je m³ Bruttorauminhalt. Entwicklung des absoluten Betonanteils nach Elementen in typischen Wohngebäuden von 1870 bis heute

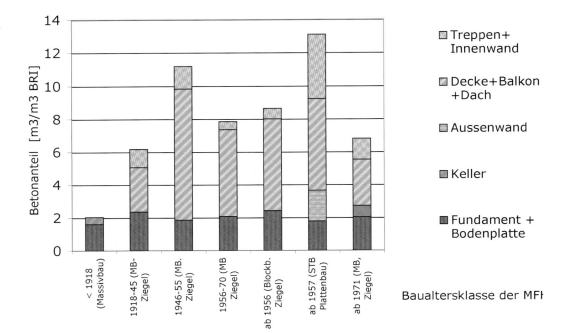

Natürlich war (und ist) die Verwendung bestimmter Baukonstruktionen in der ersten Hälfte des 20. Jahrhunderts noch sehr stark von regionalen Faktoren abhängig. Das betraf nicht nur die vorhandenen Ressourcen, sondern auch gesetzliche Bestimmungen, Patentvergaben und Traditionen. In unserer Untersuchung beschränken wir uns darauf, die Verwendung einiger ausgewählter Konstruktionen nachzuvollziehen, eine genauere Analyse hätte den Rahmen dieser Arbeit gesprengt. Es scheint jedoch, dass sich die Element-Konstruktionen als solche relativ regionunabhängig und in der gleichen Reihenfolge durchgesetzt haben.

Der Beton hat sich im Bereich der Fundamente und Bodenplatte mit als Erstes durchgesetzt und hat Alternativkonstruktionen dabei in kurzer Zeit fast vollständig verdrängt. Die dokumentierten Beispielkonstruktionen zeigen aber, dass genauere Aussagen über die Betonmengen und besonders über den Zementgehalt nur sehr schwer zu machen sind. Besonders deutlich wird dies am Beispiel der Stampfbetonfundamente einer Druckerei aus der Zeit vor 1908. Die Fundamente gliedern sich in »bis zu 6 Absätze[n]. *Um Zement zu sparen, wurde jeder Absatz in einem anderen Mischungsverhältnis hergestellt.*«[23] Der Zementgehalt schwankt demnach zwischen 1 : 4 bis 1 : 12.

Sehr schnell hielt der Beton auch Einzug bei den Massivdeckenkonstruktionen. Ausschlaggebend für die wachsende Verwendung von massiven Konstruktionen waren brandschutztechnische Gründe.[24] Die historischen Konstruktionsvarianten für Massivdecken sind fast unzählbar. Beton als tragendes Element der Konstruktion spielt dabei oft eine untergeordnete Rolle. Besonders im Wohnungsbau tritt er im Verbund mit anderen Materialien nur als »Aufbetonschicht« auf. In Verbindung mit Stahleinlagen und Mauersteinen ist die »Kleinesche Decke« (1892) Beispiel für »Stahlsteindecken«; sie wird für Berlin als meist verwendete Konstruktion für Massivdecken genannt.[25] Der Betonanteil lässt sich dabei grob auf 0,05 m³/m² abschätzen.

Auch bei der Preußischen Kappe (1892) dient der Beton als Verbundmaterial. Als tragendes und damit auch stofflich die Konstruktion bestimmendes Element tritt er bei der »Koenenschen Voutenplatte« auf. *»Die erste Koenensche Voutenplatte wurde am 25. Januar 1897 baupolizeilich geprüft; nach Angaben der Aktiengesellschaft für Beton- und Monierbau sind seit dieser Zeit über 5 Millionen m² dieser Decke ausgeführt (1909).«*[26] Der Prozess ist nach dem Zweiten Weltkrieg abgeschlossen, von da an gelten Massivdecken als Standardkonstruktion.

In Verbindung mit den Decken haben sich Betonkonstruktionen sicherlich auch auf die Materialwahl bei den Balkonen ausgewirkt. Der Balkon ist ein exponiertes, oft stark bewittertes Element, für das eine Massivkonstruktion entscheidende Vorteile birgt. Mit der Betontechnologie konnten Balkone in einem Stück, zusammen mit den Geschossdecken, betoniert werden. Allerdings entstanden dadurch beträchtliche Wärmebrücken, die ihrerseits zu Energieverlusten, Komforteinbußen und hygienischen Problemen (Schimmel) führten.

Treppen stellen als Fluchtwege ein großes brandschutztechnisches Problem. Die Ausführung in Beton führte von der Ummantelung oder dem Auflegen von Betonsteinen schnell zu massiv tragenden Konstruktionen.

Die steigende Verwendung von Beton als Material für die Außenwände war ein weit gehend unsichtbarer Prozess. Als Alternative zu Ziegelmauerwerk setzte die Entwicklung verschiedener Beton-Mauersteine ein. Das Ende des Ersten Weltkriegs scheint dafür der Startschuss gewesen zu sein: *»Brennstoffmangel, verminderte Konstruktionsdicke und Sparbauweisen führten nach 1919 dazu, dass eine große Zahl von Betonsteinen entwickelt wurde.«*[27] Beispiele für erste Konstruktionen von 1919 sind der Formstein der Firma Wayss & Freitag oder das »System Hartmann und Schlenzig«.[28]

Mit der Entwicklung von Porenbeton konnten die Betonsteine wärmetechnische Defizite ausgleichen und ihre Verwendung steigern. Im Zusammenhang mit der industriellen Vorfertigung von Gebäuden gewinnen Betonelemente als Außenwandkonstruktionen im Wohnungsbau nach dem Zweiten Weltkrieg zeitweise an Bedeutung, ohne jedoch, wie z. B. in Frankreich, zu einem wirklich signifikanten Anteil zu führen.

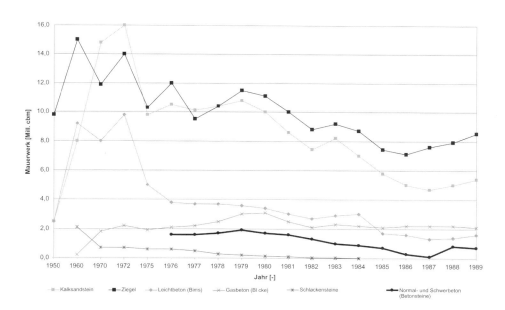

Abb. 8
Produktion von Wandbaustoffen im Bundesgebiet 1950–1989

Eine Untersuchung der Entwicklung der Wandbaustoffe seit dem Zweiten Weltkrieg zeigt die vielfältigen Substitutionsprozesse, die z. T. auf der Erschöpfung nahe liegender (günstig zu erschließender) Rohstoffaufkommen beruhen. Das trifft sicher zu für Schlackensteine, Bimse für Leichtbeton, z. T. für Kalksandsteine und Ziegel. Es ist interessant festzustellen, dass der Anteil der Betonaußenwände nach einer Blütezeit in den 1970er-Jahren, vor allem in Form von vorfabrizierten Gebäuden, sehr schnell wieder zurückging und eigentlich mengenmäßig zu vernachlässigen ist. Die wichtige Stellung des Sichtbetons in der Architekturdiskussion beruht also auf formalen Präferenzen der ‚opinion leaders'. Heute stehen sie wieder im Zentrum der Diskussion, allerdings wegen der vielen, fast unlösbaren Probleme bei der Erneuerung und Erhaltung der Sichtbetonoberflächen. Gebäude im 20. Jahrhundert sind zunehmend aus Beton, Gebäude, die aussehen »wie aus Beton«, sind dabei jedoch eine marginale Gruppe.

Im Bereich der Dächer spielt der Beton erst später eine bedeutende Rolle als Tragkonstruktion für Flachdächer. Doch auch schon ganz früh ist Zement in der Dachkonstruktion in Form von Dachziegeln zu finden. Schon »*1844 wurden die ersten deutschen ‚Cement-Dachplatten' hergestellt*«.[29] 1954 gründet die Firma Braas mit der »Frankfurter Pfanne« einen Hauptvertreter der bis heute vielfach verwendeten Dachsteine.

Sättigung

Ob eine Sättigung eintritt (im Sinne einer logistischen Funktion), hängt natürlich weitgehend von den Annahmen ab. Man könnte zwei Arten der Sättigung feststellen:

- Alle Elemente, die sich in Beton offensichtlich (technologisch und ökonomisch) gut realisieren lassen, sind realisiert.
- Die Neubautätigkeit geht zurück, der Anteil von Beton in der Erneuerung ist geringer als im Neubau (lange Dauer von Tragwerken), Recycling und Weiternutzung werden ökonomisch interessant und sind aus Ressourcengründen sinnvoll.

In beiden Fällen würde sich eine Sättigung in einer Stabilisierung und einem graduellen Rückgang der Zement- und Betonproduktion ausdrücken. Es ist nicht einfach, diese Tendenzen aus den existierenden Statistiken abzuleiten. Die Zementproduktion pro Kopf der Bevölkerung ist in den verschiedenen Ländern Europas sehr unterschiedlich. Die Zementproduktion hatte in den letzten 30 Jahren immer noch leicht zugenommen, allerdings können sich dabei Zuwachs- und Verdrängungsphänomen überlagert haben.

Angaben der deutschen Zement- und Fertigbetonhersteller zeigen einen Rückgang der Produktion über die letzten zehn Jahre trotz der zusätzlichen Baunachfrage, die durch die Wiedervereinigung ausgelöst wurde. Von 1994 bis 2001 ging die Zementproduktion um 25 % zurück, das Transportbetonvolumen um 34 %. Diese Entwicklung deutet also eher auf das Erreichen einer Sättigung hin.

Schlussfolgerungen

Zement(Beton)-Produktion als logistische Funktion

Diffusionsprozesse im Allgemeinen wurden in der Ökologie, in der Geografie und in der Ökonomie untersucht. Insbesondere die Technikfolgenabschätzung interessiert sich für diese Phänomene. Unter den verschiedenen Modellen, die dabei erstellt wurden, nimmt traditionell die logistische Funktion eine besondere Stellung ein. Sie wurde ursprünglich von Lotke und Volterra als Modell einer Populationsentwicklung in der Ökologie verwendet.[30] Die Funktion hat die Form

$$P = \frac{U}{1 + e^{(a-bT)}}$$

P ist der Anteil des Phänomens (Population, Innovation etc.), T ist die Zeit, U ist die obere Sättigungsgrenze, b die Veränderungsrate von P in Abhängigkeit der Zeit und a ist der Wert von P wenn T = 0 ist.

Es zeigt sich, dass die Diffusion von Beton (resp. Zement) einer solchen Funktion folgt. Auch wenn dieser Prozess nicht mit der Diffusionsgeschwindigkeit von anderen Technologien, z. B. im Kommunikationssektor zu vergleichen ist, so ist er im Hinblick auf die Trägheit des Gebäudebestands doch als extrem schnell anzusehen.

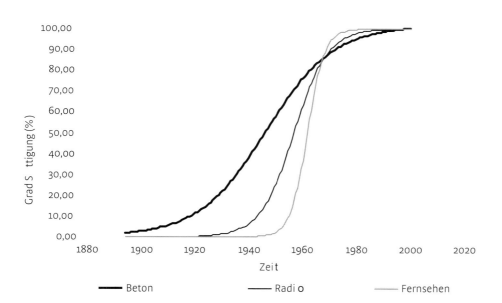

Abb. 9
Diffusion von Technologien. Diffusionsgeschwindigkeit von Beton in Deutschland, Radio und Fernsehen in den USA

Was kommt nach dem Beton?

Die Untersuchungen von Fleckenstein[31] zum langfristigen Bedarf an Rohstoffen (Sand, Kies) wie auch die rückläufige Entwicklung der Zementproduktion in Deutschland seit ca. zehn Jahren[32] deuten beide auf eine Sättigung von Beton im Bestand. Diese wahrscheinlich für die meisten Länder in Zentraleuropa geltende Tendenz wird auch in verschiedenen Berichten der Enquetekommission zum Schutz von Mensch und Umwelt[33] festgestellt und diskutiert. Man könnte auf Grund dieser Studien einen langfristigen wahrscheinlichen Betonfluss zur Erhaltung des Bestands ableiten (inbegriffen eines Teils zum Ersatz- und Zusatzneubau). Nach dem Beton kommt also lange Zeit … der Beton, allerdings wahrscheinlich auf einem wesentlich tieferen Niveau. Im aktuellen Stand der Kenntnis der Dynamik des Gebäudebestands ist dieser Prozess kaum nachvollziehbar prognostizierbar.

Zukunft von Wiederverwendung, Recycling und Substitution

Unter den verschiedenen möglichen Strategien ist offensichtlich das Gebäuderecycling vom Standpunkt der Stoffströme und der Umweltbelastungen in den meisten Fällen die beste Strategie.[34] Die Bedeutung des Anteils der Betriebsenergie zur vergegenständlichten Energie wird sich sicher noch verschieben, allerdings können diese Verschiebungen verschiedene Formen annehmen (Reduktion der Herstellungsenergie, neue Technologien im Bereich Dämmung etc.). Die Strategie der Weiterverwendung von Beton (z. B. auf Stufe von Wandelementen) wird zur Zeit in mehreren Forschungsvorhaben untersucht. Je nach Systemgrenzen und Berücksichtigung von externen Kosten sind Weiterverwendungsstrategien schon heute ökonomisch interessant. Allerdings stellen sich noch eine Vielzahl von Planungs-, Konstruktions- und Bauablaufproblemen. Im Baustoffrecycling durch Zertrümmern des Betons geht der größte Teil der Herstellungsenergie der Betonproduktion und Bindungsenergie des Zements verloren. Recycling ist derzeit noch eher ein Massen- (Reduktion von Ressourcenbedarf und Abfall) und Transportproblem. Obwohl Untersuchungen zur Möglichkeit der Rückgewinnung der chemischen Bindungsenergie erste Resultate zeigen, wird die Verallgemeinerung dieser Technologien noch relativ lange dauern. Allerdings sollten bereits heute Gebäude in Beton schon demontierbar konstruiert sein, um so eine möglichst hochwertige Weiterverwendung des Betons auf Bauteilstufe zu ermöglichen.

Dem Ersatz von Kies und Sand als Zuschlag sind Grenzen gesetzt: Auch bei Ausschöpfung aller Reserven von Hausmüll, Industrie- und anderen Abfällen wie Klärschlamm etc. werden mineralische Materialien (Kies, Sand) kaum zu ersetzen sein. Auf Seiten des Bindemittels ist es langfristig denkbar, durch noch nicht bekannte Verfahren hydraulische oder andere Bindemittel durch völlig neue Technologien (z. B. Biotechnologien) herzustellen.

Diskussion

Modellierung der Entwicklung des Gebäudebestandes anstelle von kausalen Erklärungen

Der vorliegende Versuch der Stoffflussmodellierung und der verwendete Erklärungsrahmen von Invention, Innovation, Diffusion und Sättigung haben gegenüber den traditionellen kausalen Erklärungsversuchen einige Vorteile. Kausale Erklärungen, wie sie sehr oft im Bereich der Invention angewandt werden, geben vor, dass durch eine besondere Invention ein Problem de facto gelöst worden sei. So wird u. a. argumentiert, dass der beschriebene erstmalige Einsatz von Standardisierung in einem Bauprojekt den Beginn der Industrialisierung des Betonbaus darstelle. In vielen Fällen wird die erstmalige Anwendung einer Technologie an einem (meist bekannten) Bauwerk mit einem prominenten Ingenieur oder Architekten als Durchbruch dargestellt. Die Leistung wird als Ausgangspunkt einer neuen, (fälschlicherweise) innovativ genannten Entwicklung gesehen. Man kann allerdings die gleiche Leistung genauso gut als vorläufigen Höhepunkt, eventuellen Abschluss, einer lange vorher, von vielen *trial-and-error*-Versuchen gekennzeichneten Entwicklung sehen. Das ist zum Beispiel im Falle der so genannten Erfindung der Dampfmaschine durch Watt und Boulton, die den (technologischen und verfahrensmäßigen) Abschluss einer mehr als hundert Jahre dauernden Entwicklung darstellt, unbestritten.

Innovation als Ausgangspunkt oder Resultat

Die Diskussion über Innovation hat sich in den letzten Jahren sehr verstärkt und es ist kaum noch möglich, den Überblick zu behalten. Allerdings kann man von Anfang an den Unterschied zwischen dem Adjektiv »innovativ« und dem Begriff »Innovation« machen. Innovativ wird in der Umgangssprache sehr oft als Synonym von »neu« oder »modern« oder noch etwas einfacher »gut« gebraucht. Allerdings besteht eine Innovation nicht nur aus Neuem und nicht alles Neue ist eine Innovation. Vor allem bedeutet »neu« im Wesentlichen »anders als bisher« und eine Identifikation des Neuen mit einem Besseren oder gar dem Guten ist damit nicht verbunden.[35] Der Begriff der Innovation kommt ursprünglich aus der Ökonomie (Schumpeter).[36] Heute findet er vor allem im Bereich der Analyse des technischen Wandels Anwendung. Traditionell werden drei aufeinander folgende Phasen des technischen Wandels unterschieden: Invention, Innovation und Diffusion. Invention charakterisiert die Phase der Produktion neuen Wissens, Innovation meint die Phase der ersten betrieblichen Anwendung neuen Wissens und Diffusion hat die breite Anwendung neuer Technologien zum Inhalt. Inwiefern dieses so genannte Kaskadenmodell für die Prognose verwendbar ist und auch, ob die Produktion von neuem Wissen quasi automatisch zu Innovationen führt, sei hier nicht Thema der Diskussion. Für historisch zu beschreibende Anwendungen scheint dieses Modell durchaus zu einer Klärung beizutragen – vor allem in Verbindung mit einer Modellierung z. B. mit logistischen Funktionen. Im Bereich der Entwicklung der Betontechnologie kann deshalb auch klar zwischen den drei Phasen unterschieden werden.

Die Inventionsphase wird gekennzeichnet durch die grundlegenden technologischen Erfindungen, Patente, prototypischen Anwendungen. Eine sehr ausführliche Literatur existiert in diesem Bereich. Allerdings beschränkt man sich in vielen Fällen nicht auf die genaue Beschreibung des Kontexts (was war bekannt) und des neu Dazugekommenen, sondern es werden direkt Schlussfolgerungen gezogen, im Sinne dass mit dieser Erfindung resp. prototypischen Anwendung das Problem gelöst sei. So wird z. B. auf Grund einer Anwendung von geometrischer Koordination oder von Fertigung in einer Fabrik von »Standardisierung« oder »Industrialisierung« gesprochen. Es ist jedoch offensichtlich, dass sich sogar 150 Jahre später das Bauwesen mehrheitlich weder in Richtung einer Standardisierung noch in Richtung einer umfassenden Industrialisierung entwickelt hat. Das Hervorheben der Leistung Einzelner entspricht sehr oft auch eher der Vision der Geschichte als Geschichte nicht nur der Inventionen, sondern als Geschichte der großen ‚Erfinder' oder der Genies. So werden z. B. Le Corbusier technische Erfindungen im Bereich der Haustechnik und der Fassade *(le mur respirant)* zugerechnet, die weder neu waren, noch im Falle von Le Corbusier je funktioniert haben.[37] Der Inventionsprozess ist vor allem auch ein kollektiver *trial-and-error*-Prozess. Im Falle des Betons hat er zweifellos von der Mitte bis in die 1990er-Jahre des 19. Jahrhunderts gedauert. Über diesen ganzen Zeitraum nimmt die Zementproduktion konstant zu, ohne dass allerdings ein Umschwung, eine starke Beschleunigung erkennbar wäre. Das liegt auch an der eher mangelhaften Verbreitung des Wissens und der fehlenden Akkumulation von Erfahrung (man macht an verschiedenen Orten die gleichen Fehler).

In der Innovationsphase kommt es zu einer schnellen Verbreitung der Betontechnologie und zwar sowohl räumlich (über ganz Europa) als auch was die Anwendungen betrifft. Dieser Innovationsprozess wird hervorragend durch die Firma Hennebique illustriert.[38]

Wesentlich ist in dieser Phase die enge Verstrickung von Umsetzung von theoretischem in industrielles Anwenderwissen mit der unternehmerischen Tätigkeit. Patente und industrielles Knowhow sind entscheidend. Dazu kommt die massive Verbreitung des notwendigen Anwenderwissens über Publikationen, Berechnungsverfahren, Analyse von Erfolgen und Misserfolgen etc.

In der Diffusionsphase setzt sich die Technologie im gesamten Anwendungsbereich und Anwendungsraum durch. Anstelle des unternehmensbezogenen Wissens treten nun Normen und Lehrbücher. Die Technologie setzt sich im Konkurrenzkampf mit anderen Baustoffen und anderen Verfahren durch. Die Entwicklung wird zunehmend von nicht-technischen und und unspezifischen, nicht mehr von einzelnen Unternehmen abhängenden Faktoren geprägt, darüber hinaus von einer Marktaufteilung über Preisabsprachen und der geplanten Amortisation der Anlagen. In diesem Zusammenhang muss das Phänomen der Vorfabrikation, der Mechanisierung und der teilweisen Industrialisierung begriffen werden. Die wissenschaftlichen, technischen und organisatorischen Kenntnisse, die zu einer Industrialisierung des Bauens notwendig waren, existieren in breitem Umfang seit 1840–1850 in Europa und in den USA.[39] Die Frage der Sättigung ist insofern interessant, als sie sich im Bauwesen sicher anders stellt als z. B. im Bereich der Unterhaltungselektronik. Wie alle Phänomene der Diffusion / Sättigung muss zwischen zwei Aspekten unterschieden werden: der Verdrängung von älteren Technologien durch neuere und dem massiven Wachstum der Wirtschaft (und damit der Bautätigkeit) im 20. Jahrhundert. So erhöhte sich die Produktion aller klassischen Baustoffe. Die Differenzierung liegt in den unterschiedlichen Zuwachsraten. Allerdings können sich bei steigender Diffusion auch Knappheitsphänomene (beruhend auf dem Fehlen von billigem Grundmaterial oder billiger Energie) bemerkbar machen. Der Ersatz (oder die Ablösung) von Technologien geht jedoch im Bausektor wegen der hohen Lebensdauer der Gebäude und der damit einhergehenden hohen Zeitkonstanten des Bestands sehr viel langsamer als im Konsumbereich. Eine Untersuchung der Sättigung muss von diesem Phänomen ausgehen.

Avantgarde und Innovation

Ausgehend von der Periodisierung (Inventionsphase, Innovationsphase, Diffusionsphase) kann man sich natürlich die Frage nach dem Zusammenhang von Invention, d. h. Entdeckung und Innovation im Bereich Zement-Beton-Stahlbeton, und dem Versuch der Architektenavantgarde, neue Formen für das Baumaterial Beton resp. neue industrielle Fertigungsmethoden zu erfinden, stellen. Entspricht die Avantgarde der Invention?

Grundsätzlich ist die beschriebene Entwicklung der Inventionsphase, gefolgt von einer Innovationsphase, einer Diffusionsphase, die dann in eine Sättigung mündet, seit Beginn der Industrialisierung historisch beliebig oft abgelaufen. Es handelt sich um das charakteristische Modell der Einführung von neuen Technologien. Es trifft zu auf die Produktion von Grundstoffen seit Beginn des 19. Jahrhunderts (Industrialisierung), auf das Auftauchen und Ablösen neuer Energieträger seit dem Mittelalter,[40] auf die Durchdringung der Gesellschaft mit Kommunikations- und Informationstechnologien[41] etc. Was den Beton betrifft, so läuft der Prozess analog, wenn auch relativ langsam ab. Bei den dabei beteiligten Akteuren hat man nicht eigentlich das Gefühl, es in der Inventionsphase mit einer international agierenden Gruppe zu tun zu haben, sondern eher mit einer Anzahl von unabhängig voneinander arbeitenden Tüftlern und Kleinunternehmern, einem verteilten *trial-and-error*-Prozess mit relativ schlechter Informationsverbreitung (wenigstens bis 1880). Die architektonische Avantgarde, die sich auch als solche versteht, will der Betontechnologie neue Formen geben – im Sinne der ‚Materialgerechtigkeit'. Sie setzt freilich zeitlich viel später ein und ist grundsätzlich anderer Natur. Sie fällt nicht in die Inventionsphase des Betons, sondern in die Innovationsphase und vor allem in die Diffusionsphase. Vom Standpunkt der Entwicklung des Baustoffs und der Herstellungsverfahren kommt ihr nur noch marginale Bedeutung zu.

Diese zeitliche Diskrepanz erklärt sich durch den grundsätzlich verschiedenen Charakter der Technologieentwicklung und der Architekturavantgarde der »Moderne«. Die »Moderne« ist ein historisch einmaliges, geschichtlich datiertes, nicht wiederholbares Ereignis. Diese Bewegung hat ein im Wesentlichen ästhetisches Programm, das sich rhetorisch auf die grundlegenden, vorhandenen Tendenzen (wissenschaftliches Management, Taylorismus, Serienfertigung etc.) und Ideale (Fortschritt, Recht auf Wohnung, Hygiene, Demokratie etc.) bezog, ohne dass es sich dabei jedoch jemals um eine strukturelle, kausale Beziehung gehandelt hätte. Das Gleiche gilt natürlich auch für die Theoretiker der »Moderne« in ihrem dominierend ästhetischen Verständnis der »Mechanisierung«.[42] Banham zeigt in »A Concrete Atlantis«[43] in sehr überzeugender Art, welches die Beziehung zwischen einer industriellen Innovation (der »Daylight factories« in den 1950er-Jahren des 19. Jahrhunderts im amerikanischen Mittleren Westen) und der formalen ‚Erfindung' der Transparenz der Fassade am Beispiel der Faguswerke von Gropius waren. Gropius kannte die »Daylight factories«, die für seinen Entwurf der Faguswerke so wichtig waren, von einer Postkarte, die ihm Mendelsohn von seinem ersten Aufenthalt in den USA zugesandt hatte. Allerdings wusste Gropius nicht, wie diese Gebäude gebaut waren (Fenster und vor allem das Flachdach) und erfand eine neue Konstruktion, die, wie sich später herausstellte, schwerwiegende Mängel aufwies. In Wirklichkeit wurden die »Daylight factories«, die sehr gut und sehr dauerhaft konstruiert waren und z. T. heute noch stehen, von deutschen Ingenieuren in den USA schon um 1850 gebaut.

Die Realisierung von Gebäuden aus Sichtbeton (ursprünglich eine Übernahme der Ästhetik der Infrastrukturbauten, die große, unverputzte Betonflächen aufwiesen), hat in den letzten 80 Jahren zu Objekten geführt, die schwierig zu realisieren sind, deren Alterung problematisch ist, die kaum erhalten und repariert werden können und deren Ästhetik auch nach bald einem Jahrhundert Belehrung der Bevölkerung durch Architekten und Architekturpublizisten kaum spontanen Anklang findet. Es ist in diesem Sinne symptomatisch, dass bei der Verleihung eines Architekturpreises im Kanton Graubünden in der Schweiz (einem Bergkanton mit einer langen Tradition von Steinhäusern und Putzen) von neun prämierten Gebäuden sechs Fassaden aus Sichtbeton aufwiesen.

Schlussfolgerungen

Die vorgeschlagene Verbindung eines Baugeschichte- und eines Stofffluss/Lebenszyklusbezogenen Ansatzes führt zu neuen Erkenntnissen. Sie liefert auf jeden Fall eine detailliertere Erklärung für die Durchsetzung der Betontechnologie im 20. Jahrhundert als die bisherigen, eher auf Einzelobjekte oder Neuigkeit bezogenen Interpretationen. Es zeigt sich, dass die Fokussierung auf die Gesamtentwicklung und damit die Stoffströme erlaubt, die einzelnen Objekte, Verfahren (Patente) oder Akteure in ihrer relativen Bedeutung zu sehen. Die Interpretation von Neuerungen (oft fälschlicherweise »Innovation« genannt) als Beginn einer neuen Entwicklung erweist sich als vorwiegend von der Avantgarde-Ideologie der »Moderne« geprägt. De facto sind diese »Innovationen« vor allem das Resultat einer langen vorhergehenden Entwicklung.

Der vorgestellte Ansatz ist sowohl im Hinblick auf die angewandten Methoden und die Beschreibung der Technologien als auch der quantitativen Angaben zu Baustoffen und zum Bestand als erste Hypothese und als Diskussionsbeitrag aufzufassen. Ganz abgesehen vom bisher investierten, bescheidenen Forschungsaufwand bestehen sehr große Kenntnislücken auf mehreren Gebieten. So gut Einzelobjekte und das Werk der großen Meister bekannt sind (so dass man sich bereits weniger für die Inhalte als für die marginalen Abweichungen der Darstellung – also gewissermaßen für die zweite Ableitung – interessiert), so schlecht ist die Gesamtentwicklung bekannt. Welche Technologien sich ab wann, unter welchen Bedingungen, wie schnell durchgesetzt haben, ist in den wenigsten Fällen bekannt. Dazu kommt, dass sich viele Innovations- und Diffusionsprozesse nicht auf Grund von überlegenen technologischen Eigenschaften, sondern von firmenspezifischen und von kartellbestimmten Prozessen durchgesetzt haben. Diese Aspekte sind schlecht bekannt und dokumentiert und können fast nur noch über persönliche Zeugnisse von beteiligten Akteuren erforscht werden. Im Weiteren gibt es nach wie vor große Lücken in der Kenntnis des Gebäudebestands und seiner Dynamik.[44]

Es besteht ganz abgesehen vom historischen Erkenntnisgewinn ein großer Bedarf an Kenntnissen zur Entwicklung und Durchsetzung der Betontechnologie, weil sie in wesentlichem Maße auch die heutigen und vor allem die kommenden Erneuerungsprozesse des Gebäudebestands bestimmen.

Anmerkungen

1 P. Baccini / H.-P. Bader: Regionaler Stoffhaushalt. Berlin 1996.
2 ISO/TC207/SC5: Life cycle assessement – principles and guide lines (ISO CD 14 040.2). Niklaus Kohler: Stand der Ökobilanzierung von Gebäuden und Gebäudebeständen, Tagung des BMBAU. Bonn 1997.
3 Niklaus Kohler / Uta Hassler / H. Paschen (Hgg.): Stoffströme und Kosten in den Bereichen Bauen und Wohnen. Studie im Auftrag der Enquete Kommission »Schutz des Menschen und der Umwelt« des deutschen Bundestages. Heidelberg / Berlin / New York 1999.
4 Siehe Anm. 3.
5 F. Keil: Deutscher Zement, 1852–1952, herausgegeben vom Verein Deutscher Portland- und Hüttenzementwerke e. V. Wiesbaden 1952, S. 149. Produktion im Produzierenden Gewerbe. Statistisches Bundesamt. Stuttgart 2000.
6 Die Baustoffindustrie krankt an ihren Überkapazitäten. Firmenbericht der Readymix AG, Beton und Fertigteil 7 (2001), S. 123.
7 HSBC. The European Cement and Aggregate Review, February 2001.
8 Keil, wie Anm. 5. – Zahlen und Daten, herausgegeben vom Bundesverband der Deutschen Zementindustrie (1996). – Die Baustoffindustrie krankt an ihren Überkapazitäten. Firmenbericht der Readymix AG, Beton und Fertigteil 7 (2001), S. 123.
9 HSBC. The European Cement and Aggregate Review, February 2001.
10 A. Kleinlogel: Einflüsse auf Beton und Stahlbeton. Berlin 1950.
11 Verminderung der CO_2 Emissionen: Monitoring Bericht 1998, Beitrag der deutschen Zementindustrie / Forschungsinstitut der Zementindustrie, herausgegeben vom Forschungsinstitut der Zementindustrie. Düsseldorf 1999.
12 Kleinlogel, wie Anm. 10.
13 Michael Redle: Kies- und Energiehaushalt urbaner Regionen in Abhängigkeit der Siedlungsentwicklung. Diss. ETH Zürich (Nr. 13108) 1999.
14 K. Fleckenstein / K. Hochstrate / A. Knoll: Prognose der langfristigen Nachfrage nach mineralischen Baurohstoffen als Grundlage für ein Rohstoffsicherungskonzept, Endbericht, Studie im Auftrag der BfLR Bonn-Bad Godesberg 1998; P. Baccini / H.-P. Bader: Regionaler Stoffhaushalt. Berlin 1996.
15 Prognose der langfristigen Nachfrage, wie Anm. 14.
16 H. Kloft: Untersuchungen zu den Material- und Energieströmen im Wohnungsbau. Diss. (Bericht Nr. 15) TU Darmstadt, Institut für Statik, 1998; Tränkler: Bauschuttentsorgung – Entwicklung und künftige Bedeutung unter besonderer Berücksichtigung von Umweltbeeinträchtigungen. Diss. RWTH Aachen 1990. Wie auch H. Görg: Entwicklung eines Prognosemodells für Bauabfälle als Baustein von Stoffstrombetrachtungen zur Kreislaufwirtschaft im Bauwesen. Diss. TU Darmstadt 1997 (Verein zur Förderung des Instituts WAR, Schriftenreihe WAR 98, Eigenverlag).
17 Umweltorientierte Planungsinstrumente für den Lebenszyklus von Gebäuden (LEGOE). Abschlussbericht über ein Forschungsprojekt, gefördert von der Deutschen Bundesstiftung Umwelt. Dachau 1999. Siehe auch: http://www.legoe.de – F. Schultmann: Kreislaufführung von Baustoffen. Stoffflussbasiertes Projektmanagement für die operative Demontage- und Recyclingplanung von Gebäuden. Diss., TU Karlsruhe, Berlin 1998 (Baurecht und Bautechnik, Bd. 10).
18 Kloft, wie Anm. 16. – K. Rawles: Wiederverwertung von Baustoffen im Hochbau, 32. Darmstädter Seminar Abfalltechnik: Kreislaufwirtschaft Bau – Stand und Perspektiven beim Recycling von Baurestmassen, WAR Schriftenreihe, Bd. 67 (1993), S. 120–141; J. Tränkler: Bauschuttentsorgung – Entwicklung und künftige Bedeutung unter besonderer Berücksichtigung von Umweltbeeinträchtigungen. Diss. RWTH Aachen 1990.
19 Wie Anm. 3.
20 Wie Anm. 3.
21 Michael Redle: Kies- und Energiehaushalt urbaner Regionen in Abhängigkeit der Siedlungsentwicklung. Diss. ETH Zürich (Nr. 13108) 1999.
22 B. Schwaiger / G. Bader: Validierung eines integrierten, dynamischen Modells des deutschen Gebäudebestandes. Zwischenbericht, Institut für industrielle Bauproduktion, Universität Karlsruhe (TH), 2001.
23 R. Ahnert / K.H. Krause: Typische Baukonstruktionen von 1960 bis 1960 zur Beurteilung der Bausubstanz, Bd. 1: Gründungen, Wände, Decken, Tragwerke. Berlin 1991.
24 Wie Anm. 23.
25 Wie Anm. 23.
26 Wie Anm. 23.
27 Wie Anm. 23.
28 Wie Anm. 23.
29 G. Danielewski: 150 Jahre deutscher Betondachstein. Von der »Cement-Dachplatte« zur Frankfurter Pfanne, Beton 2 (1994).
30 A. J. Lotka: Elements of Mathematical Biology. New York 1925.
31 Prognose der langfristigen Nachfrage, wie Anm. 14.
32 Die Baustoffindustrie krankt an ihren Überkapazitäten, wie Anm. 8, S. 123.
33 Wie Anm. 3.
34 Niklaus Kohler: Grundlagen zur Bewertung kreislaufgerechter, nachhaltiger Baustoffe, Bauteile und Bauwerke, Aachener Baustofftag, März 1996. RWTH Aachen 1996.
35 N. Luhmann: Die Wissenschaft der Gesellschaft. Frankfurt/M. 1990.
36 J. A. Schumpeter: Business Cycles. New York, 1939.
37 R. Banham: The Architecture of the Well Tempered Environment. Cambridge 1969.
38 Gwenaël Delhumeau u. a.: Le béton en représentation. La mémoire photographique de l'entreprise Hennebique 1890–1930. Paris 1993.
39 Niklaus Kohler: Geschichte der Industrialisierung des Bauens, Bulletin SIA – FIB 13 (1971). Zürich 1971.
40 J.-C. Debeir / J.-P. Deléage / D. Hémery: Prometheus auf der Titanic. Geschichte der Energiesysteme. Frankfurt/M. 1989.
41 R. Abler / J. S. Adams / P. Gould: Spatial Organization. The Geographer's View of the World. Prentice / Hall International, Englewood Cliffs 1971, S. 142–144.
42 Siegfried Giedion: Mechanisation Takes Command. New York 1970.
43 R. Banham: A Concrete Atlantis. MIT Press, Cambridge 1986.
44 Wie Anm. 3. Der Autor dankt den Mitarbeitern am Institut für industrielle Bauproduktion der TH Karlsruhe und Dipl.-Ing. Karin Diez für ihre Mithilfe bei der Recherche von Konstruktionstechniken und von Substititionsprozessen sowie Dipl.-Phys. Claudio Ferrara für die Durchführung der Stoffstrommodellierung.

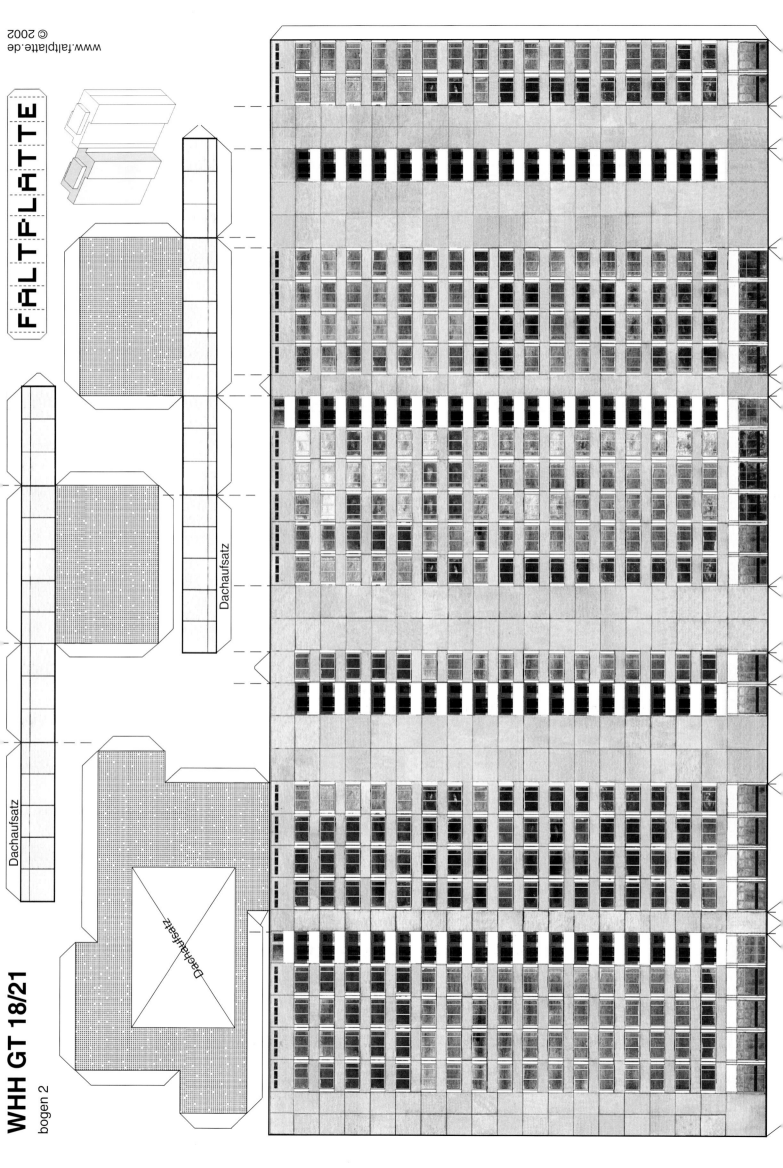

100 Jahre Betonnorm[1]

Horst Schäfer

Welche Normen und Sicherheitsüberlegungen haben den deutschen Betonbau im 20. Jahrhundert geprägt? Welche Persönlichkeiten und Forschungsergebnisse haben seine Entwicklung vorangetrieben? Diese Fragestellungen waren der Ausgangspunkt der folgenden Ausführungen.[2]

Entwicklung der Normen

Die älteste auf den Betonbau bezogene Norm in Deutschland ist die »Cementnorm«. Sie stammt aus dem Jahr 1878 und wurde durch das »Preußische Ministerium für Handel, Gewerbe und öffentliche Arbeiten« verfügt. Erste Konstruktionsregeln für bewehrte Betontragwerke folgten 1904. Sie wurden vom selben Ministerium als »Bestimmungen für die Ausführung von Konstruktionen aus Eisenbeton bei Hochbauten« erlassen und im »Zentralblatt der Bauverwaltung« auf knappen viereinhalb Seiten abgedruckt. Die Vorarbeiten hatte der »Gemeinsame Eisenbeton-Ausschuß« geleistet, der sich aus Vertretern des »Deutschen Beton-Vereins« und des »Verbandes Deutscher Architekten- und Ingenieurvereine« zusammensetzte. 1907 stellten diese einen gemeinsamen Antrag zur Gründung des »Deutschen Ausschußes für Eisenbeton« an den Reichskanzler. An den Sitzungen dieses neuen Gremiums waren neben den Delegierten der Einzelverbände nun auch Vertreter der Baupolizei beteiligt. Die Geschäftsleitung des Ausschusses wurde der Wasserbauabteilung des »Preußischen Ministeriums der öffentlichen Arbeiten« übertragen. 1916 wurden die »Bestimmungen für die Ausführung von Bauwerken aus Beton und Eisenbeton« mit zusätzlichen »Musterbeispielen zu den Bestimmungen« erlassen und von allen Bundesländern übernommen.

Ein weiterer wichtiger Schritt auf dem Weg zu einheitlichen Regelungen erfolgte im Jahre 1917 mit der Gründung des »Normenausschusses der Deutschen Industrie« (NDI). Er wurde 1926 in »Deutscher Ausschuß für Normung« (DAN) umbenannt – das heutige »Deutsche Institut für Normung« (DIN).[3]

1925 wurden die »Bestimmungen des Ausschusses für Eisenbeton« erstmals in den Rang einer Norm erhoben. Seit diesem Jahr gibt es:
- DIN 1045 Bestimmungen für die Ausführung von Bauwerken aus Eisenbeton,
- DIN 1046 Bestimmungen für die Ausführung ebener Steindecken,
- DIN 1047 Bestimmungen für die Ausführung von Bauwerken aus Beton,
- DIN 1048 Bestimmungen für Druckversuche an Würfeln bei Ausführung von Bauwerken aus Beton und Eisenbeton,
- Für Betonbrücken liegt seit 1930 eine eigene Norm vor, nämlich die DIN 1075.

Auch während des Zweiten Weltkriegs wurden die Normen für den Betonbau weiterentwickelt. Dabei vollzog man 1941 zunächst den formalen Wechsel zur Bezeichnung »Stahlbeton« und benannte den früheren »Ausschuß für Eisenbeton« in »Ausschuß für Stahlbeton« um. (Übrigens weigerte sich Emil Mörsch bis zu seinem Tode mit der Begründung, er fahre weiterhin »Eisenbahn« und nicht »Stahlbahn«, diese neue Bezeichnung zu übernehmen.)

1943 wurden die Normen DIN 1045–1048 in überarbeiteter Form herausgegeben und 1944 durch die neue »DIN 4225 Bestimmungen für Fertigbauteile aus Stahlbeton« ergänzt.

1945 musste zunächst mit den alten Normen weitergearbeitet werden, zumal die Hauptprobleme im Bauwesen damals nicht im Fehlen besserer Vorschriften bestanden, sondern aus dem Mangel an geeigneten Baumaterialien resultierten. Dennoch ruhte die normative Arbeit auch damals nicht völlig: Schon 1944 war ein »Ausschuß für Trümmerverwertung« gegründet worden, der noch vor Kriegsende ein »Merkblatt für die Herstellung von Ziegelsplittbeton« und »Richtlinien für den Austausch natürlicher Zuschlagstoffe durch Ziegelsplitt und Ziegelsand« herausgegeben hatte.

Der Deutsche Normenausschuss nahm auf der Basis eines Kontrollratsbeschlusses erst 1946 seine Tätigkeit wieder auf. 1947 fand sich dann in der Nähe von Bielefeld auch der »Deutsche Ausschuß für Stahlbeton« wieder zusammen. Dieser wurde 1948 nach Berlin verlegt und seine Geschäftsführung der Berliner Magistratsverwaltung für Bau- und Wohnungswesen übertragen. Ab 1949 wurden – wie früher üblich – wieder jährlich stattfindende Beratungen des Ausschusses durchgeführt. Als erste wichtige Maßnahme veranlasste der Ausschuss die Herausgabe eines Normblatts zur »Instandsetzung beschädigter Stahlbetonhochbauten«.

In der Folge war vor allem das Jahr 1953 bedeutsam: Damals wurde mit der Spannbetonnorm DIN 4227 erstmals eine Vorschrift herausgegeben, in der Ansätze eines neuartigen Sicherheitskonzepts erkennbar waren, indem zusätzlich zur Einhaltung zulässiger Spannungen für Spannbetonträger ein »Bruchsicherheitsnachweis« gefordert wurde.

Außerdem erfolgte 1953 die Gründung des Europäischen Beton-Komittees, »Comité Européen du Béton« (CEB). Sein Ziel war, Forschungsarbeiten international zu koordinieren, nationale Vorschriften zu harmonisieren und internationale Vorschriften auszuarbeiten. Mit Hubert Rüsch und Fritz Leonhardt war die Bundesrepublik Deutschland in diesem Gremium mit überaus kompetenten Vertretern beteiligt und man darf darf wohl behaupten, dass diese beiden Persönlichkeiten in der Nachfolge von Emil Mörsch und Franz Dischinger den deutschen Betonbau in der Mitte des 20. Jahrhunderts maßgeblich geprägt haben.

Neuere Erkenntnisse, die sich aus Fritz Leonhardts so genannten Stuttgarter Schubversuchen, den »Münchener Versuchen zum Biegetragverhalten« und den in Braunschweig durchgeführten Untersuchungen zur Knicksicherheit ergaben, ließen es in den folgenden Jahren als dringend geboten erscheinen, die alten Betonbaunormen grundlegend zu überarbeiten: Die ständigen Er-

Abb.1
Durchgebogene Pilzdecke, Versuche der Firma Züblin, Bauhof Kehl

weiterungen und Ergänzungen der ursrpünglichen DIN 1045 hatten ein Gewirr unübersichtlicher Informationen entstehen lassen. Doch der ‚Befreiungsschlag' durch eine neue Betonbaunorm wurde durch eine überaus zurückhaltende Rezeption in der Baupraxis verzögert.

Während die damals aktuellen Forschungsergebnisse der Biege- und Schubmessung beispielsweise in Großbritannien zügig und unter Berücksichtigung der neuen internationalen Maßeinheiten bereits 1970 in der Betonnorm CP 110 umgesetzt wurden, veröffentlichte man die neue DIN 1045 in der Bundesrepublik Deutschland erst 1972 – und sie enthielt überdies noch die alten technischen Maßeinheiten ([kp], [Mp])! Die meisten Ingenieure nutzten die genehmigte Übergangsphase von ca. 5 Jahren von der ‚alten' zur ‚neuen' DIN 1045 bis zuletzt aus. Auch die internationalen Maßeinheiten konnten sich nur langsam durchsetzen und waren erst Ende der 1970er-Jahre allgemein gebräuchlich. Dabei besaß die alte ‚n-freie Bemessung', die viele Ingenieure aus Gewohnheit favorisierten, kein konsistentes Sicherheitskonzept und war aus heutiger Sicht auch in der Lehre nicht überzeugend zu vermitteln. Aber wohl gerade deshalb verstanden viele nicht, weshalb Hubert Rüsch einen Bruchsicherheitsnachweis für Spannbetonträger verlangte.

So stieß die Einführung der DIN 1045 (1972) auf erheblichen Widerstand, der sich auch in ca. 2000, teils völlig unberechtigten Einsprüchen auf den »Gelbdruck« der neuen Norm bemerkbar machte.

Fritz Leonhardt konnte sich mit seinem im Grunde bestechend einfachen Schubnachweis-Verfahren, das er bereits 1965 unter dem Titel »Über die Kunst des Bewehrens von Stahlbetontragwerken« in der Zeitschrift »Beton- und Stahlbetonbau« veröffentlicht hatte, nicht durchsetzen.[4] Die normative Auslegung seiner Versuchsergebnisse war in der 1972er-Fassung der DIN 1045 so unnötg verkompliziert worden, dass sich die Fachöffentlichkeit schwer tat, seine uneingeschränkte »verminderte Schubdeckung« zu übernehmen. Legitime Sicherheitsbedenken und grundsätzliche Vorbehalte konservativer Ingenieure kamen hinzu.

Immerhin war die 1979 eingeführte Spannbetonnorm DIN 4227, die im Wesentlichen auf 1973 erlassenen Richtlinien basierte, bezüglich des Schubnachweises bereits wesentlich moderner als die DIN 1045 (1972). Zwar hatte man Leonhardts umstrittenes »Abzugsglied« $\nabla\tau$ nicht in dieser Form in die Norm übernommen, doch kommt man, wenn man die zugehörigen Gleichungen 11 und 12 der DIN 4227 entsprechend umformt, schließlich zu genau den Ergebnissen, die Leonhardt in seinen bahnbrechenden Versuchen erzielt hatte.

An dieser Stelle sei eine kurze Anmerkung zur in der DDR gebräuchlichen TGL-Norm für Stahlbetonbau erlaubt: Die TGL 33405 von 1980 war aus heutiger Sicht wesentlich fortschrittlicher als die entsprechend gültige westdeutsche DIN 1045.

Doch nun steht die verbindliche Einführung der neuen DIN 1045 (Ausgabe 07.2001) ins Haus. Sie stimmt in allen wesentlichen Punkten mt der Eurocode 2 (EC 2) überein. Diese darf bereits seit mehr als zehn Jahren auch in der deutschen Baupraxis angewandt werden und ist an den Hochschulen schon längst in die Lehre übernommen worden. Doch deutsche Ingenieurbüros und Baufirmen haben sie bislang fast nur im Rahmen von Auslandsvertragsabwicklungen wirklich umgesetzt.

Auch hier macht sich die im Bauwesen weithin vorherrschende konservative Grundhaltung bemerkbar. Hinzu kommt, dass die Produktion der benötigten Software mit der Entwicklung nicht Schritt gehalten hat. So werden die Praktiker wohl auch bei der Einführung der DIN 1045 (7/2001) wieder bis zuletzt von der großzügig bemessenen Übergangsfrist Gebrauch machen.

Sicherheitskonzepte

In den frühen Bestimmungen und Normen von 1904 bis 1971 ist noch kein durchgängiges Sicherheitskonzept erkennbar, da man die Sicherheitsbeiwerte in der Angabe der »zulässigen Spannungen« ‚versteckt' hatte. Es gab »zulässige Stahlspannungen« und »zulässige Betonspannungen«. Der Statiker hatte jeweils den Nachweis zu führen, dass diese Werte unter Gebrauchslasten nicht überschritten wurden.

Bruchsicherheit

Hubert Rüsch ist es zu verdanken, dass 1953 in der Spannbetonnorm DIN 4227 erstmals ein »Bruchsicherheitsnachweis« für den Lastfall »Biegung mit Normalkraft« verlangt wurde. Danach musste, nachdem alle Nachweise hinsichtlich der Einhaltung der zulässigen Spannungen geführt worden waren, auch überprüft werden, ob mit den dafür erforderlichen Stahlquerschnitten ein so genanntes Bruchmoment M_u im »Grenzzustand der Tragfähigkeit« getragen wurde. Das Bruchmoment M_u errechnete sich aus dem Gebrauchsmoment M und dem Lastvergrößerungsfaktor γ_F (heutige Bezeichnung): $M_u = \gamma_F \cdot M$ und $\gamma_F = 1{,}75 \ldots 2{,}10$.

Für den Betonanteil galt der Grenzzustand der Tragfähigkeit als erreicht, wenn die Beton-Randfaser um das Maß $\varepsilon_c = 3{,}50$ ‰ gestaucht wurde.

Für den Stahlanteil hatte Rüsch ein etwas komplizierteres, aber überzeugendes Konzept eingeführt: Wenn im Grenzzustand ein »schlagartiges« Versagen, also ein Bruch ohne Vorankündigung, zu befürchten war, musste ein Sicherheitsbeiwert $\gamma_F = 2{,}10$ gewählt werden. Im als harmlos eingestuften Fall eines Versagen mit Vorankündigung wurde ein niedrigerer Sicherheitsbeiwert von $\gamma_F = 1{,}75$ angesetzt. Die Stahldehnung hatte Rüsch im Grenzzustand der Tragfähigkeit konservativ mit $\varepsilon_{su} = 5$ ‰ festgelegt, obwohl Bewehrungsstahl mühelos mehr als 8 % erträgt. Denn Rüsch ging von folgender Annahme aus: Wenn in einem Stahlbeton-Balken die Zugbewehrung mit 5 ‰ gedehnt wird, dann hat dies im Mittel fünf Risse auf 1 m Länge mit jeweils 1 mm Rissbreite zur Folge. Der Balken stürzt dann zwar noch (lange) nicht ein, aber er sieht bedrohlich bruchgefährdet aus. Eventuelle Nutzer können sich dann aber noch in Sicherheit bringen.

Erst mit EC 2 bzw. DIN 1045 (7/2001) wurde diese eigentlich unnötige Beschränkung aufgehoben. Eine nennenswerte Traglaststeigerung hatte dies aber nicht zur Folge, da heute – wie schon von Rüsch gefordert – auch der Nachweis über die Begrenzung der Rissbreiten sowie der Nachweis über die Durchbiegung im gerissenen Zustand II erbracht werden muss.

In unzähligen Bruchsicherheitsnachweisen habe ich festgestellt, dass die meisten mit zulässigen Spannungen dimensionierten Träger eine Laststeigerung um mehr als als den Faktor 1,75 tragen können, bevor sie in den Grenzzustand geraten. Die alten Stahlbetonbalken hatten also in der Regel ein Sicherheitsniveau, das auch heutigen Ansprüchen genügt. Im Hinblick auf die Querkraft-Tragfähigkeit sind die alten, noch nach den Vorschriften von Emil Mörsch bemessenen Stahlbetonbalken sogar durchweg überdimensioniert, was bei Umnutzungsmaßnahmen den großen Vorteil hat, dass häufig nur die Biegezugseite verstärkt werden muss.

Betonfestigkeit

Aus heutiger Sicht war die Auswertung der Betonfestigkeitsprüfungen bis 1972 unbefriedigend, denn die an Würfeln ermittelte Betonfestigkeit – die so genannte Würfelfestigkeit – bietet keinen geeigneten Vergleichswert, da sie eine zu hohe Festigkeit vortäuscht. Maßgebend ist vielmehr die Prismenfestigkeit oder Zylinderfestigkeit. Sie kann mit folgender Faustformel berechnet werden: Prismenfestigkeit $\cong 0{,}85 \times$ Würfelfestigkeit.

Weiterhin ist festzustellen, dass die Würfelfestigkeit normalerweise in einem ‚Kurzzeit-Versuch' von maximal einer Minute Dauer ermittelt wurde. Die Dauerstandfestigkeit beträgt aber nur rund 85 % der Kurzzeitfestigkeit. Aus diesem Grund darf zu Recht nach DIN 1045 (1972) als »Rechenfestigkeit« des Betons höchstens der Wert $\beta_R = 0{,}85 \times 0{,}85 \times \beta_{WN} = 0{,}70\, \beta_{WN}$ angesetzt werden.

Vor 1972 hat man diese problematischen Zusammenhänge in entsprechend großen Sicherheitsbeiwerten γ_M bei der Festlegung zulässiger Betonspannungen ‚versteckt'.

Dass man den Abminderungsfaktor 0,70 (für einen B25) in DIN 1045 (1972) in Gleichung 6 für höhere Betongüten vorsichtshalber bis auf den Wert 0,55 (für einen B55) herabgestuft hatte, war eigentlich durch Versuchsergebnisse nicht belegt. Diese Entscheidung erwies sich jedoch unter Sicherheitsaspekten als folgerichtig, denn man hatte bislang für die hohen Betongüten, die mit Baustellenbeton erzielt werden können, kaum Erfahrungen gesammelt und hätte damit bei einer ausnutzbaren Betonspannung mit einem Faktor 0,70 allzu riskantes Neuland betreten.

Sicherheitstheoretisch unbefriedigend war bis 1972 auch die Ermittlung der Würfelfestigkeit selbst. Nur drei Tests genügten – als Würfelfestigkeit wurde der Mittelwert festgelegt. Die gerade bei Baustellenbeton relativ großen Wertstreuungen wurden bei der Festigkeitsdefinition nicht berücksichtigt. Erst mit der Einführung der DIN 1045 (1972) wurde sie statistisch und probabilistisch einwandfrei als so genannte 5 %-Fraktile festgelegt. Damit verlor der Mittelwert seine Bedeutung, denn maßgeblich war nun der Wert, der von höchstens 5 % aller Proben unterschritten wurde. – So hatte die Wahrscheinlichkeitstheorie, die auf den deutschen Mathematiker Carl Friedrich Gauß (1777–1855) zurückgeht, endlich auch Eingang in den konstruktiven Ingenieurbau gefunden, obwohl hier auf der Lastseite bis heute noch Lücken klaffen!

Im Übrigen sollte man die Frage der Betonfestigkeit im Hinblick auf die Standsicherheit von Betontragwerken nicht überschätzen, denn sie spielt bei richtig dimensionierten Stahlbetonbauteilen nicht die entscheidende Rolle, da sie nur selten voll ausgenutzt wird. Zumindest mit deutschen Zementen ist es selbst im Labor kaum möglich, einen ordnungsgemäßen B25 herzustellen – die Qualität ist einfach zu gut. Beim Rissbreiten-Nachweis nimmt man darauf insofern Rücksicht, als beim Ansatz der Betonzugfestigkeit – die sich dabei paradoxerweise ungünstig auswirkt – immer die Mindestfestigkeit eines B35 unterstellt wird.

Im EC 2 bzw. in der neuen DIN 1045 sind nun dank der verdienstvollen Vorarbeiten des CEB alle Regelungen probabilistisch oder zumindest ‚semi-probabilistisch' begründet. Die national gültigen Sicherheitsbeiwerte γ_F (für die Lasten) und γ_M (für die Materialien) sind so festgelegt, dass zumindest das herkömmlich-bewährte und allgemein akzeptierte Sicherheitsniveau gewahrt bleibt. Es wäre aufschlussreich und wünschenswert, nun ausführlicher auf die Entwicklungsgeschichte weiterer DIN-Regelungen (Biegebemessungen, Schubmessungen, Stabilitätsnachweis, konstruktive Durchbildung ...) einzugehen. An dieser Stelle kann diese vertiefte Beschäftigung jedoch nur angeregt werden ... sie ist sicherlich der Mühe wert!

Anmerkungen
1. Gekürzte Fassung des im Rahmen der Tagung gehaltenen Vortrags »2000 Jahre Betonbau – 100 Jahre Betonbau-Normen«.
2. Für detaillierte Informationen siehe auch H. Goffin / D. Bertram / N. Bunke: Vom Stampfbeton zum Spannbeton. Die Entwicklung der Bauart im Spiegel von Normung und Forschung. Festschrift 75 Jahre Deutscher Ausschuß für Stahlbeton 1907–1982, herausgegeben vom Deutschen Ausschuß für Stahlbeton, Heft 333 (1982).
3. Vgl. Emil Mörsch: Der Eisenbetonbau. Seine Theorie und Anwendung, Bd. 1, 2. Hälfte. Stuttgart 1922 (5. Aufl. 1996).
4. Fritz Leonhardt: Über die Kunst des Bewehrens von Stahlbetontragwerken, Beton- und Stahlbetonbau 60 (1965), Heft 8–9.

ORTBETON U

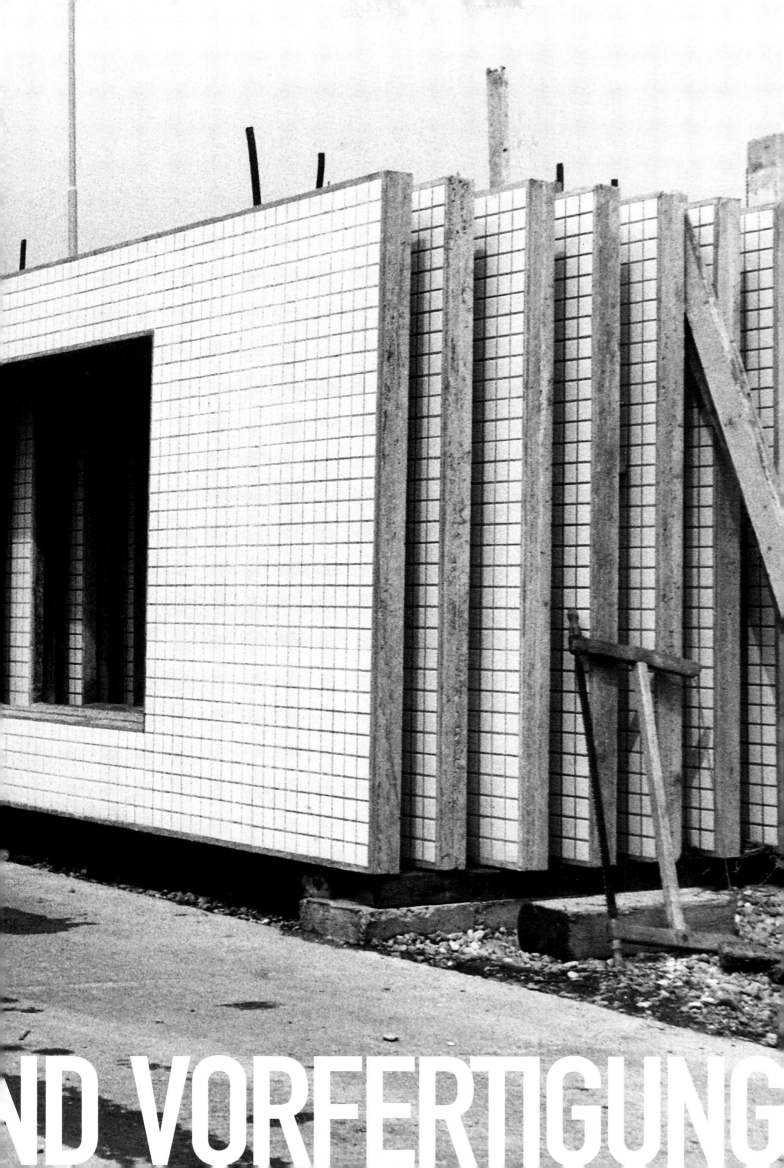
ND VORFERTIGUNG

Christian Schädlich

Die Anfänge des industriellen Montagebaus im Wohnungsbau der DDR 1955–1962

Abb. vorherige Doppelseite
Fassadenelemente im Fertigbetonwerk Karlsruhe-Hagsfeld, 1962. Archiv der Züblin AG

Abb. 1
Großplatten-Versuchsbau Berlin-Johannisthal, Engelhardstraße 11/13, 1953/54, Foto 2001

»Besser, schneller und billiger bauen«. Unter dieser Losung tagte im April 1955 in Berlin die 1. Baukonferenz der DDR, deren Ergebnisse in einem Ministerratsbeschluss verbindlich zusammengefasst wurden. Als Schlüssel zur höheren Effektivität der Bauproduktion wird darin die Industrialisierung des Bauens gesehen. Sie sei der Hebel für eine bedeutende Erhöhung der Arbeitsproduktivität und die Grundlage für eine entscheidende Kostensenkung. Deshalb müsse sie in einem verhältnismäßig kurzen Zeitraum gelöst werden. Die im Lande vorhandene hochentwickelte Industrie und Wissenschaft seien in der Lage, dies zu tun.[1]

Der Beschluss gab der bisherigen Baupolitik eine andere Richtung, denn seit 1951 war in der DDR eine auf traditionellen baukünstlerischen Werten beruhende Gestaltungsweise gefordert und gefördert worden, wie sie sich in der Sowjetunion schon Mitte der 1930er-Jahre durchgesetzt hatte. Die historisierende, vielfach eklektizistische Formensprache führte zu einem hohen baulichen Aufwand und legte zugleich der optimalen funktionell-räumlichen Ordnung der Gebäude und der Entwicklung einer modernen Bautechnik Fesseln an. Unter dem Schlagwort »Industrialisierung« wurde nun eine tief greifende Umgestaltung der technischen Grundlagen des Bauens eingeleitet, die notwendigerweise den Bruch mit diesem Architekturkonzept zur Folge hatte.

Unter Industrialisierung des Hausbaus wurde die Ablösung der handwerklichen durch die maschinelle Produktion einschließlich der dadurch bedingten Veränderungen im Produktionsprozess verstanden, nämlich Fließfertigung, d. h. gleichzeitige Arbeit in allen Fertigungsphasen sowie Typisierung der Bauwerke und Standardisierung der Konstruktionen. Letztlich sollte die damals noch weit gehend nach Art der Manufaktur organisierte Bauproduktion zur industriellen, fabrikmäßigen fortentwickelt werden.[2] Dieses Vorhaben wurde im Rahmen der gesamtstaatlichen Wirtschafts- und Gesellschaftsplanung 1955 landesweit und zentral gesteuert in Angriff genommen – ein äußerst komplexer Prozeß, den hier in allen Facetten zu behandeln und zu werten, mir nicht möglich ist.[3] Vielmehr sollen in geraffter Form die in der Anfangszeit entwickelten Bausysteme vorgestellt werden.

Erste Versuchsbauten

Die systematische Entwicklung der Montagebauweisen ab 1955 begann nicht voraussetzungslos. Schon zuvor wurden vereinzelte Versuche mit dem Fertigteilbau unternommen.

Der Architekt Otto Haesler, einer der Pioniere des »Neuen Bauens« der 1920er-Jahre, entwarf während seiner Tätigkeit beim Wiederaufbau des kriegszerstörten Zentrums von Rathenow auch eine Montagebauweise, die er 1947 in einem Versuchsbau erproben konnte. Das konstruktive Element ist eine in Ziegelsplittbeton gefertigte und armierte 4–5 cm starke Platte mit kassettenförmig aufgebrachten Rippen. Diese Rippenplatten werden nach der Montage durch Einlegen der Wärmedämmung und Aufbringen der inneren »Ausbauschale« komplettiert.[4] Walter Pisternik vom Ministerium für Aufbau stellte auf der Deutschen Bautagung in Leipzig 1950 jedoch die Frage: »Sind wir schon in der Lage, industriell zu bauen?« Und er beantwortete sie so: »Wenn hier-

unter das fabrikmäßige Herstellen von Fertigteilen verstanden wird, die auf den Baustellen zu Wohnhäusern zusammenzusetzen sind, so ist sie zu verneinen. Soweit sind wir noch nicht!« Er würdigte Haeslers Versuch als wertvolle Vorarbeit, doch sei die allein wirtschaftliche Großproduktion nach dessen Entwurf nicht möglich, weil die volkswirtschaftlichen Voraussetzungen noch fehlen würden.[5] Zwar konnte Haesler seine etwas komplizierte, mit relativ hohem Stahlverbrauch behaftete Bauweise noch weiter verfolgen, doch in die Praxis des industriellen Bauens fand sie keinen Eingang. Es blieb bei seinem 1958 verfassten Abschlussbericht mit einer bemerkenswert komplexen Sicht der Industrialisierung des Bauens.[6]

Ab 1952 entstand in Berlin die Stalinallee (heute Karl-Marx-Allee). An zwei Stellen der in Ziegelmauerwerk ausgeführten Bebauung wurden Skelettmontagekonstruktionen eingesetzt. In dem zur heutigen Straße der Pariser Kommune gerichteten Seitentrakt des Blocks C Nord sollte ein neu entwickeltes System für die Serienproduktion im mehrgeschossigen Wohnungsbau erprobt werden: Das siebengeschossige Skelett besteht aus Stockwerkrahmen. Um schwierig auszuführende Stoßverbindungen in den Rahmenecken zu vermeiden, sind die Stöße der Einzelteile in die Mitte der Riegel und Stützen gelegt, d. h. etwa in die Momentennullpunkte bei reiner Windbelastung. Es entstehen T-förmige Rahmenelemente. Die Außenwand ist in 25er-Hohlblocksteinen aus Trümmersplittbeton ausgeführt. In den Fassaden tritt das Skelett nicht in Erscheinung, da ihre Gestaltung dem Hauptbau an der Stalinallee entsprechen musste.[7] Auch dieses System wurde weiter bearbeitet,[8] kam im industriellen Wohnungsbau aber nicht zum ursprünglich geplanten breiten Einsatz.

Daneben wurde in den frühen 1950er-Jahren der Fertigteilbau mit Betonblöcken erprobt. Er sollte sich später als Vorzugsvariante für die Einführung des industriellen Wohnungsbaus erweisen. In Berlin entstanden Versuchsbauten in der Dimitroffstraße (heute Danziger / Elbinger Straße) 1952/53 mit liegenden Blöcken, in der Kubornstraße 1954 mit senkrecht gestellten geschosshohen Blöcken. Die Blockgewichte um die 100 kg waren für den wirtschaftlichen Einsatz maschineller Hebezeuge noch zu gering. Experimente mit vorgefertigten Ziegelblöcken begannen in Freiberg 1952 und in Ronneburg 1954.[9]

Der wohl bemerkenswerteste Versuchsbau steht in Berlin-Johannisthal, Engelhardstraße 11/13: der erste Großplattenbau der DDR. Nach theoretischen Vorarbeiten und Laboratoriumsversuchen durch die Deutsche Bauakademie erfolgte 1953/54 in zwölf Monaten die Ausführung (Abb. 1). Die Konstruktion besteht aus geschosshohen Platten in armiertem Ziegelsplittbeton, deren vertikale Stöße an der Außenwand mit Pilastern abgedeckt sind. Die Wandplatten werden durch Schweißverbindungen in den Ecken zusammengefügt. Zur Wärmedämmung sind sie an der Außenhaut

Abb. 2
Großplattenbau in Wittenberge
1960

mit einem Belag von Holzwolle-Leichtbauplatten versehen. Die Deckenelemente liegen in Gebäudelängsrichtung. Die Vorfertigung erfolgt auf der Baustelle und dabei auch die teilweise Komplettierung der Elemente, z. B. bei den Außenwandplatten das Einsetzen der Fenstersohlbänke und Fenster sowie das Aufbringen des Außen- und Innenputzes.[10] Montiert wird mit einem Turmdrehkran. Die Fassade des Gebäudes entspricht jedoch der traditionalistischen Architekturdoktrin und lässt die Konstruktion nicht ahnen. Zwar hat diese Gestaltung die optimale Ausprägung des Systems nicht grundsätzlich behindert, aber gewiss zu letztlich überflüssigem Aufwand durch die Fertigung von Sonderelementen und handwerkliche Verarbeitung geführt. Die Diskussion um den Widerspruch zwischen Konstruktion und Erscheinung und um eine rationellere Lösung begann sogleich.[11] Man sollte aber bei der Beurteilung dieses Versuchsbaus m. E. die baukünstlerische Problematik nicht überbewerten, sondern vor allem erkennen, dass hier ein sicherlich noch verbesserungsbedürftiges, aber technisch und technologisch schlüssiges Konstruktionssystem des Plattenbaus vorliegt, das wenig später relativ schnell den Übergang zur massenhaften Anwendung dieser Bauweise ermöglichte.

Die gebräuchlichen Montagebauweisen

Für den zu entwickelnden industriellen Wohnungsbau favorisierte der erwähnte Ministerratsbeschluss von 1955 den Blockbau und den Plattenbau. Der Blockbau galt als Übergangsstufe vom handwerklichen Ziegelbau zur Vollmontagebauweise. Er ließ sich rasch einführen und überwog im Anteil der in Montagebauweisen gefertigten Wohnungen den Plattenbau bis zum Jahre 1969. Die Klassifizierung der verwendeten Montagesysteme erfolgte nach dem Gewicht der Elemente in folgenden Termini: Großblockbau Laststufe 750 kg – Großblockbau Laststufe 1500–2000 kg (Streifenbauweise) – Großplattenbau Laststufe 2000, 5000 kg. Der Großblockbau beruht auf dem mehrreihigen Wandaufbau in unbewehrten Betonblöcken. Die Streifenbauweise verwendet geschosshohe unbewehrte Schäfte. In beiden Fällen der Großblockbauweise ist zur Aussteifung des Systems in Höhe der Decken ein in Ortbeton mit Eiseneinlage gefertigter Ringanker nötig. Der Großplattenbau besteht aus geschosshohen und zimmerwandgroßen, leicht bewehrten Platten, die in den Ecken durch Schweißverbindungen zusammengefügt sind (Abb. 2). Die in allen drei Bauweisen verwendeten Stahlbetondeckenelemente wurden in ihren Abmessungen der jeweiligen Laststufe angepasst. In der Konstruktion waren anfangs Längswand- und Querwandsystem nebeneinander gebräuchlich, doch setzte sich bald das Querwandsystem mit im Regelfall 3,60 m

Abb. 3
Großblockbau Borsbergstraße
Dresen-Striesen von 1955/57

Abb. 4
Großblockbau Koppenstraße
Berlin von 1956/57

Achsweite durch. Es bot den Vorteil geringerer Deckenspannweiten (also der Stahleinsparung) und der nur durch Eigengewicht belasteten Außenwände. Verfolgen wir an einigen typischen Beispielen die Entwicklung der Systeme.

Der Großblockbau

Nach weiteren theoretischen und planerischen Arbeiten in Forschungsinstituten, Bau und Projektierungsbetrieben zur Entwicklung der Bauweise und zwei weiteren Berliner Versuchsbauten 1955 in den Laststufen 500 kg (Leopoldstraße) und 1500 kg (Rüdersdorfer Straße) wurde der Großblockbau im Laufe des Jahres 1956 an mehreren Orten der Republik angewendet.

Am ersten in Magdeburg (Morgenstraße) 1956 gebauten Block mit 55 Wohnungen lässt sich bereits die Grundstruktur der in den folgenden Jahren landesweit angewendeten Großblockbauweise Laststufe 750 kg ablesen. Die konstruktiven Merkmale sind das Querwandsystem, die dreireihige – später auf die effektivere zweireihige reduzierte – Schichtung der Geschosswände mit darüber gelegtem Ringanker und Stahlbetongewände in den Öffnungen. Die noch übliche Ofenheizung brachte jedoch Schwierigkeiten im Grundriss und vor allem in der Konstruktion. Ihr ist letzlich das steile Satteldach geschuldet (genügend Ofenzug für das oberste Geschoss). Hier ist es als Pfettendach ausgebildet. Die Pfetten, stranggepresste Ziegelhohlkörper mit Spannbetonbewehrung, lagern auf den hochgezogenen Querwänden. Das Gebäude wurde nach der Montage geputzt und farbig gestrichen.[12] Eine Episode der Anfangszeit des Großblockbaus war der Einsatz von Blöcken aus Ziegelmauerwerk anstelle des sonst üblichen Ziegelsplittbetons, so bei größeren Wohnungsbauvorhaben in Gera und Jena 1957–1959.[13]

Die geputzten Großblockbauten gleichen noch sehr dem herkömmlichen Mauerwerksbau. Es gab auch unverputzte Bauten aus Blöcken mit vorgefertigter äußerer Oberfläche und sichtbarer Fugenstruktur. In Berlin-Karlshorst wurden 1956/57 etwa 200 Ofen beheizte Wohnungen nach dem Entwurf von Leopold Wiel gebaut.[14] Die Waschbetonoberfläche der Blöcke erhielt einen ziegelroten Farbanstrich, der mit den hellgrauen Kunststeingewänden und blauen Loggien kontrastierte. Stellvertretend für eine Reihe von Großblockbauvorhaben im Berliner Zentrum sei hier der Wohnkomplex Koppenstraße von 1957–1959 genannt, dessen Gebäude Sichtbetonflächen und das in der Zentrumsbebauung allgemein übliche flache Satteldach mit Drempel aufweisen (Abb. 4). Hier und auch in Karlshorst ist – wie bei fast allen damaligen Großblockbauten – durch jüngste Sanierungen mit vorgesetzter Wärmedämmung das ursprüngliche Erscheinungsbild verändert worden.

Abb. 5
Erste Großplattenbauten in Hoyerswerda von 1957–1959

Abb. 6
Großplattenbau in Lübbenau ab 1958

Die Entwicklung der Streifenbauweise, also des Großblockbaus Laststufe 1500 kg, begann ab Mitte 1955 in Dresden für die neue Wohnbebauung im zerstörten Stadtteil Striesen. In der Borsbergstraße wurde 1956 der erste fünfgeschossige Wohnblock (mit untergelagerten Läden) fertig gestellt[15] (Abb.3). An der geputzten und farbig behandelten Außenwand ist die Großblockstruktur nachgezeichnet: 30 cm starke Schäfte stehen axial vor den Querwänden, dazwischen 18 cm dicke, wärmegedämmte Paneele mit der Fensteröffnung und darüber der Ringanker. Da die dünneren Paneele innen bündig mit den Schäften gesetzt sind, entsteht in der Fassade eine leichte Reliefwirkung. Die Querwände sind im zweireihigen Blocksystem ausgeführt. Ein Jahr später wurde diese Streifenbauweise – bereichert um ein Tür-Paneel, so dass Balkone möglich wurden – auch für das Wohngebiet an der westlich angrenzenden Striesener Straße angewendet.[16] Die Dresdner Lösung der Streifenbauweise ist eine Übergangsstufe zum Großplattenbau. Mit je einem in Leipzig, Gera und Magdeburg 1959/60 ausgeführten Experimentalbau (Typ Q 6b) wurden u. a. die Möglichkeiten leichter Fensterpaneele für die Weiterentwicklung des Großblockbaus ausgelotet und gute Ergebnisse in der plastischen Fassadengestaltung erreicht.[17]

Zur Vorfertigung der Elemente wurden möglichst stationäre Werke genutzt, wenigstens für die Stahlbetonteile (Decken, Ringanker, Treppen, Dachkonstruktionen). Die Fertigung der Blöcke erfolgte auf dem Bauplatz in stehenden Batterieformen. Der wachsende Bedarf machte jedoch neue spezialisierte Anlagen nötig. Sie wurden in Form offener Betonwerke an vielen Stellen eingerichtet und waren in der Lage, sowohl Großblöcke als auch Stahlbetonteile zu produzieren.[18] Das rationellste Verfahren war die gegen Ende der 1950er-Jahre eingeführte halb- oder vollautomatische Gleitfertigung. Der dafür entwickelte Typ des Gleitfertigers konnte auf zwei parallelen 100 m langen Bahnen unbewehrte, schlaff oder vorgespannt bewehrte Elemente (auch mit Hohlräumen) von 10 cm bis 2 m Breite und 2 bis 30 cm Dicke in drei Schichten verschiedenartigen Betons im Strang fertigen und in die erforderlichen Längen teilen.[19]

Auf der Baustelle wurde mit dem Turmdrehkran montiert. Er bewegte sich auf einem parallel zum Gebäude liegenden Gleis. Es gab mehrere, eigens für die verschiedenen Laststufen entwickelte Krantypen.

Großplattenbauweise

Für den Übergang zum Plattenbau mussten zunächst Vorfertigungskapazitäten geschaffen werden. In Groß-Zeißig bei Hoyerswerda wurde 1955 ein stationäres Plattenwerk gebaut, das im

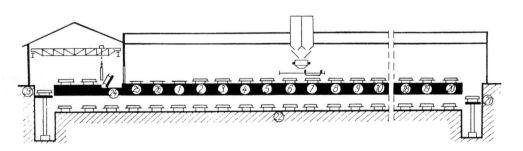

Abb. 7–8
Plattenwerk in Hoyerswerda, 1955–1957

Frühjahr 1957 die Produktion aufnahm. Das nach sowjetischen Vorbildern und Erfahrungen konzipierte Werk war anfangs auf eine Kapazität von 700 Wohnungen pro Jahr ausgelegt, allerdings nur für die Herstellung der Wand- und Deckenplatten. Die Rohfertigung wurde auf einer Fließstrecke in liegender Form vorgenommen. 62 Formwagen bewegten sich kontinuierlich in Taktzeiten durch die Bearbeitungsstationen. Am Ende erfolgte die Absenkung zum Rücklauf im Bedampfungskanal und dann der senkrechte Transport der erhärteten Platten in die Komplettierungshalle[20] (Abb. 7, 8).

Diese Art des Plattenwerks erwies sich jedoch als eine zu aufwändige Investition (10 bis 12 Mio. Mark), um den Plattenbau in großer Breite rentabel einführen zu können. Deshalb wurde zeitgleich – analog der Fertigungsstätten des Großblockbaus – ein offenes oder ortsveränderliches Plattenwerk entwickelt. Das erste nahm im Juni 1958 in Lübbenau die Produktion mit einer Kapazität von 300 Wohnungen / Jahr auf (Abb. 6). Die Außenwandplatten wurden liegend in Kippformen, die Innenwandplatten stehend in Batterieformen hergestellt.[21] Bis Ende 1961 entstanden landesweit nahezu 30 ähnliche Anlagen mit je nur 2,5 bis 3 Mio. Mark Aufwand. Das größte Vorhaben des Großplattenbaus befand sich in Hoyerswerda, wo ab 1957 neben der alten eine neue Stadt mit Wohnbauten für rund 30.000 Einwohner in industrieller Montagebauweise errichtet werden sollte. Wohl angeregt von internationalen Beispielen entschied man sich hier für die Montage mit dem Portalkran. Die langen flächigen Außenfronten der ersten, noch mit Steildach versehenen Bauten wurden durch einen abgestuften Farbanstrich gegliedert (Abb. 5).

Aus dem hier Erprobten ging 1959 die zentral erarbeitete Typenreihe P 1 hervor,[22] die fortan auch in Hoyerswerda angewendet wurde und das Gesicht der Stadt prägte. Eine großzügige Verglasung der Treppenhäuser (für ihre nachträgliche Montage war ein Gerüst nötig) und die teilweise vorgesetzten Loggien akzentuieren den Wohnblock.

In Hoyerswerda erfolgte auch der Übergang zum vielgeschossigen Plattenbau. 1960–1962 wurden sechs achtgeschossige Wohnscheiben gebaut.[23] Noch 1959 wurde die Großplattenbauweise in Rostock-Reutershagen[24] und in Berlin, Prenzlauer Allee,[25] aufgenommen. Seit Anfang der 1960er-Jahre verbreitete sie sich rasch. An der Karl-Marx-Allee in Berlin, zwischen Strausberger Platz und Alexanderplatz, entstanden 1962–1964 acht- und zehngeschossige Wohnbauten.[26] Die Außenwandplatten erhielten durch in die Form eingelegte Keramikplatten eine veredelte Oberfläche. Es wuchs das Bemühen um fertige, möglichst nicht nachzubehandelnde Sichtflächen: Neben Edelputz auf Profilmatten oder Terrazzomaterial (Sichtbeton) war auch Mosaikkeramik gebräuchlich.

Die Reihe der Beispiele sei mit dem Muster- und Experimentalbau P 2 in Berlin von 1962 abgeschlossen[27]. Das Experiment bezog sich auf technische Parameter wie die Senkung des Baugewichts und die Erhöhung des Vorfertigungs- und Komplettierungsgrades, aber auch auf die architektonische Qualität der Wohnung durch bessere funktionelle Gliederung und Ausstattung. Mit dem Übergang zu 6 m-Spannbetondecken und die Verlegung der Küchen, Bäder und Treppen ins Innere des Gebäudes wurde es möglich, das Wohnzimmer längs der Außenwand zu legen. Dieser neue Grundrisstyp setzte sich – weiterentwickelt in Experimentalbauten 1964/65 in Berlin, Frankfurt / Oder, Dresden und Weimar[28] – durch und war vorherrschend bis zum Ende des DDR-Plattenbaus.

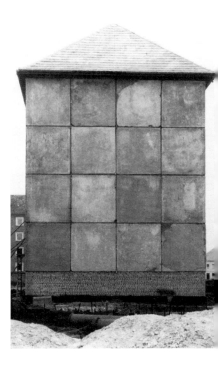

Abb. 9
Rohbau des Großplattenbaus in Lübbenau von 1958

Versuch einer Bilanz

1962, sieben Jahre nach dem Beschluss zur Industrialisierung des Bauwesens, wurden 64 % der insgesamt 80.000 Neubauwohnungen in Montagebauweisen ausgeführt, davon 52 % in Großblockbau (41.600) und 12 % in Großplattenbau (9.600).[29] In relativ kurzer Zeit war es also gelungen, neue, effektivere Wohnungsbausysteme und die Voraussetzungen für deren Produktion zu schaffen. Dies war das Ergebnis zielstrebiger wissenschaftlich-technischer und experimenteller Vor- und Begleitarbeit von Ingenieuren und Architekten seit Anfang der 1950-Jahre. Ausgangs- und Angelpunkt der Entwicklung der Fertigteilbausysteme waren immer die Aspekte der Wirtschaftlichkeit in komplexer Sicht, d. h. von der Produktion geeigneter Materialien über die Vorfertigung und den Transport bis zur Montage und Fertigstellung des Gebäudes. Gerade vor Beginn des Großblock- und Großplattenbaus wurde intensiv geforscht, letztlich um die höhere Effektivität dieser Bauweisen gegenüber dem herkömmlichen Mauerwerksbau nachzuweisen, aber auch, um die richtigen Strategien für ihre Einführung zu entwickeln.[30] Auch wenn ich es hier nicht durch generalisierte Zahlen belegen kann, gehe ich davon aus, dass Großblock- und Großplattenbau schon damals ihre Wirtschaftlichkeit gegenüber dem handwerklichen Bauen bewiesen hatten – hinsichtlich der Verringerung der Baugewichte (Materialersparnis), Verkürzung der Bauzeiten, weniger Arbeitskräfte, Senkung der Baukosten, insgesamt einer Steigerung der Arbeitsproduktivität. Die Verdoppelung des jährlichen Wohnungsbaus ab 1957 ist zweifellos den Fortschritten der industriellen Bauproduktion geschuldet. Allerdings konnte die erforderliche und von der Regierung ab 1960 geforderte Anzahl von jährlich 100.000 Neubauwohnungen erst 1976 erreicht werden (bei einem Anteil von rund 75 % Montagebauweisen).

Die Einführung der Montagebauweisen in der DDR erfolgte nicht isoliert von aktuellen internationalen Tendenzen und Erfahrungen. Der Entwicklungsstand des Fertigteilbaus in den westlichen Ländern war bekannt, wurde in der Literatur öfter zitiert und diente sicherlich als Anregung für Eigenentwicklungen.[31] Hauptsächlich aber wurde der in der Sowjetunion und anderen sozialistischen Ländern vorhandene wissenschaftlich-technische Vorlauf des Montagebaus genutzt. Es entstanden jedoch weit gehend eigenständige, den Bedürfnissen und Möglichkeiten der DDR entsprechende Lösungen. Gegenüber der internationalen Vielfalt der Montagebauweisen (im Westen wie auch in der Sowjetunion oder der Tschechoslowakei) fällt die Beschränkung auf zwei Bausysteme auf, letzlich sogar auf nur eines, denn der Großblockbau galt als Übergang zum Großplattenbau. Diese Bescheidung mag ökonomisch vernünftig und auch auf die Wirtschaftskraft des Landes abgestimmt gewesen sein, zumal sich der Plattenbau international als effektiv erwiesen hatte. Mir scheint aber, dass diese Einengung mit eine Ursache für die Defizite im industriellen Wohnungsbau spätestens seit 1970 ist.

Von Anfang an bestimmte die Frage nach dem Verhältnis von Industrialisierung und Architektur die Diskussion, da die maschinelle Bauproduktion nicht nur die gewohnten und tradierten Gestaltungsmöglichkeiten einschränkte, sondern auch – und das halte ich aus Sicht der Architektur sogar für noch gravierender – neue Bedingungen für die Organisation der Wohnung, der Wohnweise, des sozialräumlichen Lebensmilieus mit sich brachte. Daher wurde über die baukünstlerische Gestaltung der Montagebauten und die Akzeptanz einer neuen, nämlich »industriellen Ästhetik« ebenso heftig gestritten wie über die Typisierung der Wohnungen und die städtebaulichen Zwänge der maschinellen Serienproduktion (z. B. die Diktatur der Kranbahn mit der Folge des stringenten Zeilenbaus). Im Prinzip handelte es sich um die gleiche Herausforderung, der sich schon die Pioniere der 1920er-Jahre, etwa Walter Gropius oder Ernst May, gegenüber gesehen hatten, nämlich trotz wirtschaftlicher und technischer Zwänge eine hohe Nutzungs- und Gestaltqualität zu erreichen. In den hier betrachteten frühen Jahren des Montagebaus der DDR wurden im Kontext mit der technischen Systementwicklung prototypische architektonische Lösungen für den industriellen Wohnungsbau erarbeitet. Sie fanden in den 1960er-Jahren, bereichert und differenziert, in großer Breite Anwendung. Ihre Gestaltungsweise folgte dem rationalistischen »Neuen Bauen« der 1920er-Jahre und der aktuellen modernen westlichen Architektur. Die verschiedenen Entwicklungsstufen wurden von einer öffentlichen und fachlichen Diskussion um die Durchsetzung der kulturellen (architektonischen) Bedürfnisse gegenüber den zwingenden ökonomischen Forderungen begleitet. Sie zeitigte zweifellos, wenn auch erst spät, seit Anfang der 1980er-Jahre, Fortschritte in der Systementwicklung hinsichtlich größerer Variabilität und Anwendung für individuelle Lösungen. Letztlich aber haben es Wirtschafts- und Baupolitik der DDR nicht vermocht, das Verhältnis zwischen den technisch-ökonomischen und den sozial-kulturellen Parametern des industriellen Wohnungsbaus befriedigend zu optimieren.

Anmerkungen

1 Beschluß des Ministerrates der Deutschen Demokratischen Republik vom 21. April 1955 über die wichtigsten Aufgaben im Bauwesen sowie Berichte und Empfehlungen der Arbeitsgruppen zum Beschlußentwurf. Berlin 1955, S. 7 f. – Beschluss auch in: Gesetzblatt der DDR I, S. 297ff. – Die Baukonferenz fand vom 3. bis 6. April 1955 statt.
2 Vgl. Serienfertigung im Wohnungsbau. Leitfaden. Deutsche Bauakademie, Berlin o. J. (1959), S. 23 ff.
3 Zur Ergänzung verweise ich auf das Buch von Christine Hannemann: Die Platte. Industrialisierter Wohnungsbau in der DDR. Braunschweig / Wiesbaden 1996. In ihm ist die Baupolitik ausführlich behandelt und gewertet.
4 Holger Barth / Lennart Hellberg: Otto Haesler und der Städtebau der Deutschen Demokratischen Republik in den fünfziger Jahren. Ein Architekt zwischen sozialem Realismus und realem Sozialismus. Hannover 1992, S. 127–136, S. 154–169. – Otto Haesler: Mein Lebenswerk als Architekt. Berlin 1957, S. 85 f.
5 Walter Pisternik: Das Baujahr 1950. In: Die Deutsche Bautagung anläßlich der Leipziger Messe im Frühjahr 1950 am 8. März. Leipzig 1950, S. 20–30, hier S. 27.
6 Otto Haesler: II. Industrielles Bauen. Eine kulturpolitische Planung. Erste Komplexlösung des Problems. Wilhelmshorst 1958. Im Haesler-Dokumentationszentrum Celle (nach Barth, wie Anm. 3, S. 154 ff.).
7 K.-H. Schultz: Ein achtgeschoßiges Wohnhaus aus Stahlbeton-Fertigteilen. Erprobungsbau im Nationalen Aufbauprogramm Berlin 1952, Stalinallee, Bauplanung und Bautechnik 6 (1952,) Heft 13, S. 458 f. und Abb. S. 456. – Siegfried Speer: Spannungsoptische Untersuchung eines Stockwerkrahmens des Hochhauses Stalinallee Abschnitt C – Nordblock, Bauplanung und Bautechnik 7 (1953), Heft 2, S. 49–52.
8 Handbuch für Architekten. Berlin 1954, S. 553–561.
9 O. H. Ledderboge: Die Großblockbauweise in der DDR. Entwicklungsstand und ökonomischer Vergleich mit anderen Bauweisen. Referat auf der Großblockkonferenz des Ministeriums für Aufbau am 24. 10. 56 in Berlin. In: Deutsche Bauakademie, Forschungsinstitut für Bautechnik, Mitteilungen 8 (1956), S. 5–9.
10 K.-H. Schultz: Die Entwicklung der Plattenbauweise zur vollindustriellen Fertigung von mehrgeschossigen Wohngebäuden. Ein Versuchsbau der Deutschen Bauakademie, Bauplanung und Bautechnik 8 (1954), Teil 1: Heft 8, S. 337–341; Teil 2: Heft 9, S. 378–386.
11 Hanns Hopp: Kleiner Beitrag zu einem großen Problem, Deutsche Architektur 4 (1955), Heft 2, S. 92 f.
12 Herwig Hrussa: Großblockbauweise in Magdeburg, Deutsche Architektur 5 (1956), Heft 11, S. 495–499 und 7 (1958), Heft 4, S. 188 f.
13 Johannes Gartz / Günter Lüddecke: Großblockbauweise in Gera, Deutsche Architektur 5 (1956), Heft 7, S. 302–309. – Werner Lonitz: Wohnungsbau Gera. 400-kg-Ziegelgroßblockbauweise, Deutsche Architektur 7 (1958), Heft 3, S. 125–128. – Vom individuellen Projekt zum Typenprojekt. Industrialisierter Wohnungsbau in Gera-Nord (Biblach) – Ziegelblockbauweise, Deutsche Architektur 8 (1959), Heft 7, S. 366 f. – Werner Lonitz: Industrialisierter Wohnungsbau in Jena-Nord – Ziegelgroßblockbauweise, Deutsche Architektur 8 (1959), Heft 2, S. 82 f.
14 Leopold Wiel: Wohnbauten aus vorgefertigten Teilen für Berlin-Karlshorst, Deutsche Architektur 6 (1957), Heft 1, S. 6 f. – Horst Lehmann: Großblockbaustelle Berlin-Karlshorst, Bauplanung und Bautechnik 11 (1957), Heft 7, S. 327–330.
15 Gerhard Rohn u. a.: Projektierung von Wohnbauten in Großblockbauweise, Deutsche Architektur 5 (1956), Heft 3, S. 114–119. – Neue Wohnhäuser an der Borsbergstraße, Deutsche Architektur 8 (1959), Heft 3, S. 129–132.
16 Wohnungssonderbauprogramm in Dresden-Johannstadt, Deutsche Architektur 6 (1957), Heft 3, S. 121–123. – Neue Wohnhäuser in Dresden-Johannstadt, Deutsche Architektur 8 (1959), Heft 3, S. 127 f.
17 Herbert Grothe: Experimentalbau der Großblockbauweise in Leipzig, Deutsche Architektur 10 (1961), Heft 11, S. 607–610; vgl. auch Deutsche Architektur 10 (1961), Heft 4, S. 225 (Paneelkonstruktion Außenwand und Dachkonstruktion). – Rolf Seiß: Experimentalbau Q 6b in Gera, Deutsche Architektur 10 (1961), Heft 11, S. 611–615.
18 Rudolf Kleinmichel: Offene Betonwerke, Deutsche Architektur 6 (1957) 4, S. 221–224.
19 Ernst Lewicki: Der Stand der Mechanisierung im industriellen Bauen, Teil 2: Massenfertigung von Beton- und Stahlbetonfertigteilen, Deutsche Architektur 9 (1960), Heft 10, S. 570–575.
20 Helmut Mende: Das Großplattenwerk von Hoyerswerda, Deutsche Architektur 5 (1956), Heft 2, S. 62–69.
21 Lothar Heinrich: Anwendung der Plattenbauweise mit offener, ortsveränderlicher Fertigungsanlage beim Aufbau der Neustadt von Lübbenau, Bauplanung und Bautechnik 13 (1959), Heft 6, S. 243–247.
22 Projektiert, gebaut, bewohnt. Zusammenstellung von Projekten industrieller Wohnungsbauten in der DDR. Berlin 1968, S. 55–60.
23 Ebd. S. 61–64.
24 Architekturführer DDR, Bezirk Rostock. Berlin 1978, S. 41.
25 Heinz Bärhold: Die ersten Wohnhäuser in Großplattenbauweise in Berlin, Deutsche Architektur 9 (1960), Heft 3, S. 137–140.
26 Erhardt Gißke: Der Aufbau des Berliner Stadtzentrums beginnt, Deutsche Architektur 9 (1960), Heft 3, S. 128–131. – Heinz Bärhold: Gedanken zur Großplattenbauweise an der Stalinallee, Deutsche Architektur 9 (1960), Heft 6, S. 297–300, 578 f.
27 Wilfried Stallknecht / Herbert Kuschy / Achim Felz: Muster- und Experimentalbau P 2 in Berlin, Deutsche Architektur 11 (1962), Heft 9, S. 499–518. – Projektiert, gebaut, bewohnt, wie Anm. 22, S. 147–150.
28 Deutsche Architektur 13 (1964), Heft 5, S. 252–265. – Projektiert, gebaut, bewohnt, wie Anm. 22, S. 151–154.
29 Nach Diagrammen in: Chronik des Bauwesens der Deutschen Demokratischen Republik 1945–1971. Berlin 1974, Anlagen S. 5 f. – Vgl. dazu auch Chronik des Bauwesens 1976–1981. Berlin 1985, Diagramme Anlage S. 4.
30 Vgl. vor allem die Arbeiten von Ledderboge, wie Anm. 9, und O. H. Ledderboge: Technisch-ökonomische Grundlagen der Großblockbauweise. In: Deutsche Bauakademie, Forschungsinstitut für Bautechnik, Mitteilungen 14 (1957).
31 Gerhard Zilling: Zum Entwicklungsstand des industriellen Wohnungsbaus in einigen kapitalistischen Ländern, Deutsche Architektur 5 (1956), Heft 9, S. 432–437.

Abb. nächste Doppelseite
Shedhalle der Ina-Werke in Lahr
1958. Archiv der Züblin AG

Peter Sulzer

Meine Erfahrungen im Großtafelbau 1960–1965

Ich hatte zuerst Malerei studiert. HfG Ulm. Schüler von Konrad Wachsmann. Egon Eiermann. Stipendium in Paris, wo ich 1959 Jean Prouvé traf, über den ich seit über 20 Jahren arbeite: Industrialisierung leicht!

Aber Jean Prouvé ging es damals nicht gut, er konnte mich nicht bezahlen … Da aber der Großtafelbau, die »Schwere Vorfabrikation« boomte, kam ich zu CAMUS.

Raymond Camus war Ingenieur bei CITROËN, erbte eine kleinere Baufirma … wandte Denkmethoden der Automobilindustrie auf das Bauen an. Er selbst dachte sich vor allem Fabriken/Fertigungsverfahren aus. Er setzte sich über vieles hinweg, was im Bauen so üblich war.

Ein paar Beispiele:

- Die Stahlschalungen wurden auf 130°C beheizt – die Endfestigkeit war ok. Vier Teile wurden in 24 Stunden in einer Form produziert.
- Es wurden Forschung und Entwicklung betrieben, die Erfahrungen aus allen Werken, d. h. über 50 Wohnungen pro Tag … ausgewertet.
- Möglichst viele Vorgänge in die Fabrik verlegt (fertige Fassaden mit Fenstern und Fliesenoberfläche, Wärmedämmung, Installationen / Elektro, Heizung, Lüftung, Wasser, Abwasser … in die Betonelemente integriert …)
- und besonders wichtig: Camus verstand es, Nachfrage zu bündeln. Die Auftraggeber waren meist Mehrheitsaktionäre an den Werken … 5, 7 Jahre lang sichere Aufträge …

Camus verstand es, Nachfrage zu bündeln. Die Auftraggeber waren meist Mehrheitsaktionäre an den Werken … 5, 7 Jahre lang sichere Aufträge …

… die »schwere Vorfabrikation« boomte …

Dies alles musste erfunden, konstruiert u

Mein Arbeitsplatz war im Werk Forbach (Lothringen), von wo aus die Geschäfte im deutschsprachigen Raum geplant und abgewickelt wurden (Hamburg, später Wien). Mein Direktor, Absolvent der École polytechnique, war ein Ingenieur und Manager (auch er kam von CITROËN), den ich noch heute bewundere. Beispiele:

- Für die neue Serie wussten wir im technischen Büro im Juni, welche Form an welchem Tag im Dezember umgerüstet wird.
- Beschrankte Bahnübergänge wurden in der Kalkulation berücksichtigt.
- In Auftragsverhandlungen benutzte er Kurven, Preise, 2-Spänner, 4 Geschosse, DIN-Normen Kosten ± 5 % ... Wenn Sie es genauer wissen wollen ... 4 Monate ... dann Kalkulation ...

1960 arbeiteten Werke nach dem Camus-System. Paris (zwei Werke), Forbach, Kanada, Algerien, England, Hamburg, Wien – und zwei große Werke (Baku, Taschkent) in der UdSSR. (Die Pläne, Statik, alles wurde in Paris gemacht ...). Die hauptsächlichen Konkurrenten waren Larsen & Nielsen, Jespesen in Dänemark, Coignet, Barez, Tracoba in Frankreich, dann auch deutsche Baufirmen.

Technik:
Es wurden raumgroße Elemente gefertigt: alle Wände tragend, zweiachsig gespannte Decken. Außenwände als ‚Sandwich' mit Wärmedämmung aus Polystyrolschaum, gefertigt in Stahlschalungen aus gefrästen Stahlprofilen (Toleranzen, Beheizung ...)

- Batterieschalungen: Innenwände,
- beheizte Kipptische für Außenwände (auch Decken),
- feste Tische für Decken,
- komplexe Formen für Installationswände und Zellen ...

Für die Jüngeren:
Dies alles musste erfunden, konstruiert und selbst gebaut werden (es gab keine Zulieferer ... das kam später).
Bei Camus haben wir Prototypen gebaut, z. B. für den Nassbereich mit allen Leitungen ... Qualitätskontrollen durchgeführt, z. B. die Wasseraufnahme des Styropor vor dem Entladen der Waggons, z. B. Lichtschalter ... Fugendichtungen, Versuche ...

Die Architekten:
waren für diese (neuen) Aufgaben schlecht gerüstet (École des Beaux Arts!). Dass diese langen Zei-

Beschrankte Bahnübergänge wurden in der Kalkulation berücksichtigt.

Für die neue Serie wussten wir im technischen Büro im Juni, welche Form an welchem Tag im Dezember umgerüstet wird.

selbst gebaut werden.

Die Architekten waren für diese (neuen) Aufgab

... nachdem Camus den Auftrag nicht bekam, wurde alles in Ortbeton realisiert ...

Probleme: die Leute in den Werke

hlecht gerüstet.

In einem Chemiewerk montierten wir einen 9-geschossigen Bau 100 m lang mit 4 Monteuren in 9 Wochen.

Beton und Großtafelbau war ja fast schon eine Bedingung.

Das haben wir schon immer so gemacht!«

len etwas mit den Kranbahnen zu tun hätten, ist nicht wahr: Die langen Zeilen wurden an der École des Beaux Arts (bei Eugène Beaudouin) gelehrt. Für die gekurvten Gebäude für Emile Haillaud verlegten wir die Kranbahnen in Kurven ...

Der Architekt, für den wir in Lothringen bauten, kam zu mir ins Büro, um sich die Maßketten aus unseren 1 : 20 abzuschreiben ... Die Farben der Balkons bestimmte er nach seiner Schmetterlingssammlung ... Mit meinem Chef fuhren wir nach Paris, um bessere Grundrisse durchzusetzen ... Und der deutsche Architekt (5000 Wohnungen) zeichnete keinen Strich, wir zeichneten in Frankreich, bekamen »Korrektur« – nachdem Camus den Auftrag nicht bekam, wurde alles in Ortbeton realisiert ...

Bevor die Firma Camus von einem Multi ‚gefressen' wurde, hat Raymond Camus Stahlraumzellen und Kunststoffaußenwände entwickelt – er war kein Betonunternehmer ... Ich habe bei Camus sehr viel gelernt, was mir bei späteren Arbeiten sehr zu Nutze kam.

Fragen, die ich mir heute stelle:
- Wieso waren die Architekten so schlecht vorbereitet?
- Sind diese Bauten wirklich schlecht? Alle?
- Hat jemand die heutigen Bewohner gefragt?
- Wissen die Bewohner überhaupt, dass die Bauten vorgefertigt wurden ...?

Weil ich etwas vom Großtafelbau verstand, kamen interessante Aufgaben auf mich zu (nur kurz): Flexible Wohnungen (mit Schneider-Esleben). Alle arbeiteten Anfang der 1960er-Jahre an diesem Thema. Die meisten Vorschläge gingen von veränderbaren Grundrissen auf gegebener Wohnfläche aus (Wettbewerbe, Veröffentlichungen). Wir gingen von der These aus, die Wohnungsgrößen selbst verändern zu können (vielleicht nach 10, 20 Jahren). Beton und Großtafelbau war ja fast eine Bedingung – damals [ich war zwischenzeitlich in den USA, hatte erlebt, dass Wohnhochhäuser abgerissen wurden, weil die Wohnungen zu groß waren ...].

Der Grundgedanke: aneinander gereihte Kleinwohnungen, die man durch Türverbindungen zusammenkoppeln und wieder trennen kann. Dazwischen immer wieder Gemeinschaftsräume.

Mit meiner Erfahrung im Großtafelbau war ich für »imbau« interessant, die damals in den Großtafelbau einsteigen wollten (hatten vor allem Industriehallen und Skelettbauten gemacht). (Natürlich im Team) entwickelte ich ein Großtafelsystem mit tragenden Längswänden für Bettenhäuser von psychiatrischen Kliniken, in denen auch größere Gemeinschaftsräume unterzubringen waren. Realisiert in den frühen 1960er-[Jahren].

Wissen die Bewohner überhaupt, dass die Bauten vorgefertigt wurden ...?

Sind diese Bauten wirkli

Wir gingen von der These aus, die Wohnungsgrößen selbst verändern zu können (vielleicht nach 10, 20 Jahren).

Für dasselbe Unternehmen entwickelte ich dann ein Skelettsystem, das von 1965 an unter dem Namen »catalog« in zehn Werken (imbau, Hochtief) hergestellt wurde. Viele 100 Bauten ... Das ist ein unterzugloses System, bei dem die weit gespannten trogförmigen Decken direkt auf den Konsolen der Stützen aufgelagert sind. Wesentlich für den Erfolg war sicher die Durchlässigkeit des Systems für Installationen, sowohl vertikal als auch horizontal. Das war natürlich nicht so, dass der Vorstand der Unternehmen den Auftrag erteilte: »entwickeln Sie ein Skelettsystem für Geschossbauten ...«. Ich stand vor dem Problem, an einen Bürobau (von Max Bill) mit sehr geringen Geschosshöhen anzubauen ... Dafür dachten wir uns das unterzuglose System aus. Ein weiteres Bürogebäude in einem anderen Werk ... diese Eigenbauten waren die ‚Prototypen'. Eine Deckenschalung wurde von Werk zu Werk transportiert ...

Dann kam eine Ausschreibung für zwei Schulen, wir boten das neue Skelett an ... weitere Bürobauten, ein Laborgebäude ... ein Prospekt, weitere Aufträge – das war die 1. Systemvariante. Schließlich zusammen mit Hochtief die Gründung einer Entwicklungsfirma. Etwas weiter vom Tagesgeschäft entfernt wurde die 2. Systemvariante entwickelt: Weit gespannte Decken machten ein neues Konsoldetail erforderlich ... Entwicklungsarbeit ... Versuche ...

Wirkliche Erfindungen: (in Dortmund wurden uns zwei Baustellen eingestellt, weil das Landesprüfamt ... Gutachter ... es ging weiter). Schon Mitte der 1960er-Jahre setzten wir die EDV ein (Kalkulation, Statik), führten rationale Planungsmethoden ein, betrieben Marketing ... Probleme: die Leute in den Werken: »Das haben wir schon immer so gemacht« ...

Ein Plus war die große Zeitersparnis: Sobald ein Auftrag einging, gaben wir die Teilenummern per Telex (Fax gab's noch nicht) an das Werk, am nächsten Tag konnte produziert werden ... In einem Chemiewerk montierten wir einen 9-geschossigen Bau 100 m lang mit 4 Monteuren in 9 Wochen (einschließlich der Treppenhäuser und Außenwände). Wir haben das Schweißen eingeführt, einen neuen Stützenstoß erfunden ... (soll ich ihn anzeichnen?).

Leider fand ich in den Baukonzernen kein Management, wie ich es von Camus kannte ... kein grünes Licht für eine Neuentwicklung ... ich ging ... wurde 1969 nach Stuttgart berufen ... versuchte 28 Jahre lang, Studierende für solche Aufgaben vorzubereiten ... habe mit Studenten in der Industrie gearbeitet, Versuchsbauten realisiert, gemessen ... geforscht.

Der Text gibt Prof. Peter Sulzers Tagungsbeitrag vom 12. 10. 2001 in formaler Annäherung an dessen handschriftliches Redeskript wieder.

Der Grundgedanke: aneinander gereihte Kleinwohnungen, die man durch Türverbindungen zusammenkoppeln und wieder trennen kann.

chlecht? Alle?

Eine Deckenschalung wurde von Werk zu Werk transportiert.

Roland Krippner

Bausysteme aus Stahlbeton – Lernen von den Sechzigern?

Zunächst mag trotz diverser 1960er-Jahre Revival in Kunst, Design, Mode und Musik der aktuelle Bezug auf die Architektur jener Jahre überraschen, die als »*Bauwirtschaftsfunktionalismus*« und »*schlimmste[s] Kapitel der neueren Baugeschichte*«[1] in Deutschland subsumiert wird. Der Blick zurück lohnt indes, weil nicht nur Schlagworte wie »Urbanität durch Dichte«, »Flexibilität baulicher Strukturen« und »Bauen mit (Beton-)Fertigteilen« heute wieder beinahe wortwörtlich in gesellschaftlichen und architektonischen Diskussionen zu finden sind. Das wiedergeweckte Interesse gilt insbesondere dem Arbeitsfeld für Architekten und Ingenieure, für das vielleicht im besonderen Maße die Werbebotschaft der Betonindustrie zutrifft: »Es kommt drauf an, was man draus macht« – aus den Bausystemen aus Stahlbeton.

In den Sechzigern (und frühen Siebzigern) avancierten das Bauen mit Fertigteilen und die Arbeit an Bausystemen nahezu zum Inbegriff zeitgenössischer Architektur. Nach dieser Blütephase gab es einen Bruch. Die meisten Protagonisten orientierten sich um und besetzten neue Aufgabenfelder. Das Bauen mit System(en) verschwand von der (tagesaktuellen) Agenda oder überdauerte in Nischenbereichen.

In der Praxis hatten sich die Bausysteme nicht mit der erhofften Breitenwirkung durchgesetzt und wurden durch eine Vielzahl mediokrer, baufunktionalistischer Lösungen als architektonische Alternative diskreditiert. Dies lag zum Einen an großmaßstäblichen Anlagen, die im Detail interessante Ansätze zeigten, aber in der Gesamtform häufig nicht zu überzeugen wussten. Zum Anderen waren die Systeme mit einer Vielzahl von Leistungsmerkmalen überfrachtet, die eher selten die antizipierten konstruktiven Erleichterungen und verringerten Baukosten einbrachten.

Nun scheint dem Systembau angesichts ökologischer und ökonomischer Herausforderungen an das Bauen sowie neuer technologischer Fertigungsverfahren wieder neue Prosperität beschert.

Zur Architektur der sechziger Jahre

In der Architektur bilden die 1960er-Jahre einen Zeitabschnitt, dessen Anfang und Ende nur schwer zusammenzuspannen sind.[2] Trat zu Beginn der Architekt noch oder schon wieder als Demiurg auf, diskutierten Studenten keine zehn Jahre später gar den Verzicht auf das Bauen. Auch die Rezeption offenbart sehr disparate Einschätzungen dieser Zeit. Die enorme Entfaltung wirtschaftlicher Macht war damals bestimmend. Sie führte zur Reduktion des Bauens auf reine Zweckdienlichkeit ohne Rücksicht auf den Kontext, insbesondere die historische Stadt. Doch die Einengung des Bauschaffens jener Jahre auf verdichtete Großzentren, Flächensanierung in den alten Stadtkernen sowie hypertrophe Verkehrsplanungen greift zu kurz. Vielmehr kann man hinter der Fülle des Hochbauvolumens der Zeit zwischen 1960 und 1975 eine andere Architektur entdecken, visionäre Ideen und stupende Realisierungen, die zumindest in Fachkreisen Aufmerksamkeit und Vorbildfunktion erlangten.[3]

Die Sechziger waren eine »*Epoche der Form-Erfindungen*«[4] und wurden von technischen und baukonstruktiven Entwicklungen gerade in den Hüllkonstruktionen geprägt. Neue Fassadensysteme

Abb. vorherige Doppelseite
Wohnstadt Asemwald in Stuttgart-Plieningen von Otto Jäger und Werner Müller.
1143 Wohneinheiten
1968–1972, gebaut für die Neue Heimat Baden Württemberg

und die leichten Flächentragwerke von Frei Otto sind nur einige Beispiele. Auch wenn ein Großteil der viel diskutierten Utopiekonzepte jener Jahre, von Richard Buckminster Fuller über die japanischen Metabolisten bis hin zu den Arbeiten der englischen Archigram-Gruppe, außerhalb der Landesgrenzen entstanden, wurden auch in Deutschland konzeptionelle und baupraktische Experimente von Architekten wie Eckehardt Schulze-Fielitz und Rudolf Doernach oder Wolfgang Döring und Richard Dietrich durchgeführt.

Wissenschaft und Industrie als Voraussetzung für eine zeitgemäße Baukultur

Der Beginn des Jahrzehnts war von Technikeuphorie geprägt. In der Industrialisierung des Bauens sah man den Weg zu einer neuen Architektur vorgezeichnet. Mit großem Enthusiasmus arbeiteten Architekten und Ingenieure an der Umsetzung des von Konrad Wachsmann 1959 postulierten Wendepunkts im Bauen,[5] der Suche nach neuen Wegen einer zeitgemäßen Baukultur, auf der Basis industrieller Produktionsmethoden.

Die zunehmende Ökonomisierung der Gesellschaft wirkte sich auch auf den Bausektor aus. In der Industrie waren die systematische Erfassung und Berechnung von Energiezufuhr, Materialweg und Produktionsfluss bereits Grundlage betriebswirtschaftlicher Optimierung. Nun wurden auch im Planen und Bauen wissenschaftliche Methoden eingesetzt.[6]

Die veränderten Rahmenbedingungen und größer und komplexer werdende Bauaufgaben erforderten eine geänderte Vorgehensweise: Anhand von Methoden der »Allgemeinen Systemtheorie« und mit morphologischen Verfahren klassifizierte und zerlegte man das Bauen nun in Systeme, Sub- und Teilsysteme, mit einer Vielzahl an (bestimmten und unbestimmten) Parametern. Allerdings drohte dabei zwischenzeitlich statt einer hilfreichen Erweiterung des (planerischen) Instrumentariums eine Polarisierung von Architektur versus Wissenschaft.[7]

Die Welt der Industrie und ihre maschinelle Technologie zur Herstellung von Bauteilen und -elementen wurde für einige Architekten und Ingenieure zentrales Thema ihres Werkschaffens. Neben Konrad Wachsmann war insbesondere Jean Prouvé ein wichtiger Impulsgeber. Er verband in seinen Pionierarbeiten zur Systematisierung des Bauens und in seinen technologischen Entwicklungen ingeniös wissenschaftliche Methodik und industrielle Fertigungstechnik.

Zum Systemgedanken in der Architektur

Obwohl der Systembegriff in der Welt des Bauens allgegenwärtig ist – er wird in verschiedensten Zusammenhängen verwendet, vom Bausystem bis hin zu Fassaden-, Ausbau-, Sanitär- oder Farbsystemen –, ist seine Verwendung vielfach unscharf, bis heute gibt es keine verbindliche Definition. Als grundlegendes Merkmal des Systemgedankens steht jedoch fest, dass er eine integrale, systematische Betrachtung des Planens und des Bauens einfordert, d. h. die Verknüpfung von Planung, Ausschreibung, Produktion, Montage, Nutzung sowie Demontage und Remontage, bei der die Methodik des Fügens einen zentralen Stellenwert einnimmt.

Anfang der 1960er-Jahre avancierte das »*wachsende ... Gebäude*«[8] zum architektonischen Leitbild einer Gesellschaft, der ein rigoroser, ständiger Wandel prognostiziert wurde: »*Unsere Zeit wird von permanenter Veränderung bestimmt. Allmählich hat man in allen Bereichen erkannt, daß Fixierungen nicht mehr möglich sind.*«[9] Die Entwurfsparameter lauteten: große Anpassungsfähigkeit an sich ständig wandelnde Bedingungen, Offenheit für jede Nutzung, Flexibilität, Variabilität und Multifunktionalität – sowohl für die Architektur als auch für den Städtebau.[10] Blieb die technische und gesellschaftliche Machbarkeit der Großsysteme, d. h. vor allem der Stadtbaukonzepte, auch Projekt, flossen diese Experimente doch in modifizierter und verkleinerter Form in die allgemeine Architekturpraxis ein.

Ein viel diskutiertes Konzept jener Jahre war die Metastadt. Als Alternative zum Stadtbau auf der grünen Wiese entwickelt, bildeten bei diesem Projekt größtmögliche Anpassungsmöglichkeiten der baulichen Struktur den Ausgangspunkt der Planungen.

Ein interdisziplinäres Team um den Architekten Richard Dietrich arbeitete an dem Versuch zur Technik der neuen Stadt: industriell vorgefertigt, multifunktional, hochverdichtbar, anpassungsfähig, räumlich organisiert, regenerationsfähig. Trotz eines positiven Echos führte die Rezession Anfang der 1970er-Jahre zur Aufgabe der geplanten und beauftragten Stadterneuerungsprojekte. Einzige Realisierungen blieben 1973 der Neubau der Okal-Hauptverwaltung in Lauenstein, dem beteiligten Industrieunternehmen, sowie ab 1974 die Metastadt in Wulffen, die jedoch zwölf Jahre später wieder abgebrochen wurde.[11]

Mitte der 1960er-Jahre erfolgte die Auslobung eines Wettbewerbs zur »Entwicklung industriell gefertigter Wohnungseinheiten« durch die »Europäische Gemeinschaft für Kohle und Stahl« (EGKS). Über 3000 Architekten und Ingenieure aus 53 Ländern meldeten sich zur Teilnahme, ein deutliches Zeichen für den Enthusiasmus, den das (Zukunfts-)Thema in den Planungsbüros weckte. 1967 wurde der »System-Baukasten« von einer Arbeitsgruppe um Jochen Brandi mit einem ersten Preis ausgezeichnet. Er wurde in Berlin im Rahmen eines Versuchsbaus (1974–1990) in mehreren Bauabschnitten realisiert. Das Ergebnis spiegelt auch heute noch auf faszinierende Weise die architektonischen Potenziale des Systembaus.[12]

Gewerbebauten von Angelo Mangiarotti

Bei Gewerbebauten ist die Vorfertigung und der Einsatzbereich von Bausystemen weit verbreitet,[13] wobei gerade bei dieser Bauaufgabe Zweckfunktionalität und Kostenaspekte die Erscheinungsform der Gebäude dominier(t)en. Ein Architekt, der sich in diesem Bereich seit Anfang der 1960er-Jahre eingehend mit der Entwicklung von Bausystemen aus Stahlbeton auseinandersetzte, ist der italienische Architekt und Designer Angelo Mangiarotti.[14]

Eines seiner ersten Bausysteme realisierte er 1964 für die Firma Elmag in Lissone. Das Tragwerk besteht aus drei vorgefertigten Elementen. Charakteristisches Element ist die Stütze mit dem hammerkopfförmigen Endstück. Neben baukonstruktiven Aspekten bestimmten auch Anforderungen an den Transport die Dimensionen der Träger. Dieses Bausystem avancierte zu einem äußerst erfolgreichen Produkt und wurde in den nachfolgenden Jahren in über 100 Projekten eingesetzt.

Beim System »U 70 Isocell« (1969) handelt sich um eine Weiterentwicklung früherer Arbeiten. Der trapezförmige Stützenkopf ist in zwei Stege aufgelöst, auf denen jeweils die trogförmigen Träger aufgesetzt werden. Die Bauhöhe der Träger bleibt bei unterschiedlicher Spannweite konstant,

Abb. 1
Bausystem U70 Isocell, Angelo Mangiarotti, Brianza/Como 1969

Abb. 2
Bausystem Facep, Angelo Mangiarotti, Bussolengo/Verona 1976

Abb. 3
Universität Marburg/Lahn, Helmut Spieker, Bereich Naturwissenschaften, 1967–1971

Abb. 4
Wohnanlage Genter Straße, Otto Steidle mit Doris und Ralph Thut und Jens Freiberg, München, 1969–1972

Querschnitt und Bewehrung sind dem Kräfteverlauf entsprechend ausgebildet. Durch die gleiche Bauhöhe von Trägern und Deckenplatten liegen Fassaden und Innenwände in einer Anschlussebene und ermöglichen infolge dieses Systemmerkmals Änderungen im Ausbau und die Erweiterung des Gebäudes je nach Bedarf.

1972 entwickelte Mangiarotti das Mehrzweck-Bausystem »Briona«, das sich aus insgesamt neun standardisierten Stahlbetonfertigteilen zusammensetzt. Hier übersetzt er das klassische Prinzip des Tragens und Lastens in die Technologie und Ästhetik von Betonfertigteilen. Durch die Art der Detaillierung der Tragwerksteile und die Ausbildung der Traufe kann dieses System als Neuinterpretation des »Gebälk«-Themas gelesen werden.

Ein besonders anschauliches Beispiel für Mangiarottis Arbeitsweise stellt das 1976 für einen Ausstellungsraum mit Werkstatt in Bussolengo bei Verona entwickelte Bausystem »Facep« dar. Die Stützen, mit durchlaufendem H-förmigen Querschnitt, haben als Kopfstück einen 31 cm langen Dorn, dessen Profil dem Querschnitt des gespreizten Trägerstegs als komplementäre Form entspricht; er dient zur Kippsicherung. Der Träger mit seiner ausgeprägten Figürlichkeit, die sich wesentlich aus bautechnischen Überlegungen ableitet, verleiht dem System eine starke architektonische Signifikanz.

Die ausgewählten Beispiele spiegeln einen Arbeits- und Entwicklungsprozess wider, in dem die plastische Formgebung einen großen Stellenwert einnimmt. Sie zeigen, dass die Arbeiten Mangiarottis im Bereich der Bausysteme aus Stahlbeton nichts von ihrer Aktualität und richtungsweisenden Kraft eingebüßt haben.

Das Marburger Bausystem

Gerade bei den Erweiterungen bzw. Neugründungen der Universitäten wurden wissenschaftliche Methoden eingesetzt, um Gesamtplanungen zu entwickeln, welche die internen Zusammenhänge, aber auch die infrastrukturelle Organisation erfassen und abbilden sollten. Darüber hinaus mussten sowohl bei der Standortwahl (spätere Ausbaustufen) als auch in der Grundkonzeption (Erweiterungsflächen) häufig ausreichende Entwicklungsmöglichkeiten berücksichtigt werden, über deren Ausmaß meist nur vage Prognosen gemacht werden konnten. So verwundert es nicht, dass gerade der Hochschulbereich Strukturen forderte, die stufenweise wachsen konnten, und Gebäude, die ihrer Nutzung nach flexibel waren, d. h. offene und addierbare Systeme.

In der Nähe von Marburg/Lahn begannen ab 1961 auf einer Fläche von 250 ha die Planungen für

den Bau naturwissenschaftlicher Institute und Kliniken. Die Arbeit des dafür geschaffenen Universitäts-Neubauamts beinhaltete gleichermaßen die Erarbeitung des Raumprogramms wie die Entwicklung eines geeigneten Bausystems. Die Forderung nach Flexibilität und Variabilität, d. h. die Anpassungsfähigkeit an die verschiedenen Nutzungen sowie die Änderungsmöglichkeiten im Rahmen der sukzessiven Erweiterung und Verdichtung der Anlage sollten kleinteilig typisierte Elemente vom Rohbau bis zum Ausbau garantieren. War in der Ausschreibung die Materialfrage noch offen, entschied man sich in Zusammenarbeit mit dem ausführenden Unternehmen für Stahlbeton. Auf einem Planungsraster (Normalfeld) von 7,20 x 7,20 m wurde die Konstruktion entwickelt, deren prägendes Element die vierfach aufgelöste Stütze darstellt, die je nach Lastfall und Lage in der Anzahl der Elemente variiert (Abb. 3).[15]

Viele ambitionierte Bauvorhaben dieser Zeit standen in direkter Verbindung zu Forschungs- und Entwicklungsprojekten. So prüften auch die Marburger Architekten regelmäßig Neuentwicklungen auf dem Bausektor hinsichtlich der Optimierung des eigenen Systems.

Wohnungsbauten von Otto Steidle

Zur Deckung des immensen Bedarfs auf dem Wohnungsmarkt hatte man bereits in der zweiten Hälfte der 1950er-Jahre wieder auf eine Industrialisierung des Bauens gesetzt und sah gerade in den Bausystemen ein großes technisches wie auch wirtschaftliches Potenzial. In der Breite dominierte neben Raumzellensystemen vor allem die Großtafelbauweise, die jedoch auf Grund der starken Ausrichtung auf eine wirtschaftliche Automation, rigiden Grundrissen und geringer Elementzahl meist zu sehr schematischen und monotonen Lösungen führte. Demgegenüber konnte sich der Skelettbau, der grundlegende Typus für wandelbare Bauten, im Wohnungsbau nicht durchsetzen. Gleichwohl sind eine Reihe interessanter Ansätze zu konstatieren.

Otto Steidle arbeitete seit Ende der 1960er-Jahre an städtebaulichen und architektonischen Strukturen zum Wohnen. Er entwickelte ein Stahlbeton-Bausystem, das in einer Reihe von Bauprojekten in unterschiedlicher Ausführung zum Einsatz kam. Strukturbildende Elemente sind rechteckige Stützen mit vorspringenden Auflagerkonsolen und balkenförmige Unterzüge. Diese bilden den Rahmen, innerhalb dessen vielfältige Raumfolgen mit versetzbaren, elementierten Trennwänden, sowohl in der anfangs gewählten Konzeption als auch durch spätere Veränderungen, möglich sind.[16]

Steidles Projekte sind hervorragende Beispiele dafür, dass systematisches Bauen dennoch ausreichende Entfaltungsmöglichkeiten für individuelle Interessen und Vorlieben bietet. Das Ergebnis ist ein (dialektisches) Spiel zwischen der strengen Systematik der Konstruktion und der frei anmutenden Anordnung der Ausbauelemente. Das Stahlbetonskelett ermöglicht eine relativ freie Organisation der Grundrisse und durch den Wechsel der Ebenen, der überdachten und freien Bereiche, den Vor- und Rücksprüngen in der Fassade und durch variierende Farb- und Materialwahl entsteht innerhalb einer der vorgegebenen Strukturen eine differenzierte, lebhafte Vielfalt.

Bausysteme aus Stahlbeton – Lernen von den Sechzigern?

Betrachtet man die Architektur der 1960er-Jahre, kann vereinfachend resümiert werden, dass die gestalterische Tristesse, welche viele der großmaßstäblichen Anlagen offenbarten, ebenso in eine Sackgasse geführt hat wie der gleichsam messianische Anspruch, das (Alltags-)Leben dem Imperativ der Wandelbarkeit zu unterziehen. Was sich in Teilen in den Produktionsbetrieben und im Verwaltungsbau bewährte, konnte sich im Bereich der Wohnung nicht durchsetzen.

Als Nachteil des Systembaus beklagte man stets die fehlende gestalterische Vielfalt. Aber auch Kritik an der ökonomischen Bilanz begleitete die Diskussion. Trotz vielfacher Versuche, durch Vorfertigung und Rationalisierung eine größere Wirtschaftlichkeit gegenüber konventionellen Methoden zu erzielen, konnten die Baukosten in der Regel nicht gesenkt werden. Weitere Hemmnisse waren nicht selten starre und eingefahrene Produktionsabläufe, insbesondere bei großen Firmen, gepaart mit rigiden Normen und Gesetzen, die Entwicklungspotenziale einschränkten.

Noch heute bestimmt ein teilindustrialisierter und in weiten Bereichen klein- und mittelständisch organisierter Betrieb den Bausektor. Daher erscheinen die von Konrad Wachsmann postulierten Forderungen immer noch unvermindert brisant. Durch CAD, CAM und CIM hat sich jedoch die Produktionstechnologie enorm gewandelt und weiterentwickelt. Während früher die Reduktion der Elemente auf möglichst viele gleiche Teile einen wichtigen Planungsparameter darstellte, sind heute durch die computergestütze Fertigung auch (Klein-)Serien mit inidividuellen Formaten und komplexen Geometrien kein technisches Problem mehr. Es sei hier allerdings angemerkt, dass der technologische Quantensprung, z. B. schwierige, mathematisch kaum beschreibbare Gebäudegeometrien in Stahlbetonfertigteilen maßgenau und wirtschaftlich herzustellen – wie beim Bau des Neuen Zollhofs in Düsseldorf von Frank O. Gehry[17] –, auch eine Reihe von architektonischen Unwägbarkeiten bergen kann.[18]

Die Ausgangsfrage lautete »Bausysteme aus Stahlbeton – Lernen von den Sechzigern«? Versteht man »lernen« in dem Sinn, sich neuen Herausforderungen zu stellen und diese mit Hilfe der alten Erfahrungen begründet und verantwortet zu verarbeiten, dann lassen sich am Beispiel des Systembaus vielfältige instruktive und konstruktive Anknüpfungspunkte aufzeigen. Es zeigt sich, dass insbesondere im Hochschulbau Planungskonzepte entwickelt wurden, die auch heute nichts von ihrer Schlüssigkeit eingebüßt haben. Darüber hinaus sind hervorragende singuläre Realisierungen wie Steidles Stadthäuser aus Fertigteilen zu entdecken, deren architektonischer Ansatz immer noch besticht. Auch das Werkschaffen von Architekten wie Angelo Mangiarotti verdeutlicht, dass sich hohe Funktionalität, intelligente Konstruktion und elegantes Design im Systembau aus Stahlbeton keineswegs ausschließen. Es ist längst an der Zeit, die vorhandenen Kenntnisse und gewonnenen Einsichten verstärkt aufzugreifen und mit den gegenwärtigen technologischen Möglichkeiten fortzuführen.

Anmerkungen
1 Heinrich Klotz: Architektur und Städtebau. Die Ökonomie triumphiert. In: Hilmar Hoffmann / Heinrich Klotz (Hgg.): Die Sechziger. Die Kultur unseres Jahrhunderts. Düsseldorf / Wien / New York 1987, S. 137.
2 Wichtige Eckpunkte sind u. a. die Interbau 1957 in Berlin, die letzte CIAM-Tagung in Otterlo 1959, das 1. Bundesbaugesetz 1960 und der 11. Städtebautag in Augsburg. Spätestens nach der ‚Energiekrise' wurden moderne Positionen in Frage gestellt, das bauliche Erbe, ökologische und energetische Probleme diskutiert.
3 Vgl. Roland Krippner: Multifunktionale Räume und konstruktive Flexibilität, Der Architekt 12 (1996), S. 769–771 und ders.: Leitbilder des Bauens. Innerstädtischer Wandel in den 60er Jahren – das Bilka-Kaufhaus in Kassel, DBZ – Deutsche Bauzeitschrift 47 (1999), Heft 10, S. 91–96.
4 Wolfgang Pehnt: Neue deutsche Architektur, Bd. 3. Stuttgart 1970, S. 7.
5 Konrad Wachsmann: Wendepunkt im Bauen (1959). Reprint Stuttgart 1989.
6 In der Fachliteratur gibt es nun neben herkömmlichen Darstellungsmitteln wie (Modell-)Foto und Zeichnung Grafiken wie Dia- und Organigramme, Organisationsplanungen, Belegungsanalysen, Beziehungsschemata etc.
7 Vgl. Jürgen Joedicke: Architekturglosse. Wissenschaft gegen Architektur? oder: Intuition und Methode, Bauen + Wohnen 30 (1975), Heft 9, S. 341.
8 Fritz Haller. Bauen und forschen. Ausstellung im Kunstverein Solothurn vom 18. Juni bis 14. August 1988. Solothurn 1988.
9 Udo Kultermann: Der Schlüssel zur Architektur von heute. Düsseldorf / Wien 1963, S. 7.
10 1960 entwickelte Eckhard Schulze-Fielitz »das strukturelle, systematisierte, präfabrizierte, montierbare und demontierbare, wachsende oder schrumpfende, anpassungsfähige, klimatisierte, multifunktionale Raumlabyrinth.« Ders.: Die Raumstadt. In: Ulrich Conrads (Hg.): Programme und Manifeste zur Architektur des 20. Jahrhunderts. 2. Aufl. Gütersloh / Berlin / München 1971, S. 169.
11 Vgl. Richard Dietrich: Städtebau. Metastadt – Idee und Wirklichkeit, db – Deutsche Bauzeitung 109 (1975), Heft 8, S. 27–42.
12 Vgl. Stahl und Form. Jochen Brandi und Partner. Düsseldorf / Göttingen 1976.
13 Der Fertigbauanteil bei den Tragstrukturen stieg im Nichtwohnungsbau von 5 % (1965) auf über 25 % im Jahre 1973; der durchschnittliche Anteil im Wohnungsbau betrug zwischen 4 % und 8 %. Vgl. Konrad Weller: Industrielles Bauen, Bd. 1: Grundlagen und Entwicklung des industriellen, energie- und rohstoffsparenden Bauens. Stuttgart 1985, S. 55.
14 Vgl. Roland Krippner: Der Systemgedanke in der Architektur. Bausysteme aus Stahlbeton von Angelo Mangiarotti, Beton- und Stahlbetonbau 94 (1999), Heft 11, S. 476–482 und Thomas Herzog (Hg.): Bausysteme von Angelo Mangiarotti. Darmstadt 1998.
15 Vgl. Kurt Schneider: Ein Bausystem für Hochschulinstitute – Universitätsbau in Marburg, Bauwelt 55 (1964), Heft 31/32, S. 841–863.
16 Otto Steidle / Gerhard Ullmann: Stadthäuser aus industriell hergestellten Teilen, db – Deutsche Bauzeitung 114 (1980), Heft 1, S. 9–20.
17 Hans-Willi Seidel / Christian Grunewald: Herstellung frei geformter Stahlbetonfertigteile am Beispiel »Der neue Zollhof in Düsseldorf«. In: Wilfried Führer / Josef Hegger (Hgg.): Vom Baukasten zum intelligenten System. Individuelles Bauen durch Vorfertigung, Symposium RWTH Aachen 10.–11. Oktober 2000. RWTH Aachen, Lehrstuhl und Institut für Massivbau, Aachen 2000, S. 169.
18 z. B. der Gefahr, dass die heutige Bautechnik »auch dem willig gehorcht, der nicht Meister seines Faches ist«. Vgl. Peter Poscharsky: Kirchen von Olaf Andreas Gulbransson. München 1966, S. 87.

Abb. nächste Doppelseite
Werbefoto im Fertigteilwerk der Firma Züblin in Karlsruhe-Hagsfeld

Gerald Hannemann

Die Entwicklung der Massivdecken

In den ersten Jahren des 20. Jahrhunderts wurde die Architekturentwicklung, vor allem in Frankreich, durch die Synthese verschiedener Tendenzen bestimmt, unter denen die Architekturtradition der Ecole des Beaux Arts, die technisch-wissenschaftliche Entwicklung des Stahlbetons und die moderne industrielle Realität die wichtigsten sind. Visionen und Ansätze des 19. Jahrhunderts, Häuser gänzlich mit dem neuen Baustoff Beton zu fertigen, haben sich nicht durchsetzen können. Letztlich werden Fundamente und hier im Speziellen die massiven Deckenkonstruktionen auch noch heute aus »Beton« hergestellt.

In vielen Literaturquellen wird immer wieder hervorgehoben, dass Massivdecken nicht vom Hausschwamm befallen werden können und außerdem einen höheren Feuerwiderstand als Holzbalkendecken besitzen. Auf Grund dieser Eigenschaften wurden Massivdecken zuerst im Wohnungsbau über den Kellern und unter Bädern und Küchen eingebaut. Nach und nach wurden sie im gesamten Wohngebäude angeordnet und nach 1945 wurde der Bau von Holzbalkendecken völlig eingestellt.

Es gab immer wieder Gründe, um an der Entwicklung weiterer Deckensysteme zu arbeiten. Häufig wurden neue Decken entworfen, um die Gebühren für den Einsatz einer bereits patentierten Decke zu sparen oder um selbst Patentrechte zu erwerben. Es wurde aber auch daran gearbeitet, ausgewählte Eigenschaften der Decken zu verbessern.

So wurden neue Konstruktionen entwickelt,

- deren Herstellung keine Schalung erforderte,
- die eine höhere Schall- und Wärmedämmung hatten, nur wenig Feuchtigkeit in den Bau brachten und somit den Bauablauf beschleunigten,
- die einen geringen Herstellungsaufwand hatten und, damit verbunden, geringe Kosten verursachten.

Im Folgenden wird die Vielzahl der entstandenen Deckensysteme in sechs Gruppen beschrieben, um die wesentlichen Entwicklungsschritte zu verdeutlichen. Es wurde bewusst darauf verzichtet, die Darstellung auf Systeme zu erweitern, deren Entwicklung sich im ‚Deckeninneren' vollzog, um die Anschaulichkeit des konstruktiven Ursprungs nicht zu verlieren.

Gewölbte Massivdecken

Im Wohnungsbau wurden vor allem Tonnengewölbe angewendet, wobei die Wölblinie fast immer ein Halbkreis oder der Teil eines Kreises war. Die Tonnengewölbe unterschieden sich in der Pfeilhöhe (Abb. 1).

Die Bauhöhe der Decken musste stark eingeschränkt werden. Aus diesem Grund wurden vorrangig preußische Kappen eingesetzt. Gewölbe werden auf Druck beansprucht. Sie nehmen senkrechte Lasten auf und leiten die Kräfte in Richtung der Wölbung zu den Widerlagern. Auf die Widerlager werden horizontale und vertikale Kräfte übertragen. Gewölbe bestehen aus Ziegeln

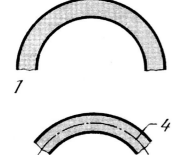

Abb. 1
Tonnengewölbe
1 halbkreisförmiges Tonnengewölbe, 2 segmentförmiges, so genanntes gedrücktes Tonnengewölbe, 3 preußische Kappe, 4 Wölblinie

oder Beton, selten auch aus Naturstein. Die Beanspruchung wächst zum Widerlager hin an. Die Gewölbedicke wurde daher am Scheitel oft geringer als in der Nähe des Widerlagers ausgeführt. Bei dünnen Gewölben besteht die Gefahr des Ausknickens. Um die Stabilität der Gewölbe zu erhöhen, wurden die Zwickel mit Mauerwerk (Hintermauerung, Nachmauerung) oder mit Beton gefüllt.

Zur Herstellung von gewölbten Decken, den so genannten Betongewölben, wurde auch die hohe Druckfestigkeit und leichte Formbarkeit des Betons genutzt. Die Gewölbedicke am Scheitel beträgt zumeist mindestens 100 mm. Es kommen aber auch Betongewölbe mit einer Dicke von nur 70 mm vor. Um 1910 wurden Spannweiten bis zu etwa 3 m als zulässig erachtet. Um das Eigengewicht zu senken, wurden auch Schlackenbeton und Bimsbeton verwendet. Bei hohen I-Trägern wurde eine Betonstelzung angewendet. Durch den Einsatz von profilierten Schalungen wurde der I-Träger völlig verkleidet und es entstand eine profilierte Decke. Die Anwendung gekrümmter, so genannter bombardierter Wellbleche erlaubte es, die Schalung einzusparen. Die gekrümmten Wellbleche besitzen eine hohe Steifigkeit. Sie trugen beim Betonieren den Frischbeton. Auch nach dem Erhärten trägt das Wellblech mit. Damit die Wellbleche nicht in den Beton des Widerlagers einschneiden, wurden L-Profile an sie angenietet.

Betongewölbe können auch eine Bewehrung enthalten. Schon Monier hat Bewehrungen für gewölbte Betondecken zwischen Stahlträgern vorgeschlagen.

Stahlsteindecken

Emperger unterschied 1913 schon zwischen »Eisensteindecken« und »Füllkörperrippendecken«.[1] In den Vorschriften wurden die Stahlsteindecken nur am Rande erwähnt. Dabei wurde für »Hohlsteindeckenplatten (Steindeckenplatten mit auf Druck beanspruchten Steinen)« die Forderung aufgestellt, dass der Abstand der Momentennullpunkte maximal das 27-fache der Nutzhöhe betragen darf.

Mit der Entwicklung der Kleine'schen Decke im Jahre 1892 wurde eine Decke in die Baupraxis eingeführt, die ihr Tragvermögen aus dem Zusammenwirken von Ziegeln, Stahl und Zementmörtel gewinnt. Nach dem Erhärten des Zementmörtels haften alle drei Baustoffe fest aneinander. Bei Biegebeanspruchung entstehen in der Stahlsteindecke im Bereich der Zugzone feine Risse, die Bewehrung widersteht den Zugbeanspruchungen und die Druckbeanspruchungen werden in der Druckzone gemeinsam von Ziegeln und vom Mörtel getragen.

Abb. 2
einfaches Monier-Gewölbe mit unterer kreuzweiser Armierung

Abb. 3
Monier-Gewölbe mit Schlackenbetonabgleichung; links mit Holzfußbodenaufbau, rechts mit Estrichboden

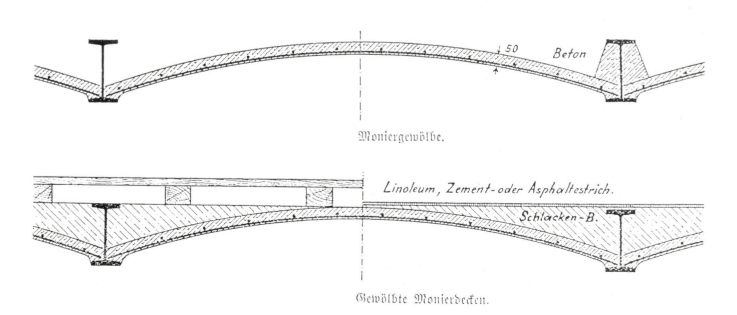

Die Steinform wird entscheidend von der Notwendigkeit beeinflusst, Druckkräfte aufzunehmen und weiterzuleiten. Stumpf aneinander gestellte Steine können keine Druckkräfte übertragen. Entweder müssen in den Stirnflächen zwischen den Steinen Mörtelfugen angebracht werden, was nur durch ein sorgfältiges Vermauern der Steine auf einer Schalung zu erreichen ist. Oder die Steinformen werden so gewählt, dass die Steine in der Druckzone nicht andere Steine berühren, sondern gegen eine Mörtel- oder Betonschicht stoßen. Diese Forderung war bereits in den Vorschriften von 1932[2] enthalten, wurde aber nicht streng eingehalten. Erst 1936 wurden von der Baupolizei alle Zulassungen von Decken zurückgezogen, die dieser Forderung nicht entsprachen.[3] Als Folge dieser Entscheidung wurden neue Steinformen entwickelt und von der Baupolizei zugelassen. Eine einwandfreie Druckübertragung konnte erreicht werden durch:

- Anwendung verschiedener Ziegel in einer Decke,
- unsymmetrische Hohlziegel, von denen jeder zweite Ziegel um 180° gedreht verlegt wurde,
- besondere Aussparungen im Stoßbereich der Ziegel.

Diese Maßnahme ermöglichte es, die Hohlziegel auf einer Schalung trocken zu verlegen und dann mit fließfähigem Beton zu vergießen. Das aufwändige Vermauern entfiel hierdurch.
Die ersten Vorschriften zur Herstellung von Bauwerken aus Eisenbeton von 1904 und 1907 erwähnen den Verbundstoff aus Stahl, Steinen und Beton (Mörtel) noch nicht. So musste in einem Runderlass von 1909, betreffend baupolizeilicher Behandlung ebener massiver Decken bei Hochbauten, zusätzlich festgelegt werden: »*Die Bestimmungen für die Ausführung von Konstruktionen aus Eisenbeton bei Hochbauten vom 24. Mai 1907 finden auf ebene Decken aus Ziegelsteinen mit Eiseneinlagen sinngemäß Anwendung …*«
Seit 1925 enthielten die Bestimmungen des »Deutschen Ausschusses für Stahlbeton« immer einen besonderen Teil über »Ausführung ebener Steindecken«.[4] Der Anwendungsbereich wurde im Verlauf der Jahrzehnte etwas eingeschränkt. Während 1925 noch Hofkellerdecken als Stahlsteindecken ausgeführt werden konnten, war diese 1943 nicht mehr zulässig.
Stahlsteindecken wurden vor allem einachsig bewehrt; es wurden aber auch kreuzweise bewehrte ausgeführt. Die Bestimmungen von 1932 erwähnen als einzige die Ausführung kreuzweise bewehrter Stahlsteindecken. Zu ihrer Statik siehe Hünnebeck[5] 1932.
Aus patentrechtlichen Gründen wurden viele Steinformen entwickelt. Auch passte sich die Ziegelindustrie schnell neuen Vorschriften und Normen an. Es ergeben sich somit nicht nur viele verschiedenen Deckenformen. Auch die Bezeichnungen sind nicht nur an eine Steinform gebunden. Oft blieb der Name erhalten, aber die Form des Hohlziegels änderte sich.

Abb. 4
Teillängsschnitt und Teilquerschnitt der Kleine'schen Steineisendecke

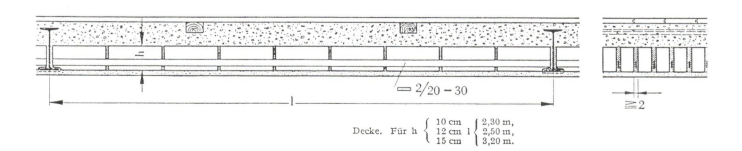

Bewehrte Vollplatten

In den Patenten, welche J. Monier 1867 und in den folgenden Jahren in Frankreich beantragte, wurde das Tragverhalten der Stahlbetonbauteile noch nicht deutlich beschrieben.[6] Im Jahre 1880 wurde in Deutschland für die Erfindung Moniers zu einem »Verfahren zur Herstellung von Gegenständen verschiedener Art aus einer Verbindung von Metallgerippen mit Zement« ein Patent erteilt. Auch dieses Patent enthielt noch keine eindeutigen Aussagen zur Bemessung von Stahlbetonbauteilen. Erst nach und nach wurden die theoretischen Grundlagen zur Berechnung von Stahlbetonbauteilen entwickelt und in Versuchen überprüft. M. Koenen, der die Entwicklung der theoretischen Grundlagen des Stahlbetons maßgebend beeinflusste, setzte 1886 voraus, dass die Zugfestigkeit des Betons nicht in Rechnung gestellt wird und die Bewehrung in der Zugzone liegt und allein die Zugbeanspruchung aufnimmt. Abweichend von den heutigen Annahmen ging Koenen davon aus, dass die Druckzone in jedem Fall bis zur Mitte des Querschnitts reicht.

Den ersten Bestimmungen zum Stahlbeton[7] von 1904 wurde dann bereits das n-Verfahren in der üblichen Form zugrunde gelegt. Die Höhe der Druckzone ist abhängig von der Größe des einwirkenden Moments und der vorhandenen Bewehrung. Die ersten Vorschriften von 1904 enthalten noch keine detaillierten Aussagen zum konstruktiven Aufbau von Stahlbetonplatten. In den folgenden Jahren wurden die Grundsätze für die Berechnung und die Bewehrungsführung immer genauer formuliert. Die Werte für die zulässigen Spannungen wuchsen an und für die Schlankheit wurden ebenfalls größere Werte zugelassen.

Die Anforderungen an die Mindestdicke der Platten und an die Betondeckung sind jedoch nahezu gleich geblieben. Die Anordnung von Haken wurde erst 1925 vorgeschrieben (Abb. 6–10). »*Die Zugeisen sind an ihrem Ende mit halbkreisförmigen oder spitzwinkligen Haken zu versehen, deren lichter Durchmesser mindestens gleich dem 2,5-fachen des Eisendurchmessers ist.*«[8]

François Hennebique (1842–1924) übernahm bei seinen ersten Konstruktionen in Stahlbeton die bis dahin bekannte Stützen- und Balkenbauweise, eine aus dem Holz- oder Stahlbau entwickelte Konstruktionsart. Er schuf damit das Stahlbetonskelett als tragendes Gerüst für Hochbauten. Diese Skelettkonstruktion war im Prinzip eine traditionelle Struktur, ausgeführt mit einem modernen Baustoff. Sie war keine moderne Struktur, denn ihre Merkmale: Betonung der Ecken durch Stützen und die Geschlossenheit des Systems, sind Gestaltungsprinzipien, wie sie schon seit der Renaissance, ja sogar schon seit der Antike bekannt waren (Säule und Architrav = Pfeiler und Unterzug). Überdies löste der Holzfachwerkbau des Mittelalters vor allen Dingen in Deutschland ähnliche Probleme aus, wie sie der Stahlbetonskelettbau später dann in anderem Material zu lösen hatte.

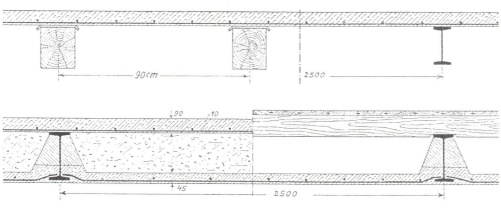

Abb. 5
links: erste Form einer Monier-Platte von 1873, rechts: die Weiterentwicklung, bei der die Platte auf I-Trägern ruht

Abb. 6
Weiterentwicklung der Monier-Platte ab 1887 mit ebener Deckenuntersicht und gewichtsparender Sandwichbauweise

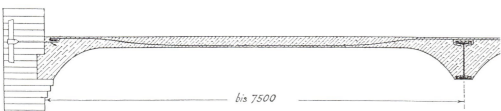

Abb. 7
Teilquerschnitt durch eine Koenen'sche Voutenplatte mit Wandeinspannung und Feldstützung

Hennebique hatte wohl gespürt, dass das Material Stahlbeton mit der Stützen- und Balkenkonstruktion in seinen Möglichkeiten nicht ausgeschöpft war. Er stellte z. B. Versuche mit dem so genannten Plattenbalken an, dessen Erfindung ihm zugeschrieben wird. Schon 1880 hatte er sich auf diese Deckenart spezialisiert.

Stahlbetonrippendecken

Ebene Decken werden auf Biegung beansprucht. In der Druckzone muss daher eine ausreichend dicke Betonschicht vorhanden sein. In der Zugzone kann jedoch der Betonquerschnitt verringert werden. Da angenommen wird, dass der Beton keine Zugspannungen aufnimmt (Zustand II) und der Bewehrungsstahl allein die Biegezugbeanspruchungen trägt, genügt es, in der Zugzone schmale Betonrippen anzuordnen, die den Betonstahl umhüllen, ihn vor Korrosion schützen und eine genügend große Nutzhöhe erzeugen. Dieser Zusammenhang bildet die Grundlage für eine Entwicklung der Stahlbetonrippendecken.

Die Berliner Baupolizei definierte 1913: »*Unter Eisenbetonrippendecken ... werden solche Decken verstanden, bei denen ihr Querschnitt in kleine Plattenbalken aufgelöst ist.*«

Die umfassendere Definition des »Deutschen Ausschusses für Eisenbeton« von 1925 legte den Aufbau der Stahlbetonrippendecken genauer fest: »*Unter Eisenbetonrippendecken werden aufgelöste Decken mit höchstens 70 cm lichtem Rippenabstand verstanden, die zur Erzielung der ebenen Untersicht statisch unwirksame Hohlstein- oder Füllkörpereinlagen enthalten können. Die Stärke der Druckplatte muß mindestens $1/10$ des lichten Rippenabstands betragen und darf nicht kleiner als 5 cm sein.*«[9]

Die tragenden Teile einer Stahlbetonrippendecke sind die Druckzone aus Beton, die schmalen Betonrippen und die Biegezugbewehrung in den Rippen, die teilweise am Auflager aufgebogen wird. Zur Aufnahme der Schubspannungen wurde in mehreren Vorschriften eine leichte Bügelbewehrung gefordert.

Stahlbetonrippendecken mit größeren Stützweiten enthalten Querrippen, um Punktlasten auf mehrere Rippen zu verteilen. Die Stahlbetonrippendecken wurden in sehr unterschiedlichen Formen ausgeführt. Der gleichmäßige Rippenabstand gestattete den Einsatz von vorgefertigten Schalkörpern, z. B. aus Stahl, die nach Herstellung der Decke wieder ausgebaut und weiterverwendet wurden. So entstanden Decken mit frei stehenden, teilweise mit sichtbaren Rippen. Durch den Einsatz von Hohlkörpern konnten Rippendecken mit ebener Untersicht geschaffen und die

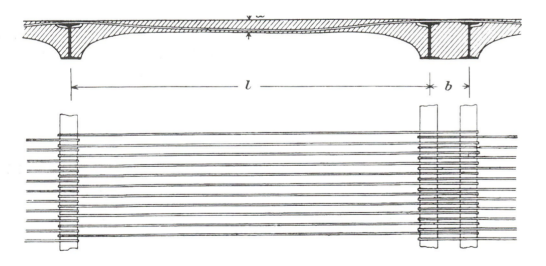

Abb. 8
Bewehrungsführung von Koenen, oben: Durchlaufführung im Schnitt, unten: Verankerung der Bewehrung an den Trägern im Grundriss

Wärme- und Schalldämmung verbessert werden. Gleichzeitig gaben die Hohlkörper den Betonrippen die Form. Sie bestehen aus sehr unterschiedlichen Baustoffen. So wurden z. B. Hohlkästen eingesetzt, die aus Holzrahmen bestanden, die mit Rohr oder Pappe bespannt sind. Die Hohlkästen verblieben in der Decke. Die Größe der Hohlkästen war nur durch den maximalen Rippenabstand begrenzt. Dagegen konnten Ziegelfüllkörper nur so groß sein, wie es der Brennprozess zuließ. Zum Bau dieser Decken war immer eine Schalung oder mindestens eine Sparschalung erforderlich. Um sie einzusparen, wurden Deckenkonstruktionen aus Fertigteilbalken und Füllkörpern entwickelt, welche die Lasten während der Montage aufnehmen konnten. Diese Füllkörper beteiligten sich nicht an der Aufnahme der Druckspannungen der fertigen Stahlbetonrippendecke und wurden immer durch eine Druckbetonschicht überdeckt. Die Betonrippen wurden durch den Fertigteilbalken und den Ortbeton im Zwickel zwischen Balken und Füllkörper gebildet.

DIN 4225 (1943) führte Fertigteildecken ein, deren tragende Teile nur aus Fertigteilbalken und Zwischenbauteilen bestehen, die durch eine geringe Menge von Vergussbeton miteinander verbunden werden.

Die Vorschriften von 1904 und 1907 enthielten noch keine speziellen Aussagen zu den Stahlbetonrippendecken. Ein Erlass der Berliner Baupolizei von 1913 brachte, wie bereits oben beschrieben, erste Festlegungen. Dieser Ansatz wurde in den folgenden Vorschriften und Normen beibehalten. Die Vorschriften bezogen sich auf Ortbetondecken.

Rippendecken, die aus Fertigteilen zusammengesetzt werden, bilden einen zweite große Gruppe von Decken, deren Berechnung und Ausführung in der DIN 4225, Ausgabe 1943[10] und 1951,[11] festgelegt wurde. Diese Normen gestatteten es, die Zwischenbauteile zur Spannungsaufnahme heranzuziehen und den Achsabstand der Rippen zu vergrößern. Um die große Anzahl der eingesetzten Fertigteildecken zu verringern, wurde die F-Decke als günstige Lösung genormt. 1949 wurde der Normenentwurf zur Diskussion gestellt[12] und 1951 wurde die DIN 4233[13] verabschiedet (Abb. 12–14).

Balkendecken

Holzbalkendecken erreichen sofort nach ihrem Einbau die endgültige Tragfähigkeit. Es lag nahe, das Bauprinzip »Balken – Zwischenbauteile« auch auf andere Baustoffe zu übertragen. Zuerst wurden statt Holzbalken Stahlträger eingebaut und es bildeten sich die vielfältigen Formen der Stahlträgerdecken heraus. Dabei wurde der Stahlträger als Deckenträger und Unterzug genutzt.

Abb. 9
Koenen'sche Voutenplatte, verschiedene Auflagerformen

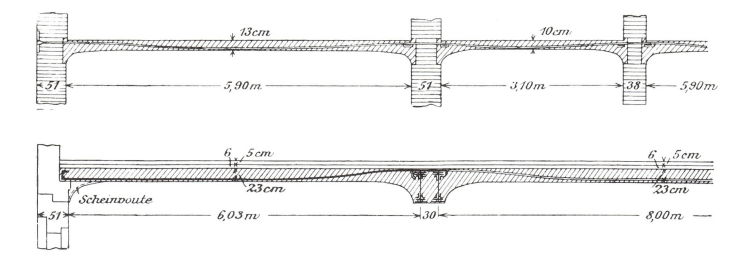

Während bei den Stahlträgerdecken vor allem die I-Profile der Normalprofile, seltener Breitflanschträger, Fachwerkträger oder abgenutzte Eisenbahnschienen zur Anwendung kamen, wurden sehr verschieden geformte Stahlbetonbalken und ab 1939 auch Spannbetonbalken entworfen und verwendet.

Bei den Stahlträgern wurde im Regelfall keine Verbundwirkung zwischen Träger und den Baustoffen in seiner Umgebung vorausgesetzt. Bei Stahlbetonbalken wurde dagegen häufig ein Zusammenwirken von Stahlbetonbalken und Vergussbeton in Rechnung gestellt.

Die Masse der Stahlbetonbalken wurde durch die Forderung begrenzt, das Fertigteil ohne Einsatz eines größeren Hebezeugs zu verlegen. Diese Forderung besagt jedoch nicht, dass es so bemessen werden musste, dass es von zwei Arbeitern getragen werden konnte. Zum Tragen eines Visintini-Trägers wurden zum Beispiel 20 Arbeiter eingesetzt.[14]

Stahlbeton-Fertigteilbalken wurden schon früh eingebaut, weil es möglich war, die Balken unter günstigen Fertigungsbedingungen in einem Betonwerk herzustellen, und weil zum Bau der Decke keine Schalung erforderlich war. So wurde beispielsweise der Siegwartbalken seit 1905 angewendet und 1909 zu den in Berlin gebräuchlichen Massivdecken gezählt.

In allen Balkendecken wird die Decke in stabförmige, biegebeanspruchte Bauteile aufgelöst, die entweder unmittelbar nebeneinander liegen oder durch Zwischenbauteile miteinander verbunden werden.

Die überwiegende Anzahl aller Balkendecken kann auf fünf verschiedene Grundformen zurückgeführt werden. Die Lastverteilung ist bei Balkendecken besonders zu beachten. Balken, die durch Einzellasten beansprucht werden, biegen sich stärker durch als die geringer belasteten Nachbarbalken, und so entstehen Risse parallel zu den Balkenachsen. Um diese zu vermeiden, werden folgende konstruktive Maßnahmen vorgesehen:

- lastverteilende Betonschicht über den Balken (Aufbeton),
- Querbewehrung im Aufbeton oder in den Fugen zwischen den Zwischenbauteilen,
- Querrippen rechtwinklig zu den Balkenachsen,
- Verdübelung durch Mörtel oder Beton in den Fugen zwischen den einzelnen Balken.

Besonders rissgefährdet sind Balkendecken, die aus unmittelbar nebeneinander liegenden Balken bestehen. Eine Aufbetonschicht von mindestens 50 mm Dicke muss die Lasten auf mehrere Balken verteilen. Sie wird deshalb seit 1939 gefordert.[15] Bei geringeren Beanspruchungen und im Wohnungsbau kann die Aufbetonschicht entfallen.

Die Aufbetonschicht dient nur der Lastverteilung. Sie wurde nicht als Druckschicht im Sinne einer Rippendecke in Rechnung gestellt. Wenn die Balken in einem größeren Abstand zueinander liegen, nehmen Zwischenbauteile oder Füllkörper die Lasten auf und übertragen sie auf die Balken. DIN 4225, Ausgabe 1951, schrieb vor: »*Ist der Abstand der Deckenbalken größer als 75 cm, so sind die Zwischenbauteile zu bewehren.*«

Im Gegensatz zu den Rippendecken wurden die Zwischenbauteile und Füllkörper nicht als mitwirkende Druckzone bei der Bemessung des Balkens herangezogen. Balken mit einer breiten Druckzone bilden den Übergang zu den Rippendecken. Decken mit »plattenartigen Balken« enthalten keine durchgehende Querbewehrung und keine Querrippen. Durch eine besondere Profilierung der Mörtelfuge soll eine Kraftübertragung von Fertigteil zu Fertigteil erreicht werden.

Eine Sonderform stellen Decken mit Ortbetonbalken dar. Die Schalkörper tragen die Lasten während der Bauzeit. Die Last der fertigen Decke wird vom Ortbetonbalken in Verbindung mit den senkrechten Stegen der Schalkörper aufgenommen.

Bei den Balkendecken, die aus Stahlbetonfertigteilen zusammengesetzt werden, müssen zwei Belastungszustände unterschieden werden:

- Belastung des Balkens während der Bauzeit,
- Belastung des Balkens in der fertigen Decke.

Einige Balkendecken haben sofort ihre volle Tragfähigkeit. In anderen Decken wirken die Balken mit dem Vergussbeton zusammen und erreichen so eine Steigerung der Tragfähigkeit. Die volle Tragfähigkeit dieser Decken war erst nach dem Erhärten des Vergussbetons vorhanden.

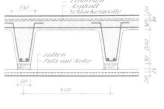

Abb. 10
Rippendecke der Holzmann AG, Querschnitt

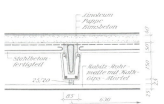

Abb. 11
Zech-Decke, Querschnitt

Damit die Fertigteildecken eine steife Deckenscheibe ergaben, mussten die Auflager so ausgebildet werden, dass die Fertigteile eine standsichere Lage einnehmen und sicher im Mauerwerk verankert sind. Die Räume zwischen den einzelnen Balken wurden ausgemauert oder bei kleineren Blakenabständen mit Beton gefüllt. Einige Fertigteile, z. B. T-förmige Balken, wurden mit »vollem Kopf« hergestellt, so dass die Balkenköpfe ein geschlossenes Auflager bilden. Zur Verankerung enthielt DIN 4225, Ausgabe 1943, die Forderung: »*Alle Balken müssen 50 cm von ihren Enden Löcher mit waagerechter Achse und 26 mm Durchmesser für die Befestigung von Maueranker erhalten, wenn nicht die Zulassung etwas anderes bestimmt.*«

DIN 4225, Ausgabe 1951, ließ dann weitere Formen der Verankerung zu: »*... Als Zugverbindung zwischen Decke und Wänden sind die üblichen Maueranker mit Splint in Abständen von etwa 1,5 bis 2 m zu verwenden, die auf der Deckenseite mit einem Endhaken zu versehen und mindestens 1 m tief in den Ausgussmörtel, Ortbeton oder Überbeton der Decke einzubetten oder in Löchern der Balkenstege zu befestigen sind, die schon bei der Herstellung der Balken mindestens 50 cm von den Balkenenden mit etwa 26 mm Durchmesser anzuordnen sind. Bei Wänden, die den Deckenrippen gleichlaufen, müssen die Maueranker mindestens einen 1 m breiten Deckenstreifen und mindestens zwei Deckenrippen erfassen oder in Querrippen eingreifen.*«

In den Vorschriften von 1925 und 1932[16] wurden nur allgemeine Anforderungen formuliert:
- In Balken sind stets Bügel einzulegen.
- Der lichte Abstand zwischen den Bewehrungsstäben muss mindestens gleich dem Stahldurchmesser sein und mindestens 20 mm betragen.

Detaillierte Anforderungen wurden in DIN 4225 formuliert, wobei sich die Ausgabe 1943 in vielen Punkten von der Ausgabe 1951 unterscheidet.

Die erste genormte Massivdecke – die F-Decke – konnte sowohl als Balkendecke als auch als Rippendecke berechnet werden.

Balkenrost – lastverteilende Platte

Die Kassettendecke als formale Struktur stammt noch aus der griechischen Antike. 1901 ließ Hennebique Folgendes patentieren: »*Zwei sich kreuzende, in derselben waagerechten Ebene liegenden Gruppen von durchlaufenden und gleichwertigen Balken, welche stets in ihrer Gesamtheit die Deckenlast aufnehmen und auf alle Auflager übertragen.*« Der zugrunde liegende Gedanke ist ein-

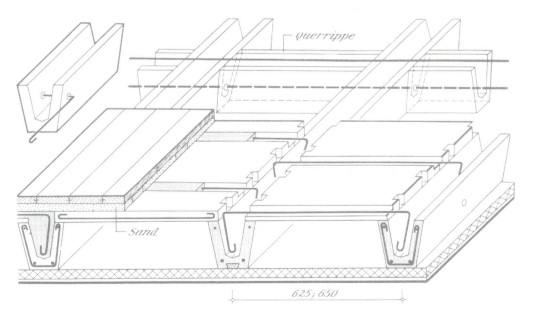

Abb. 12
Teilisometrie der Zech-Decke

fach. Steht eine Last z. B. im Kreuzungspunkt zweier Balken gleicher Dimension und Stützweite, so wird jeder dieser Balken nur mit der halben Last beansprucht. Vergrößert sich jedoch eine Stützweite gegenüber der anderen, so wird der mit der kleineren Stützweite höher beansprucht. Mit zunehmender Balkenzahl wird der Aufteilungsschlüssel komplizierter. Die exakten Berechnungsverfahren waren sehr umständlich durchzuführen und daher für den praktischen Gebrauch nicht zweckmäßig. Erst 1938 schlug Leonhardt eine auf übliche Abmessungen abgestimmte und mit vertretbarem Rechenaufwand durchzuführende Näherungsmethode zur Berechnung von Platten vor. Eine rechteckige wird gedanklich in senkrecht zueinander verlaufende Streifen aufgeteilt, mit der Forderung, dass diese in ihrem gemeinsamen Schnittpunkt die gleichen Durchbiegungen besitzen sollen – also eine ähnliche Problemlösung wie beim Trägerrost. Solange die Biegelinien aller orthogonalen Streifen gleich sind, existiert keine gegenseitige Beeinflussung. Dies gilt zumindest bei der allseitig frei aufliegenden Platte, mit dem hierdurch bedingten Abheben in den Eckbereichen. Wird jedoch der Plattenrand entsprechend belastet, entstehen infolge dieser konstruktiven Einspannung Randmomente, die zur Reduktion der Maximalkrümmung und somit auch zu einer beträchtlichen Minderung der Plattenmomente beitragen.

Pilzdecke

Der Anstoß für die Weiterentwicklung im Bauen mit Stahlbeton kam nicht von den Architekten, sondern von den Ingenieuren. Hier ist besonders Robert Maillart zu nennen, dem das Verdienst gebührt, sowohl auf wissenschaftlich-technischem als auch auf ästhetischem Gebiet die verborgenen Möglichkeiten sichtbar gemacht zu haben, die dem Stahlbeton adäquat sind.
Die Pilzdecken wurden zuerst in Amerika entwickelt, bereits vor der Jahrhundertwende. Sie fanden in Deutschland zunächst keinen Eingang, da die von den Baupolizeiämtern geforderte »genaue« statische Berechnung nicht erbracht werden konnte. Über die zutreffende Ermittlung der Biegemomente und die richtige Bewehrungsführung gab es jahrelang Diskussionen in den einschlägigen Fachzeitschriften.
Lewe veröffentlichte 1914/15 eine Näherungsberechnung. Er unterteilte die unendlich ausgedehnt angenommene, vollbelastete Pilzdecke in Quadrate bzw. Sechsecke, die in flächengleiche Kreisplatten umgesetzt werden. Seine Berechnung wurde erstmals von der Baupolizei in Hamburg und Altona anerkannt und das, nach seiner Meinung, erste Produktionsgebäude im Deutschen Reich nach diesen Berechnungen wurde um 1913 erstellt. Zahlreiche Veröffentlichungen behan-

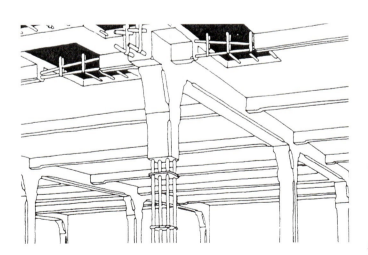

Abb. 13
Monolithisches Prinzip als Vorläufer der Kasettendecke, Hennebique. Platte, Nebenträger, Hauptträger, Stütze

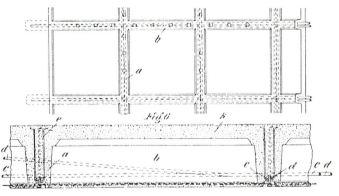

Abb. 14
Kassettendecke, Monolithisches Prinzip: »Zwei sich kreuzenden, in derselben waagerechten Ebene liegenden Gruppen von durchlaufenden und gleichwertigen Balken, welche stets in ihrer Gesamtheit die Deckenlast aufnehmen und auf alle Auflager übertragen.«
Hennebique 1901

deln das Zusammenwirken von Pilzdecken und Stützen als Rahmen; hier sei vor allem Marcus genannt, der im Wesentlichen den Abschnitt über die Pilzdecken in den »Deutschen Eisenbetonbestimmungen« von 1925 auf Grund seiner umfangreichen Untersuchungen gestaltet hat.

In einem Aufsatz[17] zur Entwicklung der unterzugslosen Decke führte Maillart aus: »*Für weittragende ebene Tragwerke standen früher nur Walzeisen und Holz zur Verfügung, beides Materialien, die nicht in beliebiger Gestaltung, sondern nur in Stabform zur Anwendung kommen konnten, indem das Überwiegen einer einzigen Dimension beim Eisen durch den Walzprozess, beim Holz durch das Wachstum gegeben ist. Mit diesen, der Tragwirkung nach eindimensionalen Grundelementen: Stäben, Pfeilern und Balken, war der Ingenieur dermaßen gewohnt zu bauen und zu rechnen, dass sie ihm sozusagen in Fleisch und Blut übergingen und dass ihm andere Möglichkeiten fern lagen. Nur für ganz geringe Spannweiten: Kanal-Abdeckungen, Balkone sowie Füllungen zwischen Trägern kamen die in Plattenform zur Verfügung stehenden Baumaterialien, nämlich Naturstein und Beton, zur Verwendung. Der Eisenbeton fand diese Auffassung vor und es wurde daran vorerst nichts geändert: Man legte, wie mit Eisen und Holz, Träger von Mauer zu Mauer und von Pfeiler zu Pfeiler. Quer zu diesen Hauptträgern kamen Nebenträger, deren Zwischenraum mit einer Platte abgedeckt wurde, jedoch ohne diese als eigenartiges Konstruktionselement aufzufassen. Man beeilte sich im Gegenteil, sie als in Streifen aufgelöst zu betrachten, welche Streifen dann wieder in altgewohnter Weise als Balken berechnet werden konnten. Nur der Maschinenbauingenieur kam, etwa bei Dampfkesselberechnungen, in die Lage, die Platte als Konstruktionselement aufzufassen, wozu ihm die Grashof'schen Ableitungen dienten; der Bauingenieur tat es vorläufig nicht.*«

1908 errichtete Robert Maillart auf dem Werkplatz seiner Bauunternehmung in Zürich einige kleine Versuchsbauten, die er in primitiver Weise mit Sandsäcken belastete. Ein einzelnes Deckenfeld mit punktförmiger und frei drehbarer Eckstützung erwies sich als unbrauchbar. Dagegen zeigte eine neunfeldrige Decke mit abgeschrägtem Übergang von der Platte zu den Stützen auch bei Belastung nur einzelner Felder eine ausreichende Tragfähigkeit. 1910 baute Maillart eine zweite neunfeldrige Versuchsdecke nach dem Zweibahnensystem, an der er mit Durchbiegungsmessungen unter verschiedenen Laststellungen die für eine zutreffende Bemessung erforderlichen Auskünfte in Form von Einflussfeldern gewann.[18] Noch im gleichen Jahr folgte die erste Bauausführung für die »Züricher Lagerhaus-Gesellschaft« in Zürich-Giesshübel mit Nutzlasten bis 20 kN/m².

Maillart war wohl der erste Ingenieur, der bereits die einfach zu verlegende Zweibahnenbewehrung vorschlug und auch ausführte. Der von dem amerikanischen Ingenieur Turner vorgeschlagenen, von Lewe übernommenen Vierbahnenbewehrung sagte Maillart keine lange Anwendung

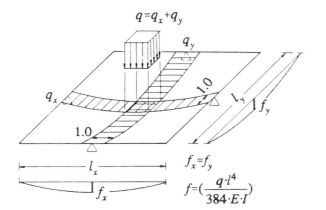

Abb. 15
Näherungslösung nach Leonhardt zur Berechnung von Platten, 1938

auf den Baustellen voraus. Bei dieser Bewehrung laufen die Gurt- und Diagonalstäbe über die Stütze; zusammen mit den dort angeordneten Ringbewehrungen ergeben sie eine starke Konzentration mit all den damit verbundenen Nachteilen bei der Sicherstellung der Höhenlage und den Schwierigkeiten beim Betonieren.

In Maillarts unterzugslosen Deckenkonstruktionen waren allerdings Stützen notwendig; diese durch Scheiben zu ersetzen, verbot die Zweckbestimmung, für die Maillart diese Bauweise erdacht hatte. Die ausgeführten Beispiele sind Lagerhäuser und auch nur innere Konstruktionen mit traditionellen aufgemauerten Außenwänden. Die unterzuglosen Deckenkonstruktionen zeigten aber einen Weg, das ==Prinzip der tragenden Fläche auch im mehrgeschossigen Bauwerk== so durchzuführen, dass die Geschossplatten als Schichtung von außen in Erscheinung traten. Das Durchstanzen wurde zu dieser frühen Zeit (bis etwa 1955) kaum untersucht.

Es entstanden also unabhängig von ästhetischen Überlegungen reine ingenieurmäßige Strukturen, die den Formabsichten der Zeit, soweit sie sich durch Flächenelemente manifestierten, besser entsprachen als die konventionelle Stützen-Balken-Bauweise mit ihrem begrenzten Anwendungsbereich. Ihre Elemente waren Scheibe, Platte und Schale, ihr Material – Stahlbeton. In diesen Flächenstrukturen liegt die eigentliche und materialgerechte Konstruktionsidee des Stahlbetons. Sie wurde von den Architekten im Wesentlichen erst nach dem Zweiten Weltkrieg angenommen.

Abb. 16, 17, 18
Bauhof Maillart 1908, Probebelastung mit Sandsäcken

Anmerkung

1. F. v. Emperger: Handbuch für den Eisenbetonbau, Bd. 9. Berlin 1913.
2. Deutscher Ausschuß für Eisenbeton: Bestimmungen für die Ausführung von Steineisendecken. 1932.
3. Preußischer Finanzminister: Erlass, betreffend Ausführung von Steineisendecken vom 12. Okt. 1936.
4. Deutscher Ausschuss für Stahlbeton: DIN 1046 – Bestimmung für die Ausführung von Stahlsteindecken. Ausgabe 1943.
5. E. M. Hünnebeck: Die statische und konstruktive Behandlung der Deckentragwerke. Dresden 1932.
6. M. Foerster / R. v. Thullie / A. Kleinvogel u. a.: Grundzüge der geschichtlichen Entwicklung des Eisenbeton. Theorie und Versuch. In: F. v. Emperger (Hg.): Handbuch für Eisenbetonbau, Bd. 1. Berlin 1912.
7. Vorläufige Leitsätze für die Vorbereitung, Ausführung und Prüfung von Eisenbetonbauten, herausgegeben vom Verband Deutscher Architekten- und Ingenieurvereine und dem Deutschen Betonverein (1904).
8. Bestimmungen des Deutschen Ausschusses für Eisenbeton, 1925, A: Bestimmungen für Ausführung von Bauwerken aus Eisenbeton.
9. K. Böhm-Gera: Neuere Hohlkörperdecken. 2. Ergänzungsband zum Handbuch für Eisenbetonbau, herausgegeben von K. v. Emperger. Berlin 1912 ff.
10. DIN 4225: Fertigbauteile aus Stahlbeton – Richtlinien für Herstellung und Anwendung (1943).
11. DIN 4225: Fertigbauteile aus Stahlbeton – Richtlinien für Herstellung und Anwendung. Ausgabe 1951, Fassung 1953.
12. Normung der Hochbaudecken aus Betonfertigteilen. Bauplanung. In: Bautechnik 10 (1949), S. 338.
13. DIN 4233: Balken- und Rippendecken aus Stahlbeton – Fertigbalken mit Füllkörpern (1951).
14. R. Heim / R. Saliger / R. Kohnke: Bauausführungen aus dem Hochbau und Baugesetze. In: F. v. Emperger (Hg.): Handbuch für den Eisenbetonbau, Bd. 4. Berlin 1909.
15. K. Berlitz: Neue Bauarten. Berlin 1940.
16. Bestimmungen des Deutschen Ausschusses für Eisenbeton, 1932, A: Bestimmungen für Ausführung von Bauwerken aus Eisenbeton.
17. Robert Maillart: Zur Entwicklung der unterzugslosen Decke in der Schweiz und in Amerika, Schweizerische Bauzeitung 87 (1926), Heft 21, S. 263–265.
18. Robert Maillart: Discussion de la théorie des dalles à champignon. 1. IVBH Kongreß, Paris 1932. Schlussbericht S. 197–208.

Michael Fischer

Innovation durch Konkurrenz – Steineisendecken

Seit Beginn des 20. Jahrhunderts gibt es tatsächlich Häuser ganz aus Beton. Hennebiques Privathaus, 1904 in Bourg-la-Reine errichtet, ist so ein Haus. Fundamente, Wände, Stützen, Decken und Dach, der Erbauer goss alles, was geschalt werden konnte, in Beton. Nahezu spielerisch ragen Räume in ihrer ganzen Tiefe aus dem Gebäude heraus. Auch die auskragenden Treppentürmchen und Terrassen ließen deutlich seine Werbebotschaft erkennen (Abb. 1). Nach dem »System Hennebique« bauen hieß, »alles in einem Guss« zu errichten.[2] Trotz dieser Demonstration der Vielseitigkeit des neuen Werkstoffs blieben solche Gebäude jedoch eine Ausnahme. Wohnhäuser wurden weiter vorzugsweise aus anderen Baustoffen errichtet.

Der mit dem Beton in jener Zeit verbundene Mythos entsprang einer anderen Fachrichtung, dem klassischen Ingenieurbau. Denn erst ingeniöse Höchstleistungen wie z. B. der Bau der Jahrhunderthalle (1913) machten deutlich, wozu man jetzt mit Beton in der Lage war. Hohe Lasten und / oder große Spannweiten – das ging nur mit Stahlbeton. Nur hier galt der neue Werkstoff als unübertrefflich.

Beton – nass, schwer, kalt und hart

Wohnhäuser aus Beton sollten erst in den 1920er-Jahren an Bedeutung gewinnen. Ganze Siedlungen wurden von den Architekten der »klassischen Moderne« als Versuchsbauten und Prototypen errichtet. Aber auch ihnen ist es nicht gelungen, Beton als Werkstoff für den Wohnungsbau zu etablieren. Zumal selbst die Mehrzahl ihrer Bauten keine reinen Betonbauten waren: Neben den Wänden, die aus bauphysikalischen Gründen, manchmal aber auch auf Wunsch des Bauherrn nach Dauer und Solidität, in konventioneller Ziegelbauweise ausgeführt wurden,[3] waren vor allem die Decken häufig Ziegelkonstruktionen. So ist z. B. auch das Dessauer ‚Schulgebäude' ein ‚Stahlbetonbau' mit Ziegelwandfüllungen und Steineisendecken.

Der ungleich größere Anteil der zu Anfang des 20. Jahrhunderts errichteten Häuser entstand in konventionellen Bauweisen. Besonders bei der Deckenherstellung sprachen viele Gründe für die Verwendung von Ziegeln.

Zwar hatten die Massivdeckenplatten (hier für Eisenbetondecken und Steineisendecken) im Allgemeinen den Gewölben, Kappen- und Holzbalkendecken gegenüber eine Reihe von Vorteilen:

- geringe Bauhöhe,
- lotrechte Auflagerdrücke, kein Gewölbeschub,
- keine Schwächung der Mauerquerschnitte durch Balkenauflager,
- bessere Aussteifung gegen seitliche Kräfte,
- Resistenz gegen tierische und pflanzliche Schädlinge,
- besserer Brandschutz und damit Herabsetzung der Feuerversicherungskosten,
- direkt geeignete Unterlage für Linoleumbelag oder dergleichen.

Doch stellten die Eisenbetondecken im Speziellen für zahlreiche Anwendungsgebiete noch keine erstrebenswerte Lösung dar.

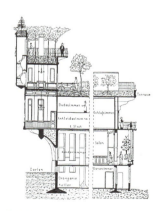

Abb. 1
Hennebiques Privathaus in Bourg-la-Reine

Beton ist nass. Das Problem des ‚Trockenwohnens' ist nicht erst in unseren Tagen bekannt. Im Gegenteil: Unsere heutige Technik ermöglicht den Transport (pumpen) und die Verarbeitung (einbringen, verdichten, abziehen) von Beton mit geringen Mengen von Anmachwasser, während vor 100 Jahren, als dieser Baustoff nur unmittelbar an der Baustelle hergestellt werden konnte, noch wesentlich größere Wassermengen erforderlich waren.

Beton ist schwer. Daher wurde eine starke Schalung für das Betonieren der Decken benötigt. Neben dem an sich schon schweren Baustoff hatte sie auch noch die (dynamischen) Lasten aus dem Verdichtungsvorgang aufzunehmen – es sei denn, der Beton war so flüssig, dass er bereits ohne Verdichtung nur durch den Fließvorgang die gewünschte Plattenform einnahm. Der Holzbedarf für die stabilen Rüstungskonstruktionen reiner Stahlbetondecken lag überdies deutlich über dem für die leichteren Steineisendecken.

Darüber hinaus ist eine abgebundene Betondecke schwerer als eine aus Hohlziegeln errichtete Steineisendecke. Dies wirkt sich auf sämtliche, die vertikalen Deckenlasten abtragenden Bauteile aus. Deckenträger, Stützen, Wände und Fundamente mussten für die höheren Eigenlasten stärker dimensioniert werden, was nicht nur zur Verteuerung des Bauvorhabens, sondern auch zum Verlust von Grundrissfläche führte.

Beton ist kalt. Die hohe Dichtigkeit des Normalbetons macht ihn zwar zu einem guten Wärmespeicher, gleichzeitig aber zu einem schlechten Dämmstoff. Für Kellerdecken oder Dachplatten aus Beton ist immer eine zusätzliche Isolierung erforderlich. Selbst die im Gebäude befindliche Geschossdecke wurde als fußkalt empfunden, wenn der Bodenbelag direkt auf die Betonrohdecke oder den Estrich gelegt wurde.

Beton ist hart. »*Je fester, starrer und zäher ein Körper ist, (...) desto lebhafter schreiten die Schallwellen in ihm fort, und desto kräftiger treten sie aus ihm hervor.*«[4] Die Trittschalldämmung der Eisenbetondecken war ein weiteres Problem. Erst mit der Erfindung des »*schwebenden Estrichs*« durch Trautwein um 1915 konnte diesem Mangel, der allerdings in einem gewissen Maß auch die Steineisendecken betraf, entgegengewirkt werden.[5]

Es gab daher keinen Grund, den Baustoff Beton für Deckenkonstruktionen im Wohn- oder Geschäftshausbau großflächig einzusetzen. Allenfalls in Ausnahmefällen, z. B. für befahrbare Kellerdecken, war die höhere dynamische Widerstandsfähigkeit des Stahlbetons gegen Stöße und Erschütterungen gefragt. Die statische Qualität der Stahlbetondecken, große Spannweiten zu überbrücken und hohe Lasten zu tragen, erwies sich in diesem Bausektor nicht als verkaufsfördernd, denn kaum eine Decke musste hier Räume von mehr als sechs Metern überspannen. Die historischen Verkehrslasten betrugen für Wohnhäuser und kleine Geschäftsbauten 200 bis 250 kg/m^2 – Lasten, die Steineisendecken problemlos abzutragen vermochten.

Der entscheidende Vorteil der Steineisendecken war zudem ihr Preis. Sie ließen sich für die meisten Bauaufgaben billiger als vergleichbare Eisenbetonplatten herstellen. Das lag vor allem

- am geringeren Holzverbrauch sowie der Arbeitsersparnis bei der Einschalung, die nicht so schwer und dicht zu sein brauchte wie für Eisenbetonplatten,
- an niedrigeren Arbeitslöhnen, da die größeren Querschnittsteile aus fabrikmäßig angefertigten Leichtkörpern hergestellt wurden,
- an der Schnelligkeit der Ausführung im Allgemeinen,
- am geringen Eigengewicht, wodurch die von den Decken belasteten Tragwerke höherer Ordnung in statischer und wirtschaftlicher Hinsicht günstig beeinflusst wurden,
- an der Verkürzung der Ausschalfrist, da das Abbinden und Erhärten der kleineren Beton- bzw. Mörtelquerschnitte schneller vor sich ging als in Vollplatten.

Außerdem waren die Steineisendecken sehr ausbaufreundlich. So konnten in den Hohlräumen der Ziegel Leitungen verlegt werden. Die Saugfähigkeit des Ziegels ermöglichte eine deutlich bessere Haftung des Deckenputzes an der Ziegelunterseite.

In diesem Zusammenhang darf nicht vergessen werden, dass Beton damals eher als »grobschlächtiges« Material bekannt war, da erst mit der technologischen Weiterentwicklung der Betonzusammensetzung und Vervollkommnung der Schalungsformen auch optisch attraktive Betonoberflächen gelangen.

Steineisendecken – Grundformen

Die um 1900 verstärkt aufkommende Eisenbetonbauweise, der schon frühzeitig anerkannte Berechnungsgrundlagen zur Seite standen, machte den Steineisendecken aber durchaus Konkurrenz. Von den frühen Bauweisen dieser Decken, die zu jener Zeit entwickelt wurden, hielten nicht alle diesem Druck Stand. Viele der Anfang des 20. Jahrhunderts durch Patente oder Gebrauchsmuster geschützten Ziegelformen, Bewehrungstypen oder Deckenkonstruktionen erlangten nie eine bedeutende Verbreitung. Zu schlecht wurden sie vermarktet, zu gut war die Konkurrenz. Der lebhafteste Wettbewerb entwickelte sich dabei ‚nach innen', gegen andere Anbieter. So entstanden verschiedenene Verfahren zur Herstellung von Steineisendecken vor Ort.

Auf vollflächiger Schalung gemauerte Steineisendecken

Die heute weit bekannte »*Kleine'sche Decke*« (1892, DRP 71102) wurde auf einer vollflächigen Schalung errichtet. Vergleichbar einer Mauerwerkswand, wurde jeder einzelne Ziegel – mit Stoß- und Längsfugen (Lagerfugen) versehen – von gelernten Maurern im Verband versetzt. Die charakteristischen Flacheisen finden sich hochkant gestellt in jeder Längsfuge.
Diese Urform der Steineisendecken lockte eine große Zahl von Nachahmern in die Patentstuben. Einer von ihnen war F. J. Schürmann mit seiner »*Gewölbeträgerdecke*« (1894, DRP 80653): »*Die Erfindung bezweckt, für geringe Gewölbespannungen einen Träger zu schaffen, (...) der Träger ist (...) als Vollträger construirt, in der Mitte aber, (...) so geformt, daß die aus gebauchten Flächen als Widerlager für die an dem Träger liegenden Gewölbesteine dienen, ...*«[6] Seine Deckenkonstruktion grenzte sich mit geschickten Formulierungen gegen Kleines Konstruktion ab. Das jeweils abwechselnd ausgestanzte Fugenlochblech (Wellblechschiene) wurde als einzeln wirkender Träger tituliert. Die Ausmauerung zwischen diesen »Trägern« erfolgte mit »Gewölbesteinen« und leichtem Stich, so dass viele kleine Kappen entstanden. Kleine gelang es nicht, seinen ärgsten Konkurrenten Schürmann aus dem Felde zu schlagen. Dessen Patent wurde nicht gelöscht (Abb. 2).
Von nun an verfolgte Kleine ein anderes Ziel. Am 25. 4. 1896 ließ er durch ein Gutachten des Patentamts feststellen: »*Alsdann wirken die durch dieses Patent geschützten Gewölbeträger nicht anders, wie die bei der Herstellung flachgewölbter Steindecken [z. B. preußische Kappe – Einschub des Verfassers] allgemein gebräuchlichen I- und T-Eisen; insbesondere beruht die Tragfähigkeit der Decken alsdann nicht, wie bei dem Patent No. 71102, auf der Adhäsionswirkung der in die einzelnen Steinschichten eingebetteten, lediglich auf Zugfestigkeit beanspruchten Eisenstäbe, sondern auf der Biegungsfestigkeit der patentierten Träger.*[7] *(...) Jeder Fachmann kann leicht ermitteln, welche Querschnittsabmessungen erforderlich sind, damit die Wellblechschienen bei bestimmten Ausführungen dem Schürmann'schen Patent No. 80653 als Gewölbeträger entsprechen, bezw. wann eine Mitbenutzung des Kleine'schen Patents No. 71102 bedingt ist. Die Mitbenutzung des Patentes No. 71102 darf selbstverständlich nicht ohne Genehmigung des unterzeichneten Inhabers geschehen.*«[8]
Weniger Schwierigkeiten bereitete Kleine die »*Scheitrechte Decke*« von Albert Bruno (1894, DRP 81123), dessen Patent bereits 1895 auf sein Betreiben hin gelöscht wurde. Bruno sah anstelle der von Kleine patentierten Flacheisenbewehrung einen quasi unendlich langen Drahtgewebestreifen vor. Dieser musste in schlangenförmigen Windungen durch sämtliche Längsfugen geführt werden. Einen weiteren Vorteil stellte die verzinkte Oberfläche des Drahtgewebes dar. Somit war die Bewehrung vor Korrosion geschützt und konnte auf der Baustelle mit einer Drahtschere auf die passende Länge zugeschnitten werden.
Viele der in den ersten Jahren nach Kleines Patent entstandenen Decken vergrößerten nur die Auswahlmöglichkeit an Konstruktionen. Sie befriedigten zwar die große Nachfrage nach Steineisendecken, brachten jedoch keine wirklichen Qualitätsverbesserungen und waren durch das Vermauern auf einer vollflächigen Schalung kostenintensiv. Obwohl sie also bei der Herstellung keinesfalls eine optimale Lösung boten, fanden sie weite Verbreitung. Dies lag an der Verwendung einfacher Mauerziegel. Jede beliebige Ziegelei war in der Lage, das erforderliche Material schnell und preiswert herzustellen.

Wegen der anfangs kaum betriebenen theoretischen Behandlung der Steineisendecken war es auch noch mehr als zehn Jahre nach ihrer Erfindung nötig, die baupolizeiliche Zulassung neuer Steineisendecken versuchstechnisch zu erwirken. Erst als man erkannt und durch den Runderlass des Ministers der öffentlichen Arbeiten vom 6. Mai 1904 erstmals festgelegt hatte, dass solche Decken ebenfalls nach der Eisenbetontheorie zu behandeln sind, wurden zunehmend auch rechnerische Nachweise akzeptiert. Bis dahin waren statische Belastungsversuche und so genannte Wurfproben erforderlich. Dafür wurden die unterschiedlichsten Objekte verwendet. Als »Fallgewichte« dienten u. a. Steine, schmiedeeiserne Ambosse oder gusseiserne Kugeln von verschiedenem Gewicht.[9] Diese wurden aus unterschiedlichen Höhen, je nach Geschosshöhe bis zu fünf Meter, mehrfach auf dieselbe Stelle des Deckenfelds fallen gelassen. Eine bewehrte Betonplatte bestand diesen (dynamischen) Versuch in der Regel problemlos, Steineisendecken aus Normalziegeln wurden dagegen schnell durchschlagen.

Vorerst war man nur durch Formziegel mit so genannten Nasen, die sich ineinander verhakten, und durch zusätzliche Bewehrung mit Winkeleisen in der Lage, den Widerstand der Steineisendecken gegen herabfallende Massen zu erhöhen. Für zahllose solcher Formziegel, wie z. B. von Müller (1896, DRGM 76987) und Bilguer (1898, DRGM 91523), wurden neue Patente oder Gebrauchsmuster genehmigt. Aber auch diese Ziegel wurden in der Regel auf einer vollflächigen Schalung oder Teilschalung zu Steineisendeckenfeldern gefügt.

Die Formziegel brachten einen weiteren Nachteil mit sich. Da sie nicht mehr überall gefertigt werden konnten, waren mit ihrer Lieferung oftmals längere Wege verbunden. Die zum Verzahnen der Ziegel benötigten abstehenden Kanten oder keilförmigen ‚Nasen' erschwerten den Transport; häufig wurden Ziegel beschädigt, was zu weiteren finanziellen Einbußen führte. Die Schriftführung der Tonindustrie-Zeitung stellte dazu fest: »*Ueber zulässigen Bruch bei Ziegeln, besonders Deckenziegeln, besteht leider keine Bestimmung. Die Eisenbahnverwaltung ist jedoch verpflichtet, Schäden, die durch nachweisbar unsachgemäßes Rangieren entstanden sind, zu ersetzen.*«[10]

Auf Lehrgerüsten gemauerte Steineisendecken

Die Benny'sche Steindecke (1895, DRGM 43830) verwendete Ziegel mit einer Nut an der Unterseite. Sie ermöglichte es, die Ziegel direkt auf den jeweiligen Bandeisenstreifen ‚reitend' zu vermauern. Dazu mussten die Nuten sowie die Verbandflächen der Ziegel vor dem Aufsetzen auf die Bandeisen mit Mörtel versehen werden. Diese Decke sollte gänzlich ohne Unterstützung herge-

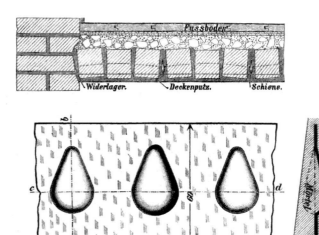

Abb. 2
Gewölbeträgerdecke von Schürmann, Details der Wellblechschiene

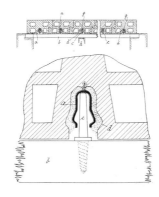

Abb. 3
Auf der Bewehrung ‚reitende' Formziegel von Ackermann, patentiert am 9. Dezember 1900

stellt werden können, was bei den angegebenen Spannweiten von über zwei Metern und der Weichheit der Flacheisenbewehrung allerdings zu bezweifeln ist. Dennoch erfreute sich Bennys Decke einer gewissen Beliebtheit. Er verlängerte den Gebrauchsmusterschutz für seinen Formziegel zwei Mal, so dass dieser erst im Jahre 1903 erlosch.

Die »*Steindecke mit in der Mitte durch Eisen unterstützten Steinreihen*« (1899, DRP 128483) von Adolf Ackermann konnte hingegen mit Hilfe von Lehrgerüsten hergestellt werden. Seine patentierte Decke sah neben der Verwendung spezieller Formziegel mit Nuten an der Ziegelunterseite besondere Fugeneisen vor. Diese »Hohlträger« waren schon auf Grund der eigenen Querschnittsform biegesteifer als jede gewöhnliche Fugenbewehrung. Um sie für die Montage der Decke noch steifer zu machen, wurden sie vor ihrer Verwendung mit Mörtel ausgefüllt. Durch Befestigung auf den Lehren konnte ihre Lage untereinander gesichert werden. Dadurch wurde zugleich die Durchbiegung der Hohlträger während des Vermauerns der wiederum auf der Bewehrung reitenden Deckenziegel verhindert (Abb. 3).

Ackermanns Steineisendecke steht stellvertretend für einen neuen Deckentyp. Er brachte mit der Herstellung ohne vollflächige Schalung eine entscheidende Produktverbesserung. Doch erwies sich die Verwendung von Formziegeln, teils auch noch spezieller Bewehrungseisen für eine überregionale Verbreitung als hemmend. Andererseits brachten sie den Patentinhabern aber auch Vorteile. Wollte man ihre Decken ausführen, mussten die geschützten Ziegel und Eisen beschafft werden, Patentgebühren waren somit unumgänglich.

Carl Pötsch bekam im Oktober 1898 ein Patent für den »*Aus Blech hergestellten Hohlträger*« (DRP 113422). Wie auch schon bei Ackermann musste dieser vor dem Verlegen mit Mörtel ausgefüllt werden. Auf Grund seiner höheren Steifigkeit konnte er allerdings bis 3,50 m Spannweite ohne unterstützendes Lehrgerüst verlegt werden. Dazu wurde der aus Schwarzblech bestehende, sehr hohe Hohlträger bereits werksseitig oder später vor Ort im Inneren mit zusätzlichen Zugstangen unterspannt. Dass die Deckenziegel nun nicht mehr direkt auf der Bewehrung ‚ritten', war ein weiterer Vorteil dieser Decke, wurde doch in jeder Ziegelreihe die zusätzliche Längsfuge und damit vor allem Arbeitszeit beim Vermauern der Ziegel gespart (Abb. 4). Pötschs Patent wurde auch als »*Germaniadecke*« bezeichnet und erlangte weit reichende Bedeutung. In der zeitgenössischen Literatur sind auch noch über zwanzig Jahre nach der ersten Patentmeldung weitere Entwicklungsstufen ausfindig zu machen. So wurden zum Beispiel für kleinere Spannweiten (unter 2 m) Hohlträger ohne Zugstangen oder massiv gewalzte dreieckige Träger hergestellt. Für große Spannweiten (um 3,50 m und mehr) finden sich aus bis zu zehn Flacheisen gebildete Hohlträger, bei denen die Eisen durch Querbügel in ihrer Lage fixiert werden.

Abb. 4
Unterspannte Hohlträger von Pötsch, patentiert am
21. Oktober 1898

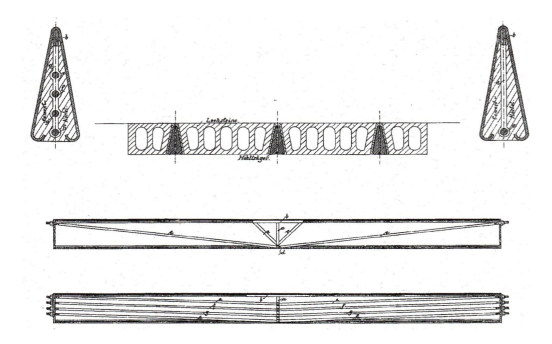

Zahlreiche weitere patentierte Decken sind der Grundform der auf Lehrgerüsten gemauerten Steineisendecken zuzuordnen. Vielen war die Verwendung handelsüblicher T- oder I-Eisen als Fugenbewehrung gemein. Zwischen den Deckenhauptträgern verlegt, ermöglichen diese das lediglich von einem Lehrgerüst unterstützte Vermauern der Formziegel ohne Schalung. Allerdings hatten sie den Nachteil, die Profileisen auf Grund ihrer Querschnittsform statisch nicht voll auszunutzen, und waren als ‚Erfindungen' auch nicht schützenswert. Wegen der Verwendung üblicher Walzprofile wurde der Musterschutz oftmals verwehrt oder bald nach Erteilen des Patents wieder aufgehoben.

Auf vollflächiger Schalung vergossene Steineisendecken

Zwar konnten Steineisendecken nun ohne großflächige dichte Schalungskonstruktionen errichtet werden, doch waren nach wie vor viele Handgriffe gelernter Maurer erforderlich. Noch musste jeder einzelne Ziegel mit Mörtel versehen und von Hand versetzt werden.
Erst zu Beginn des 20. Jahrhunderts kam es zu einer entscheidenden Verbesserung. 1900 erhielten die Erben von Wilhelm Bremer ein Patent auf »*Deckenstein zur Herstellung ebener, trägerloser Steindecken von großer Spannweite*« (DRP 137789).[11] Nun konnten Hohlziegel direkt aneinander, trocken verlegt werden, um danach die Deckenfläche mit Beton zu vergießen. Das Vermauern der Ziegel entfiel. Außerdem war es wegen der um den gesamten Ziegel laufenden Nuten möglich, die Deckenfläche kreuzweise zu bewehren. Fortan war man in der Lage, die im Wohnungsbau üblichen Spannweiten zu überbrücken, ohne dabei auf Stahlträger oder Betonunterzüge angewiesen zu sein. Darüber hinaus eröffneten die aufnehmbaren höheren Lasten und die realisierbaren größeren Spannweiten auch Absatzmöglichkeiten im Industriebau (Abb. 6). Der Nachteil, jetzt wieder eine Schalung zu benötigen, fiel im Verhältnis zur eingesparten Maurerleistung nicht ins Gewicht, da die Deckenziegel auch von ungelernten Arbeitern verlegt werden konnten. Ein weiterer Vorteil der neuen Entwicklung war der große Widerstand dieser Decke gegen Einzellasten. Sie war dank der kreuzweisen Bewehrung sogar den Decken überlegen, die aus den falzartig ineinander greifenden Formziegeln mit ‚Nasen' und einachsiger Bewehrung bestanden.
Dennoch gab es neue Schwierigkeiten. Die Hohlziegel verrutschten beim Verguss, der Beton drang in die Ziegel ein, was den Vorteil an Material- und Gewichtsersparnis zunichte machte. Daher bemühten sich unzählige Erfinder um eine preiswerte und dennoch dichte Verschlussmöglichkeit der zweiseitig offenen Hohlziegel. Sinnvolles und Unsinniges wurde zum Patent angemeldet und

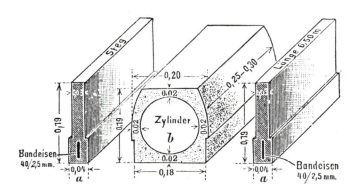

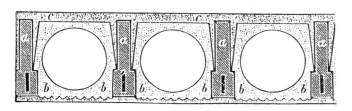

Abb. 5
Zylinderstegdecke von Herbst

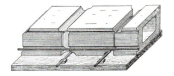

Abb. 6
Trocken verlegte Deckenziegel von Bremer, kreuzweise bewehrt

auch patentiert. Die offenen Ziegelkammern wurden vor Ort von ungelernten Arbeitern mit Pappblättchen verklebt oder ganze Papierrollen in die Kammern gesteckt, Tonblättchen mittels Gummibändern befestigt, Blechscheiben in die Hohlräume gestanzt und vieles mehr. Auch die Ziegelindustrie beteiligte sich rege am Experimentieren.

Doch die logische Forderung, schon werksseitig allseitig verschlossene Ziegel herzustellen, brachte ungeahnte Schwierigkeiten mit sich. Sachse (1906, DRP 206394) und Balg (1906, DRP 210159), hier stellvertretend für Weitere genannt, hatten die Idee, den offenen Hohlziegelformling in einem zusätzlichen Arbeitsschritt noch vor dem Brennen mit Tonblättchen zu verschließen. Es gelang schließlich – neben anderen – Dedekind (1907, DRGM 311736), geschlossene Hohlziegel in nur einem Arbeitsgang direkt mit der Strangpresse herzustellen. So kamen dann tatsächlich brauchbare, allseits geschlossene Hohlziegel auf den Markt. Doch so sehr sich die Ziegler auch mühten, ein Durchbruch gelang ihnen damit nicht. Mitte der 1920er-Jahre, als die Steineisendecken bereits ihre Überlegenheit gegenüber den Eisenbetondecken verloren hatten, stellte die Tonindustrie-Zeitung rückblickend fest: »*Wenn trotzdem die allseits geschlossenen Hohlziegel verhältnismäßig wenig verwendet worden sind, so lag das weniger an den Bauleuten, als vielmehr an dem Umstande, daß keines der Verschließverfahren sich als wirtschaftlich erwies. Keine der Ziegeleien kam bei der Erzeugung der allseits geschlossenen Hohlziegel auf ihre Rechnung* (...) *die Tagesleistungen der Pressen waren vermindert, der Bruchverlust größer, das Trocknen ging langsamer von statten als bei offenen Lochziegeln, (...) War das Problem auch technisch gelöst, so fehlte doch gänzlich der wirtschaftliche Anreiz zur Verwendung der allseits geschlossenen Lochziegel.*«[12]

Auf Lehrgerüsten vergossene Steineisendecken

Trotz der Überlegenheit der Steineisendecken waren in deren Schatten Eisenbetondecken von Anfang an präsent. Bereits um 1900 wurden neben Hohlziegeln auch Hohlkörper aus Beton hergestellt. Die »*Herbstdecke*« stellt ein Beispiel für den Übergang vom Hohlziegel zum Betonhohlstein dar. Im Hinblick auf den Herstellungsprozess verkörpert diese Decke gleichzeitig die höchste Entwicklungsstufe einachsig bewehrter Steineisendecken. Die auch als »*Zylinderstegdecke*« bezeichnete Konstruktion wurde bereits 1903 vom Königlichen Polizei-Präsidium bis zu einer Spannweite von 5,20 m in Berlin zugelassen. Sie bestand im Wesentlichen aus zwei Fertigteilen. Die werksseitig produzierten Stege sind Eisenbetonbalken, die ohne jegliche Schalung verlegt wurden – bei größeren Spannweiten lediglich durch Lehrgerüste oder Montagestützen unterstützt. Sie bildeten das Auflager für die Hohlkörper (Zylinder), welche trocken und eng aneinander in diese eingehangen wurden. Das Einbringen des Aufbetons vervollständigte die Decke und verband die Fertigteile miteinander (Abb. 5). Schon bald wurden die Zylinder aus einer vom Erfinder der Decke patentierten hydraulischen Gussmasse oder aber aus Schlackenbeton hergestellt. Da sich die Produktion der Hohlkörper aus Schlackenbeton bewährte, kamen Hohlziegel hier kaum noch zum Einsatz. In den meisten historischen Quellen wird diese Decke deshalb bereits als Eisenbetondecke (Hohlkörperdecke) aufgeführt.

Im zweiten Ergänzungsband des »Handbuch für Eisenbetonbau« stellte Böhm-Gera 1917 fest: »*Trotz aller Erfolge konnte sich der bewehrte Beton im Wohnhausbau u. ä. volle Geltung nicht verschaffen.*« Weiter heißt es: »*Es kann nicht Zweck dieser Zeilen sein, zu untersuchen, wie viel Fehler bei Einführung des bewehrten Betons im Wohnhausbau gemacht wurden, aber es muß unterstrichen werden, daß auf dem jetzigen Wege, wo sogar Bauarten von Leuten auftauchen, denen manchmal praktische Erfahrung, manchmal theoretisches Wissen, und in einigen Fällen beides zusammen fehlt, ein erfreuliches Endziel nicht zu erreichen ist.*«[13]

Zu diesem Zeitpunkt hatten Steineisendecken über zwei Jahrzehnte den Wohn- und Geschäftshausbau dominiert, was nur durch fortwährenden Wettbewerb überhaupt möglich gewesen war. Die interne Konkurrenz der Anbieter von Steineisendecken und die im Hintergrund stets wirksame Präsenz der Eisenbetondecken schufen den anhaltenden Zwang zur Leistungssteigerung, zahlreichen Innovationen, größeren Auswahlmöglichkeiten und Qualitätsverbesserungen.

Anmerkungen

1. Erster Zwischenbericht über das Forschungsvorhaben »Entwicklungsgeschichte Steineisendecken« am Lehrstuhl Bautechnikgeschichte der BTU Cottbus – in Anlehnung an den bei der Tagung »Häuser aus Beton« gehaltenen Vortrag.
2. Hennebique gilt als Erfinder des Plattenbalkens. Balken und Decke werden von ihm erstmals gemeinsam in einem Guss hergestellt.
3. Torsten Birne: Haus Zuckerkandl von Walter Gropius in Jena, Der Architekt 6 (1996).
4. H. Nussbaum: Ergebnisse von Studien über Schalldämpfung, Tonindustrie-Zeitung 53 (1910).
5. Schutz gegen die Hellhörigkeit von Eisenbeton- und Steineisendecken, Zentralblatt der Bauverwaltung (1918).
6. Patentschrift Nr. 80653 Klasse 37. Hochbauwesen, F. J. Schürmann: Gewölbe-Träger. Patentirt im Deutschen Reiche vom 13. März 1894 ab.
7. Johann Friedrich Kleine: Berichtigung betr. F. J. Schürmanns Massivdecken auf Wellblechschienen, Deutsche Bauzeitung (1896).
8. Wie Anm. 7.
9. Dem Verfasser sind Fallgewichte von 30–50 kg bekannt. Einheitliche Regelungen existierten auch zu den Fallhöhen nicht.
10. Brief- und Fragekasten. Frage 43c. Bruch bei Deckenziegeln, Tonindustrie-Zeitung 57 (1907).
11. In der historischen und heutigen Literatur wird oftmals Heinrich Westphal als Erfinder dieser frühen, kreuzweise bewehrten Steineisendecke benannt. Dies trifft allerdings nicht zu. Westphal kaufte lediglich den Erben Bremers zu einem späteren Zeitpunkt die betreffenden Schutzrechte ab.
12. Der allseits geschlossene Hohlziegel, Tonindustrie-Zeitung 71 (1926).
13. F. von Emperger: Handbuch für Eisenbetonbau, Ergänzungsband II: Neuere Hohlkörperdecken, bearbeitet von K. Böhm-Gera. Berlin 1917.

Abb. nächste Doppelseite oben: Baustelle Hallenschwimmbad Stuttgart-Heslach, geplant als damals größtes Hallenschwimmbad Deutschlands von Franz Cloos für die Stadt Stuttgart, 1927–1929

Abb. nächste Doppelseite unten: Bau des ersten staatlichen Geschäftshauses Württembergs, des so genannten Mittnachtbaus, in Stuttgart. Planung durch das Architekturbüro Eisenlohr & Pfennig für das Land Baden-Württemberg, 1926–1928

Werner Lorenz

Von den Mühen des Alltags –
Ein Eisenbeton-Skelett von 1911 in Berlin-Mitte

Geschichte und Alltag

Jede Geschichte ist eine Geschichte. Die sie schreiben, wählen aus, filtern heraus, lassen aus. Verwoben in Interessen, verfangen in Bildern, verwurzelt in Sichtweisen und Praktiken ihrer Zeit. Denken wir nur an die Geschichte der Eisengewinnung und -verarbeitung, jene scheinbar doch bekannte Erfolgsstory, in der findige Erfinder immer bessere Hoch-, Flamm- und Puddelöfen perfektionierten, um aus Erz und Kohle immer mehr und immer besser Schmiedeeisen und Stahl gewinnen zu können. Diese Art der Geschichte passt zu uns. Sie korreliert mit einem Zivilisationsmodell, in dem wir Menschen vor allem damit befasst sind, Neues zu schaffen, Produktion zu mehren, kurz: die rohe Natur zu veredeln. Altes, Ausgemustertes kommt darin allenfalls am Rande vor. Dass sich dieselbe Geschichte auch anders schreiben lässt, hat Michael Mende kürzlich in einem interessanten Vortrag aufgezeigt und dazu den Bogen über ein halbes Jahrtausend europäischer Eisenproduktion gespannt. Seine Geschichte des Hüttenwesens ist die des Schrotts. »*Schrott ist demzufolge keineswegs der ‚billige Ersatzstoff‘, das Sparmetall, auf das beispielsweise die Eisengießereien nur unter dem temporären Druck der Knappheit an ‚frischem‘ Roheisen zugreifen mochten.*«[1] Vielmehr kommt dem Schrott offenbar eine »*tragende Rolle in der Entwicklung des Hüttenwesens*« zu.

Abb. 1
Ansicht, zeitgenössisches Foto, vor 1930

Es fehlen so viele Geschichten. Reinhold Reith ist auf derselben Tagung der Frage nachgegangen, warum Technikgeschichte traditionell mit so erstaunlicher Hartnäckigkeit das Thema des Reparierens ignorieren konnte.[2] Technikgeschichte ist zu gern eine Geschichte der Großen, der Sieger, oder zumindest der tragischen Heroen. Entwicklung und Produktion des Neuen stehen im Scheinwerferlicht. Wo ist die Geschichte des Defekten, der Reparatur, des Improvisierens, des Sich-durch-Wurschtelns, wo die der kleinen Helden? Solche Geschichte ist Geschichte vom Alltag, thematisiert weniger die professionalisierte technische Handlung als die alltägliche Dimension. Natürlich kann es nicht verwundern, dass Fragen danach gerade jetzt von den Historikern thematisiert werden. Als Strategien einer nachhaltigen Wirtschaft werden Reparaturfreundlichkeit, technische Nachrüstbarkeit und Wiederverwendbarkeit diskutiert. Reparieren ist der große Gegenentwurf zur Wegwerfgesellschaft. Reparatur ist Thema, und nun auch in der Geschichte angekommen. Wir wählen aus. Und plötzlich gibt es andere Geschichten in der Technikgeschichte. Nicht anders verhält es sich mit der Geschichte des Stahlbetonbaus. Von Monier bis Hennebique, von Perret bis Le Corbusier, von Koenen bis Dischinger ist sie uns wohl bekannt. Die großen Etappen sind abgesteckt, die Akteure benannt, die Leitbauten ausgewählt, die Theoriebildung identifiziert und klassifiziert. Doch wie wird ingenieurwissenschaftliche Forschung und Entwicklung zu einem derart komplizierten Verbundbaustoff in den Alltag herunter dekliniert? Was geschieht da unterhalb der ersten baupolizeilichen Regelungsversuche? Und vor allem, was erwartet uns, wenn wir uns heute den Produkten dieser Alltagspraxis reparierend, sanierend, heilend annähern? In einer Zeit, in der die Reparatur von Häusern mehr und mehr an Bedeutung gewinnt, interessiert zunehmend weniger die große Linie als vielmehr der Alltag.

Das Haus in der Berliner Kronenstraße, von dem hier die Rede sein soll, ist solch' ein alltäglicher Bau. Es lässt sich lesen als ein Buch über die Mühen des Alltags im doppelten Sinne – die Mühen des Konstruierens mit dem noch neuartigen Eisenbeton zu Beginn des 20. Jahrhunderts und die Mühen des Erkundens und Reparierens der von Brüchen und Rissen durchzogenen Struktur fast 100 Jahre danach.

Erste Annäherung – Baugeschichte

Die Kronenstraße in Berlin-Mitte, welche die Friedrichstraße unweit des Gendarmenmarkts quert, war bereits 1911 eine ziemlich gute Adresse. Das Quartier etwas weiter südlich, hin zur Kochstraße, profilierte sich als Presseviertel, im Norden entstanden die großen Bauten des Bankenviertels und bereits um 1890 war nur wenig östlich das Textilviertel in die Höhe gewachsen. Die Gegend war attraktiv und teuer. Es galt, jeden möglichen Quadratmeter Geschossfläche zu erschließen. Fünfgeschosser mit möglichst zusätzlichem Dachgeschoss definierten die neue Berliner Traufhöhe und ersetzen die oft noch kleineren, bescheideneren Vorgängerbauten.

Wie stark die Verwertungsinteressen gewesen sein müssen, wird an der Kronenstraße 11 deutlich. Hier stand bereits ein fünfgeschossiges Gebäude, nur, es war noch in der gründerzeitlichen Tradition als Wohn- und Gewerbehof konzipiert: im Vorderhaus Wohnen und Verkauf, nach hinten zunehmend Gewerbe. Das »Bureaugebäude« hingegen, das 1911 nach Plänen der Regierungsbaumeister Heilbrun & Seiden an dessen Stelle trat, versprach bessere Rendite.

Die wenigen bekannten Daten zur Baugeschichte sind rasch notiert. Noch während der Errichtung oder unmittelbar danach erfolgt ein erster Besitzerwechsel. Die »Deutsch-Asiatische-Bank« erwirbt das Gebäude; im Erdgeschoss des Vorderhauses wird das »Café Königsfest« eingerichtet (Abb. 1). 1921 sind erste Umbauten zu verzeichnen. 1930 kommt das Haus in den Besitz der »Kreditanstalt für Industrie und Verkehrsmittel AG«. Der Zweite Weltkrieg lässt zumindest das Vorderhaus weit gehend verschont. In den Nachkriegsjahrzehnten wird es unterschiedlichen Büronutzungen für Volkseigene Betriebe zugeführt. 1998 beginnt der Leerzug, ein Immobilienfonds hat das Objekt erworben. Sanierung und Umbau folgen einem Entwurf der Potsdamer Architekten Axthelm.Frinken. Im Sommer 2001 kann der neue Nutzer, die »Deutsche Kredit Bank AG«, die Räume der neuen, alten Bank beziehen.

Kaum mehr ist über die Geschichte des Hauses bekannt. Zum Einen sind sämtliche Bauakten von vor 1945 verschollen, zum Anderen mangelt es der Kronenstraße 11 an Prominenz. Publikationen, welcher Couleur auch immer, sind rar. Was bleibt, sind verstreute Hinweise. Hier eine Postkarte im Schatten der ‚großen' Plätze und Bauten, dort eine Abbildung in einem Sammelwerk über »Moderne Bauformen«.[3] Auch der dünne Text, der 1990 den Eintrag des Gebäudes als Einzeldenkmal in die neu gefasste Gesamt-Berliner Denkmalliste begründete, reflektierte im Grunde nur, dass man fast nichts wusste – weder über die Geschichte noch über das hinter vielfachen Verkleidungen verborgene konstruktive Gefüge.

Wie erkunden?

Wie verlässliche Grundlagen für alle weiteren Planungen gewinnen? Nur das Haus selbst und seine materielle Substanz standen als Quellen bereit – vermutlich reichhaltig, aber noch gänzlich unerschlossen. Im Herbst 1999 entschied der Bauherr, zunächst eine detaillierte »Konstruktive Bestandsaufnahme« (KBA) zu finanzieren. Im Vordergrund stand die Dokumentation des unbekannten Tragwerks; Konzept, Struktur und Detailbildungen mussten ebenso erfasst und beschrieben werden wie Mängel und Schäden. Doch es galt auch, anhand des Tragwerks genaueren Aufschluss über Baugeschichte und Bauphasen zu gewinnen.

Die Sache war mühsam. Anders als der nackte Stahl geizt der Verbundwerkstoff Eisenbeton mit Informationen über seine Qualitäten. Und doch müssen, um solch ein Gerüst der notwendigen statisch-konstruktiven Bewertung zu erschließen, Art und Führung der verborgenen Bewehrung bekannt sein. Die Entscheidung über die angemessenen Untersuchungsmethoden war im Spannungsfeld dreier Ziele zu optimieren:

- Größtmögliche Klarheit über die gesamte Tragstruktur einschließlich der Bewehrung und deren Details,
- Geringstmögliche Zerstörung des Tragwerks,
- Zumutbare Kosten.

Der letztendlich favorisierte Untersuchungskanon blieb konventionell:
- Tachymetrie und ergänzendes Handaufmaß zur Bestimmung der Geometrie,
- Endoskopie und partielle Freilegungen zur Erkundung verborgener Strukturbereiche hinter zu erhaltenden Verkleidungen,
- Schnellschürfen zur Erfassung konstruktiver Details,
- Probenentnahmen und Laboranalysen zur Bestimmung chemischer und physikalischer Materialkennwerte,
- Magnetische Induktion (Eisensuchgerät) und gezielte Flachschürfen zur Identifikation der Bewehrung,
- Visuelle Inaugenscheinnahme zur Erfassung der Mängel und Schäden, ergänzt um Phenolphtalein-Tests zum Messen der Karbonatisierungstiefe.

Der gewählte Weg zur Identifikation der Bewehrung erwies sich unter den gegebenen Randbedingungen als durchaus effektiv. Zudem hatten sich andere, behutsamere Verfahren zur Bewehrungsbestimmung wie die Radiographie als allenfalls punktuell nutzbar und allgemein zu teuer erwiesen.

Zweite Annäherung – Konzept und Struktur

Die sukzessive Annäherung an Konzept und Struktur des Hauses offenbarte zunächst derart schwere Schäden im Seitenflügel, dass eine Sanierung aussichtslos erschien. Auf Antrag des Bauherrn genehmigte die Untere Denkmalschutzbehörde den Abriss dieses Bereichs.
Im besser erhaltenen Vorderhaus brachte die Tragwerksidentifikation Überraschendes ans Licht. Das vermutete Skelettsystem aus Betonstützen und -riegeln erwies sich als eine Mischstruktur, deren tragende Teile zum Teil aus Eisenbeton, zum Teil aus Mauerwerk und verschiedentlich gar aus schweren Stahlbaugliedern zusammen gefügt wurden (Abb. 2). So sind die Deckenriegel zwar weit gehend aus Eisenbeton gegossen, die Stützenstränge aber nur ab und an. In der straßensei-

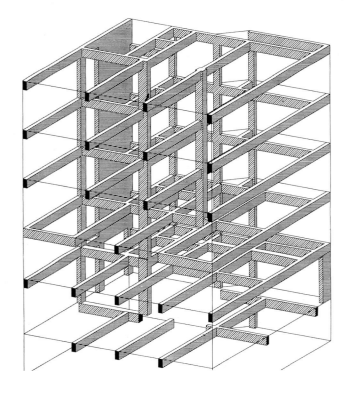

Abb.2
Bestand Eisenbeton, Struktur ohne Mauerwerk- und Stahltragglieder, vorne die Fassade, Zeichnung 2000

tigen Fassade beispielsweise gibt es – ungeachtet großer Öffnungen – überhaupt keine Betonstützen, sondern nur Mauerwerkspfeiler.

Die Giebelwände wurden zwar weitgehend als Pfosten-Riegel-System in Eisenbeton ausgeführt – gleichwohl stoßen wir im Westgiebel lediglich auf gemauerte Pfeiler. Die ‚Ausfachungen' des Ständerwerks bestehen aus schwerem 24er- Mauerwerk, das zwar von den Riegeln geschossweise abgefangen wird, die Wände insgesamt aber wie massive Wandscheiben wirken lässt.

Besonders auffällig ist der Umgang mit dem Rasterwechsel zwischen dem ersten und dem zweiten Obergeschoss. Er erschließt sich über die Fassade zur Straße. In den drei oberen Vollgeschossen ist diese sechsteilig gegliedert. Auf dem zweiten und dem vierten Fensterpfeiler mündet je ein Unterzug. Im Erd- und ersten Obergeschoss ist die Fassade hingegen in nur vier, größere Fenster unterteilt, jeder der drei Fensterpfeiler trägt einen Unterzug. Wie wird der Lastfluss über diesen Versatz gewährleistet? In der Fassade vermittelt ein verborgener Überzug – nicht etwa aus Beton, sondern aus Stahl gefertigt – den Lastabtrag der zwei oberen in die drei versetzten unteren Pfeiler. Im Inneren hingegen wird die östliche der beiden oberen Zwischenstützen einfach bis in den Keller hinabgeführt, unten gesellen sich, der neuen Dreiteilung entsprechend, beidseits zwei kleinere Pfeiler hinzu. Nochmals anders ist der Umgang mit der zweiten oberen Zwischenstütze. Sie wird über dem ersten Obergeschoss wiederum abgefangen, nun aber durch einen rätselhaften mächtigen Stahlrahmen, dessen westlicher Stiel nicht dem unteren Raster folgt (Abb. 3).

Die Entdeckung dieses Stahlrahmens war die vielleicht größte Überraschung bei der Erkundung des Gebäudes, kam er doch als Wand verkleidet daher und machte zunächst überhaupt keinen Sinn. Erst eine historische Postkarte, die das Büro der Architekten aufstöberte, half ihn zu verstehen. Hier, wo jetzt Erd- und erstes Obergeschoss durch eine – tatsächlich auffällig abweichend ausgeführte – Decke getrennt wurden, öffnete sich einst über zwei Etagen der großzügige Raum des »Café Königsfest«. Der Stahlrahmen schuf den gewünschten Freiraum.

Gleichwohl bleiben Fragen. Offenkundig nämlich war auch dieses Konzept nicht etwa von Beginn an verfolgt worden. Im Keller findet sich noch heute exakt in eben der durch den Rahmen unterbrochenen Verlängerung der oberen Zwischenstütze ein schwerer nutzloser Pfeiler. Wurde der Entwurf zugunsten des offenen Café-Saals nach Fertigstellung des Kellers geändert? Oder vielleicht noch später und es gab schon den durchgehenden Stützenstrang? Hat die mit weitgehenden Folgen verbundene Planänderung mit dem Kauf des Hauses durch die »Deutsch-Asiatische-Bank« zu tun? Bis heute bewahrt das Haus einen Rest seiner Geheimnisse.

Warum aber hat man sich überhaupt 1911 auf ein Eisenbetontragwerk eingelassen? Die Antwort dürfte sicher mit der attraktiven Lage und dem Zwang zu größtmöglicher Flächenausnutzung zu tun haben. Man vergleiche nur die Vorgaben der seit 1897 gültigen »Bau-Polizei-Ordnung für Berlin« für belastete Außenwände aus Ziegelmauerwerk mit der hier realisierten Lösung. Während dort bereits für das 4. und 3. Obergeschoss Mindestwanddicken von 38 cm verlangt wurden, die sich bis hinab zum Erdgeschoss auf 64 cm erhöhen,[4] messen die Giebelwände der Kronenstraße bis zum Ansatz der Kellerwände jeweils weniger als 30 cm.

Dass diese Struktur heterogen ist und heutigen Vorstellungen von einem Stahlbeton-Skelettbau in keiner Weise entspricht, steht auf einem anderen Blatt. Euphemistisch ließe sich das Tragwerk als ‚hybrid' bezeichnen, realistisch als ein ziemliches Durcheinander, alltäglich eben, und geschuldet vor allem zwei Faktoren – dem Ziel einer möglichst sparsamen und gezielten Anwendung der neuen Bauweise auf der einen sowie Unvollkommenheiten und Planungswechseln auf der anderen Seite.

Die für die statisch-konstruktive Bewertung entscheidende Frage freilich war auch nach dem Aufdecken der Struktur noch unbeantwortet: Wie steht es um die konstruktive Durchbildung, wie um die bauzeitliche Bemessung? Als wie verlässlich kann das Tragwerk gelten? Zu offenkundig zeigten sich bereits diverse Risse in tragenden Baugliedern. Und auch das Wissen um den Hintergrund – regional, konstruktionshistorisch –, vor dem dieser Eisenbetonbau geplant und realisiert wurde, ließ Vorsicht angeraten erscheinen. Zu wild und ungebunden jung war noch die Kunst des Bauens mit Eisen und Beton, als dass man in einem derart alltäglichen Haus mit einer hochentwickelten, sicheren Bemessung und Bewehrungsführung hätte rechnen können.

Abb. 3
Freigelegter Stahl-Rahmen im
1. Obergeschoss, in Riegelmitte
die belastende Betonstütze, 2000

Eisenbeton in Berlin I – Decken

1885, ein Vierteljahrhundert vor der Errichtung der Kronenstraße 11, hat der schwäbische Bauingenieur und Betonunternehmer Gustav Adolf Wayss (1851–1917) von Joseph Monier die Lizenzrechte für den größten Teil des Reichsgebiets erworben. Dass er zugleich sein Unternehmen in die expandierende Hauptstadt Berlin verlegt, um von dort aus den norddeutschen Markt für den Eisenbeton zu erobern, hat gute Gründe. An der Technischen Hochschule Charlottenburg prägen Bauingenieure wie Emil Winkler (1835–1888) und Heinrich Müller Breslau (1851–1925) maßgeblich die wissenschaftliche Entwicklung der Baustatik. Die 1875 begründete »Königliche Prüfungsstation für Baumaterialien« bietet ein solides Arbeitsfeld für die Werkstoffprüfung und kooperiert im wichtigen Bereich der Zulassungen neuer Bauweisen eng mit der Berliner Baupolizei. Dass Berlin in den kommenden Jahren dann tatsächlich Bedeutung für die Entwicklung der jungen Eisenbetonbauweise gewinnen wird, ist aber vor allem darauf zurückzuführen, dass Wayss noch im selben Jahr den Regierungsbaumeister Mathias Koenen (1849–1924) für die neue Bauweise einzunehmen weiß. Wayss finanziert – gemeinsam mit der Firma Freytag & Heidschuch – ein Versuchsprogramm, Koenen entwickelt daran die erste wissenschaftlich begründete Bemessungstheorie des Eisenbetonbaus. 1886 veröffentlicht er sie erstmals im »Centralblatt der Bauverwaltung,«[5] 1887 dann in der von Wayss herausgegebenen und vertriebenen Monier-Broschüre: »*Das System Monier (Eisengerippe mit Cementumhüllung) in seiner Anwendung auf das gesammte Bauwesen.*«[6] 1888 kann Koenen, der zu dieser Zeit noch verantwortlicher Bauleiter am gerade entstehenden Reichstagsgebäude ist, hinter den schweren Sandsteinfassaden des Wallot'schen Großbaus die ersten Berliner Monierdecken auf den Unterflanschen der lastabtragenden Walzträger realisieren.

Wie kommt dieser ‚Doppelschlag' aus Musterprojekt und Gebrauchsanweisung ‚unten' an? Die anfängliche Skepsis der Berliner Baupolizei und von Teilen der Fachöffentlichkeit ist unübersehbar. 1886 etwa gipfelt die Einschätzung des »Centralblatts der Bauverwaltung« zu »Monier's Herstellung von Baustücken aus Cementmörtel mit Drahteinlagen« noch in dem Fazit: »*Denn es darf von vornherein als unwahrscheinlich bezeichnet werden, daß das Eisen und der Zement zum gleichen Tragen gelangen.*«[7] 1888 aber, nur zwei Jahre später, wirkt der Vorstoß von Wayss und Koenen wie eine Initialzündung. Bereits 1889 nutzt man im Berliner Gewerbe- und Industriebau statt der herkömmlichen preußischen Kappen erste Eisenbetondecken und beginnt zu erahnen, welche Möglichkeiten sich der neuen Bauweise eröffnen können.

Eines der Experimentierfelder des Eisenbetonbaus scheint die nur wenige hundert Meter von der Kronenstraße 11 entfernte Gegend um den Hausvoigteiplatz gewesen zu sein, die gegen Ende des 19. Jahrhunderts Zentrum des Berliner Konfektionshandels war. Große Nutzlasten in Verbindung mit hoher Brandgefahr und dem Ziel optimierter Raumausnutzung sind wohl die Triebfedern dafür gewesen, sich hinter historisierenden Fassaden auf die fremdartigen Hoch-Technologie-Decken einzulassen. Der Architekt Albert Bohm überträgt zur selben Zeit bereits das zunächst für ebene Flächen konzipierte Deckensystem auch auf gekrümmte Bogentragwerke. Für das Kaufhaus Gebrüder Manheimer (Jerusalemer Straße 17, 1889–90)[8] und das Konfektionshaus Victor Manheimer (Oberwallstraße 6–7, 1889–91)[9] entwickelt er stützenfrei von Stahlbögen überspannte Dachräume, deren zweischalige Dachhaut aus einer inneren Gipsschale und einer äußeren Monierschale mit Wellzinkdeckung bestehen (Abb. 5, 6).

Eine Fülle neuartiger Deckensysteme kommt auf den Markt: Neben verschiedenen, aus der Monierdecke weiter entwickelten Arten bewehrter Betondecken werden diverse unbewehrte Beton- und Steindecken ebenso patentiert wie die bald schon weit verbreiteten Steineisendecken.[10] 1896 stellt der Berichter in »Berlin und seine Bauten« fest, dass die Anwendung gewölbter massiver Decken »*außerordentlich zusammengeschrumpft*« sei.[11] Die Monierdecken werden als äußerst leistungsfähig anerkannt, doch wird auch darauf verwiesen, dass »*über deren Dauer (...) weitreichende Erfahrungen noch nicht vorliegen*« und sie im Übrigen »*für die gewöhnlichen Aufgaben der Architektur*« als »*meist zu theuer*« einzuschätzen seien.[12]

Abb. 4
Haus am Bullenwinkel, Hausvoigteiplatz
Monierdecken hinter historisierender Fassade,
Aufnahme um 1895

Eisenbeton in Berlin II – Skelettbau, erste Vorschriften

Bis in die ersten Jahre des 20. Jahrhunderts beschränkt sich der Berliner Eisenbetonbau im Wesentlichen auf solche Flächenbauglieder. Die neuartigen Betonplatten und -Kappen ruhen in der Regel auf traditionellem Mauerwerk oder aber ‚herkömmlichen' Skelettsystemen mit Stahlträgern und Gussstützen.[13]

Bauten hingegen, in denen die Betondecken um ein Beton-Skelett-System ergänzt sind, scheinen zu dieser Zeit hier noch nicht errichtet worden zu sein. Zuständig dafür wäre um 1900 vornehmlich das Pariser Unternehmen Hennebique gewesen, das auch in Deutschland längst Häuser in »monolithischer Bauweise« offensiv vertreibt. Hennebique achtet jedoch darauf, seine Bemessungsgrundsätze streng zu hüten. Sein wohl organisiertes Netz von Konzessionären bedient er von Paris aus lediglich mit fertigen Planunterlagen.

In den Jahren nach 1900 aber beginnen Hennebiques technologischer Vorsprung und die darauf beruhende Dominanz zu bröckeln. Als Lizenzverhandlungen mit ihm für Deutschland scheitern, geht die zwischenzeitlich vereinigte »Wayss & Freytag AG«, in die Offensive. Sie bündelt Forschung und Entwicklung und bricht gemeinsam mit dem jungen Emil Mörsch das Monopol: 1902 erscheint in erster Auflage Mörschs »Der Betoneisenbau«, in dem erstmals auch für den Skelettbau die entscheidenden bemessungstechnischen Grundlagen bereit gestellt werden.[14]

Mit dem hier entwickelten Theoriegebäude stehen für die Biegebemessung schlüssige Verfahren bereit, die im Prinzip bis 1971 die Grundlage der Stahlbeton-Bemessung nach DIN 1045 bilden werden. Der Eisenbetonbau ist zu einer Bauweise mit allgemein zugänglichen, auf wissenschaftlicher Grundlage entwickelten Regeln geworden. Die Weichen sind gestellt, über Decken, Gewölbe und Wände hinaus nun verbreitet auch Stützen- und Trägersysteme ‚monolithisch' in Eisenbeton zu bauen – auch in Berlin.

Ein gutes Dutzend von Bauten mit zumindest partiellen Betonskeletten ist im ersten Jahrzehnt in und um Berlin nachweisbar; es ist davon auszugehen, dass die Zahl der tatsächlich realisierten Eisenbetonbauten um einiges höher liegt, auch die Kronenstraße wurde ja nicht publiziert.[15] Die neue Bauweise wird für unterschiedliche Aufgabenfelder des Gewerbebaus genutzt, das Spektrum reicht von Speichergebäuden über Stockwerks-Fabriken bis zu Kaufhäusern.[16]

Dass in Mörschs Theoriegebäude viele für die Tragsicherheit und Gebrauchsfähigkeit entscheidende Probleme wie die Schubbemessung oder die konstruktive Ausbildung noch weit von einer verlässlichen Durchdringung und Modellierung entfernt sind, mag den Wissenschaftlern bewusst gewesen sein, nicht aber den vielen kleineren Baufirmen, die zwischenzeitlich das große Geschäft

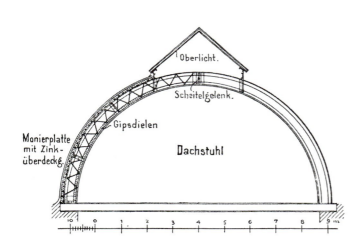

Abb. 5
Konfektionshaus Victor Manheimer, Oberwallstraße Berlin, Dachtragwerk, 1896

Abb. 6
Konfektionshaus Victor Manheimer, Oberwallstraße Berlin, Dachtragwerk, 1998

gewittert und sich der Sache angenommen haben – unerfahren, handwerklich orientiert, ohne rechtes Gefühl für das vorhandene Sicherheitsniveau und nicht unbedingt begleitet von einer kompetenteren Bauüberwachung.

An vielen Orten kommt es gar zu Einstürzen und Prozessen mit aufschlussreichen Verhandlungen. Insbesondere die vorherrschende Ungewissheit über die Wirkung von Schubspannungen und eine ihnen angemessene Bewehrung wird dabei offenkundig.[17]

Hinzu kommt die zunächst geringe Regelungsdichte. Bis 1904 kommen alle baupolizeilichen Genehmigungen im Grunde einer Zustimmung im Einzelfall gleich; die restriktive Haltung der Berliner Baupolizei in diesem Zusammenhang ist bekannt. Die formelle Seite ändert sich, als das »Preußische Ministerium für öffentliche Arbeiten« das Bauen mit Eisenbeton im Jahre 1904 durch die Bestimmungen für die Ausführung von Konstruktionen aus Eisenbeton bei Hochbauten erstmals verbindlich regelt. Der amtliche Erlass übernimmt im Wesentlichen die kurz zuvor erschienenen »Vorläufigen Leitsätze für die Vorbereitung, Ausführung und Prüfung von Eisenbetonbauten«, die der »Deutsche Beton-Verein« gemeinsam mit den im »Verband Deutscher Architekten- und Ingenieurvereine« organisierten Baubeamten erarbeitet hat.

Das erste Regelwerk kann nicht besser sein als seine theoretischen Grundlagen. So wird die angemessene Schubbemessung dem Belieben des Konstrukteurs anheim gestellt: »*Schubspannungen sind nachzuweisen, wenn Form und Ausbildung der Bauteile ihre Unschädlichkeit nicht ohne weiteres erkennen lassen. Sie müssen, wenn zu ihrer Aufnahme keine Mittel in der Anordnung der Bauteile selbst gegeben sind, durch entsprechend gestaltete Eiseneinlagen aufgenommen werden.*«[18] Erst in der zweiten, wesentlich überarbeiteten Ausgabe der Bestimmungen von 1916 werden diese Vorgaben präzisiert.

Was lehrt dieser Kontext für unser Haus in der Kronenstraße 11? Als es um 1910 gedacht, geplant und gebaut wird, ist der Betonskelettbau in Berlin eine gerade entdeckte Bauweise, mit der man erst ein paar Jahre lang Erfahrungen sammeln konnte.

Dritte Annäherung – Konstruktion und Details, Schwächen und Schwierigkeiten

Bei genauerem Hinsehen lässt sich die Kronenstraße 11 lesen wie ein Lehrbuch über die Schwächen und Mängel des frühen Eisenbetonbaus: Ingenieurwissenschaftlich bedingte Defizite, konstruktive Schwächen und mangelnde Präzision in der Ausführung vermengen sich zu einer in Teilen gewagten Struktur.

Abb. 7
Ackermann- Reformhohlsteindecke, ‚Freischnitt' an Abrisskante Seitenflügel, 2000

Abb. 8
Probebelastung eines der am stärksten ausgelasteten Deckenfelder, Belastungsrahmen des IEMB, 2000

Als eher unproblematisch erwiesen sich die Betonstützen. Sie sind nur schwach bewehrt, doch zeigten sich keine nennenswerten Risse und die Querschnitte sind derart reichlich gewählt, dass sie als unbewehrte Stützen tragen können – vorausgesetzt ihnen werden keine Momente aus Rahmenwirkung zugewiesen. Es steht zu vermuten, dass man sie in der Tradition des Mauerwerksbaus tatsächlich ohne jeden Ansatz der Bewehrung dimensioniert hat.

Ähnliches gilt für die Decken. Ausnahmslos wurden sie hier als Steineisendecken ein und desselben Typs ausgeführt. Die detaillierte Untersuchung der hier gewählten »Ackermann Reformhohlsteindecke« (Abb. 7) offenbarte nur in wenigen, durch Nässe belasteten Bereichen ernstzunehmende Schäden wie Ausbrüche und Korrosion. Es gab keine erkennbaren Durchbiegungen und allgemein war der Zustand der Bewehrung gut. Freilich wurde sie bereits bauzeitlich eher knapp ausgelegt. Für die im Interesse eines modernen Büroausbaus angestrebte, zusätzlich zum Eigengewicht aufzunehmende Last von insgesamt 4.3 kN/m^2 (aus Verkehr, Trennwandzuschlag, Belag und abgehängter Decke) ließen sich weite Bereiche der Decken rechnerisch nicht nachweisen. Der Druckbeton war fast ausreichend, doch die Auslastung der Bewehrung lag selbst bei Annahme einer zulässigen Spannung von 1400 kg/cm^2 weit über 100 %.

Dass solche Decken in der Realität häufig – auch mit hinreichendem Sicherheitsniveau – trotzdem deutlich höhere Lasten zu tragen vermögen, ist bekannt. Positive, aber rechnerisch unberücksichtigte Effekte ergeben sich beispielsweise durch die Vergrößerung der statischen Höhe bei faktischer Mitwirkung des Estrichs als Aufbeton. Zudem legten es der gute Zustand und der einheitliche Aufbau nahe, den Weg eines versuchsgestützten Tragfähigkeitsnachweises zu gehen. In enger Abstimmung mit dem Prüfingenieur wurde entschieden, das reale Tragpotenzial der Decken exemplarisch durch Probebelastungen zweier Felder zu erkunden, die rechnerisch den höchsten Auslastungsgrad gezeigt hatten (Abb. 8). Die Resultate der vom »Institut für Erhaltung und Modernisierung im Bauwesen« (IEMB) durchgeführten Versuche bestätigten hinreichende Tragreserven für diese und damit für alle Steineisendecken des Gebäudes – auch unter der gewünschten Zusatzlast. Im Koordinatensystem des historischen Kontextes macht der Befund durchaus Sinn: Diese Decken wurden zwar sparsam, aber grundsätzlich solide gebaut.

Die Untersuchung der tragenden Riegel ergab ein anderes Bild. Dem ersten Blick hatte der weiche Putz noch vieles verborgen. Bar der täuschenden Hülle aber zeigten sich fast alle Unterzüge als systematisch von Schubrissen durchzogen. Ergänzende Schürfen bestätigten, dass die ‚Schubbewehrung' allenfalls aus regellos angeordneten Bügeln bestand, die mit vielleicht 4 mm Stärke bessere Drähte und zudem an der Oberseite nicht geschlossen waren. Einzelne Aufbiegungen der Biegebewehrung konnten den grundlegenden Mangel nicht mildern. Die Risse, lehrbuchhaft geneigt,

Abb. 9
Anschluss des neuen Aufzugskerns an die Bestandsunterzüge, Verschränkung der alten und neuen Bewehrungen, 2000

Abb. 10
Zulagebewehrung im Bereich einer indirekten Lasteinleitung vor Spritzbetonauftrag

waren unvermeidlich. Als besonders kritisch erwies sich ein gewagtes Detail, das noch heutigen Eisenbiegern besondere Sorgfalt abverlangt – die indirekte Lasteinleitung im freien Stoß zweier Unterzüge. Auch die Biegebewehrung war teilweise schon für die bauzeitlichen Lasten zu schwach bemessen. Vor allem aber gab die Bewehrungsführung Anlass zur Sorge – fast keine Betondeckung, gegen Null tendierende Abstände der einzelnen Stäbe der Biegebewehrung und im Auflager äußerst unregelmäßige Stabverankerungen, wenn auch fast immer mit aufgebogenen Haken. Der Teufel steckt im Detail: Gerade glatte, unprofilierte Rundstäbe, wie zu jener Zeit üblich und auch hier durchgehend angewandt, reagieren empfindlich auf mangelnde Verankerungen. Sämtliche Unterzüge bedurften der Reparatur.

Unmittelbar mit der Bewehrungsführung in Verbindung steht die Frage der Gesamtaussteifung des Bauwerks. Keiner der Knotenpunkte im Stützen-Riegel-System lässt sich als biegesteif benennen. Das Betonskelett, selbst schon ein Torso, ist nicht mehr als ein Gelenkrahmen. Es vermag das Haus nicht auszusteifen. Es bedarf eigener Aussteifung. Was dann steift das Haus in der Kronenstraße aus?

Die realitätsnahe Bewertung der Gesamtstabilität erwies sich als Herausforderung. Zum Einen sollten verstärkende Eingriffe möglichst gering gehalten werden, zum Anderen war absehbar, dass sich die insgesamt angreifenden Wind- und Abtriebslasten durch die vorgesehene Aufstockung um zwei weitere Nutzgeschosse noch signifikant erhöhen würden.

Für Lasten quer zum Gebäude wie Wind von der Straße stehen mit den beiden Giebelwänden grundsätzlich zwei ausreichend lange Scheiben zur Verfügung – vorausgesetzt die Decken vermögen die anfallenden Lasten auf diese beiden Scheiben zu verteilen und die ausgefachten Stützen-Riegel-Systeme der Giebel bilden tatsächlich tragfähige Scheiben. In Gebäudelängsrichtung hingegen sind die Straßen- und Hoffassade durch große Fensteröffnungen durchbrochen, insbesondere im Erdgeschoss, das doch die höchsten Aussteifungslasten aufzunehmen hat. Unterstützung durch weitere Scheiben im Gebäudeinneren aber ist rar. Eine ingenieurmäßige Verteilung der Aussteifungsanteile auf drei eher weiche Scheiben, verbunden mit der näherungsweisen rechnerischen Modellierung des Aussteifungspotenzials des inneren Gelenkrahmens – für eine genauere Berechnung solcher Probleme mangelt es an elementaren Grundlagen! – machte Folgendes deutlich: Selbst unter günstigen Beanspruchungsannahmen, die der Spezifik des Altbaus Rechnung trugen, ließ sich in Längsrichtung keine sichere Aussteifung nachweisen. Gezielte Verstärkungen waren unausweichlich.

Die nüchternen Zahlen des statischen Befunds verraten, wie notwendig, aber auch schwierig es für die damaligen Planer gewesen sein muss, ihren konstruktiven Handlungsapparat im Lichte der Möglichkeiten des neuen Bauens mit Eisenbeton grundlegend neu auszurichten. Ihr Aussteifungssystem ist keines mehr, weil es sich noch an den traditionellen Regeln des Mauerwerksbaus orientiert und sich doch großzügig schon der neuen Möglichkeiten des Eisenbetonbaus bedient. Es löst die klassisch erforderlichen Innenwandscheiben in Stützen-Riegel-Systeme auf, versäumt es aber, dem daraus resultierenden Steifigkeitsverlust durch ersetzende Maßnahmen zu begegnen.[19]

Ausblick – Die Reparatur

Jedes Reparaturkonzept muss dem zeittypischen Hintergrund Rechnung tragen, vor dem das zu reparierende Haus entstand. In diesem frühen Skelettbau waren dies insbesondere
- ein fremdes konstruktives Denken im Spannungsfeld traditioneller und neuer Bauweisen,
- ein unzureichender Wissenstransfer aus der Forschung,
- keine schützende Regelungsdichte,
- keine sachkundige Fremdüberwachung,
- Unsicherheiten und Nachlässigkeiten der Ausführung,
- weit reichende Planänderungen und konstruktive Interventionen noch in der Bauphase.

Als Baudenkmal forderte die Kronenstraße 11 möglichst behutsame Eingriffe. Dies galt auch für die konstruktive Substanz, hatte sich diese doch im Laufe der Befundaufnahmen als wesentlich denkmalkonstituierend herausgeschält. Behutsamkeit auf der einen, ein unbestreitbar erheblicher Ertüchtigungsbedarf auf der anderen Seite – eine Philosophie der Akzeptanz war als Leitbild gefragt: Was kann das Tragwerk, wenn auch vielleicht anders, als wir es gewohnt sind? Wo muss ihm tatsächlich geholfen werden? Aus welchen Alternativen resultiert welche am ehesten angepasste Lösung?

Fast immer zeichnet sich der unter solchen Prämissen gefundene Weg dadurch aus, dass es nicht den einen großen Wurf, sondern vielmehr ein Nebeneinander verschiedener Lösungen gibt. Das konkrete Reparaturkonzept für die Kronenstraße sei hier nur in Stichpunkten skizziert:

- Unterschiedliche Nachweisformen – rechnerisch nach heutigen Vorschriften oder rechnerisch nach historischen Vorschriften oder aber versuchsgestützt,
- Entkoppelung des Abtrags der Vertikallasten des Bestands von denen der Aufstockung durch neue, in die Bestandswände eingestellte Stützenstränge,
- Koppelung des Abtrags der Horizontallasten des Bestands mit denen der Aufstockung durch ein geschlossenes Aussteifungskonzept,
- Gezielte Eingriffe zur Verbesserung der Gesamtstabilität – Ersatz einer Skelett-Ausfachung durch schubfesteres Mauerwerk, Aufwertung zergliederter Scheibenfragmente durch neu eingebrachte Zuganker und Einbau eines neuen Stahlbeton-Fahrstuhlkerns mit bewehrungstechnischer Einbindung in die Bestandsdecken (Abb. 9),
- Ertüchtigung der Bestandsunterzüge durch Spritzbetonauftrag – Biegenachweis unter Berücksichtigung alter und neuer Biegebewehrung, Schubsicherung allein durch neue Zulagebügel, einzelne Auflagerverbesserungen durch Schraubverankerungen (Abb. 10).

Im Sommer 2001 konnte die neue, alte Bank pünktlich bezogen werden. Entwicklung und Umsetzung des Konzepts waren nicht einfach – der Zeitrahmen eng und die Kosten streng ‚gedeckelt'. Aber viele Randbedingungen waren günstig: Der Bauherr war bereit, die sorgfältige Befundaufnahme und Anamnese im Vorfeld zu finanzieren; Genehmigungs- und Ausführungsplanung blieben in einer Hand; alle wichtigen Weichen wurden rechtzeitig gestellt, die Denkmalschutzbehörde von Beginn an in die Planung eingebunden und mit dem Prüfingenieur entwickelte sich eine hervorragende Zusammenarbeit, in der strategische Entscheidungen zum Bewertungs- und Reparaturkonzept grundsätzlich bereits im Vorfeld abgestimmt wurden.

Das Ergebnis ist nicht nur architektonisch, sondern auch konstruktiv zu einem Dialog von Alt und Neu geworden. Auch ein derart mangelhafter Skelettbau lässt sich reparieren. Substanzerhalt und Funktionalität müssen sich nicht ausschließen.

Jetzt herrscht wieder Alltag in der Bank.

Anmerkungen
1 M. Mende: Alteisen zur Innovation von Gießerei und Frischprozess, FERRUM 73 (2001), S. 32 ff.
2 R. Reith: Recyclieren und Reparieren aus historischer Sicht, FERRUM 73 (2001), S. 25 ff.
3 Moderne Bauformen. Monatshefte für Architektur und Raumkunst 12 (1913), Heft 12, S. 621.
4 Nach: R. Ahnert / K. Krause: Typische Altbaukonstruktionen von 1860 bis 1960, Bd. 1. Berlin 1996, S. 32.
5 M. Koenen: Für die Berechnung der Stärke der Monierschen Cementplatten, Centralblatt der Bauverwaltung 6 (1886), S. 462.
6 G. A. Wayss (Hg.): Das System Monier in seiner Anwendung auf das gesammte Bauwesen. Berlin / Wien 1887; vgl. K.-E. Kurrer: Zur Frühgeschichte des Stahlbetonbaus in Deutschland – 100 Jahre Monier-Broschüre, Beton- und Stahlbetonbau 83 (1988), S. 6–12; ders.: Stahl + Beton = Stahlbeton?, Beton- und Stahlbetonbau 92 (1997), S. 13–17, 45–49.
7 Z.: Monier's Herstellung von Baustücken aus Cementmörtel mit Drahteinlagen, Centralblatt der Bauverwaltung 6 (1886), S. 88.
8 Baugewerks-Zeitung 22 (1890), S. 795; V. Hübner / C. Oehmig: Konfektionshaus Manheimer. Bauhistorische Untersuchung und Dokumentation. Unveröffentlicht, 1995.
9 Architekten- und Ingenieurverein zu Berlin (Hg.): Berlin und seine Bauten, 2. Ausg., Bd. 1. Berlin, S. 445 f.; Bd. 3. Berlin, S. 89 f.; V. Hübner / C. Oehmig, wie Anm. 8.
10 Vgl. M. Fischer: Steineisendecken – Innovation durch Konkurrenz (in diesem Band)
11 Architektenverein zu Berlin, wie Anm. 9, Bd. 1, S. 438.
12 Architektenverein zu Berlin, wie Anm. 9, Bd. 1, S. 440.
13 Sie folgen damit dem Muster eines Lagerhauses, das Monier und Wayss 1887 in ihrer Broschüre zur Nachahmung empfohlen haben.
14 Wayss & Freytag AG (Hg.) / E. Mörsch: Der Betoneisenbau. Seine Anwendung und Theorie. Neustadt/H. 1902.
15 Einen hervorragenden ersten Überblick gibt eine Diplomarbeit, die 1990 am Institut für Architektur- und Stadtgeschichte der TU Berlin entstand: E. Dittrich: Die Entwicklung des Stahlbetonbaus bis zum ersten Weltkrieg unter besonderer Berücksichtigung der Berliner Situation. Berlin 1990 (unveröffentlicht). Als ergiebige Quellen stehen die

einschlägigen Periodika wie das »Zentralblatt der Bauverwaltung« oder die Zeitschrift »Beton und Eisen« (ab 1904), aber auch die frühen Betonkalender (ab 1906) oder Empergers Standardwerk, das »Handbuch für Eisenbetonbau« zur Verfügung, dessen erste, vierbändige Auflage ab 1907 in Berlin bei Ernst & Sohn herauskam.

16 Als zu den frühesten gehörig seien das prachtvolle, nach Kriegszerstörung 1953 abgerissene Warenhaus Jandorf (Kottbuser Damm 1, 1905/06) oder der noch erhaltene, großzügig ausgelegte Hermannshof (Hermannstraße 48, 1905) erwähnt, bei dem auch schon die Dachbinder aus Parabel-Bögen in Eisenbeton bestehen. Interessant ist auch das Passagekaufhaus Friedrichstraße (Friedrichstraße 110–112, Oranienburger Straße 54–56a, 1907–1909), das nach Plänen des kaiserlichen Baurats Franz Ahrens errichtet wurde: Über dem ‚Scharnier' des abgewinkelten Passagenzugs erheben sich die Rippen der zu dieser Zeit weitest gespannten Eisenbetonkuppel der Welt. Sie ist dem Krieg zum Opfer gefallen, der verbliebene Torso an der Oranienstraße ist noch zu sehen (Kunsthaus Tacheles). – Siehe auch Chr. Reher: Der kaiserliche Baurat Franz Ahrens. Aufbruch in die Moderne, Masterarbeit am Lehrstuhl Bautechnikgeschichte (Studiengang »Bauen und Erhalten«), BTU Cottbus. Cottbus 2003 (unveröffentlicht).

17 S. Müller: Baupolizei und Einsturzunfälle, Beton und Eisen 11 (1912), Ergänzungsheft. Nach: A Pauser: Eisenbeton 1850–1950. Wien 1994, S. 81.

18 Bestimmungen für die Ausführung von Konstruktionen aus Eisenbeton bei Hochbauten. Runderlaß des Preußischen Ministers der Öffentlichen Arbeiten, Zentralblatt der Bauverwaltung 24 (1904), S. 253 ff.

19 Zu systematisch erarbeiteten Aussteifungslösungen vgl. Gerhard Mensch: Die Aussteifung von Stahlskeletthochhäusern, Der Stahlbau 4 (1931), S. 37 ff.

Sichtbeton im Kirchenbau – Anmerkungen zum Erzbistum Köln

Karl Josef Bollenbeck
Petra Gerlach

Die Verwendung von Stahlbeton eröffnete auch im Kirchenbau neue Gestaltungsmöglichkeiten: Mit der von Anatole de Baudot errichteten Kirche St-Jean-de-Montmartre (1894–1902) in Paris entstand das erste Bauwerk überhaupt, bei dem alle tragenden Elemente, einschließlich der Gewölberippen, aus unverkleidetem Stahlbeton bestehen. Der Stil des Gebäudes blieb jedoch zeittypisch gotisch. Gerade im Kirchenbau war man noch nicht bereit, sich von den traditionellen Formen, die ihren Charakter den gewohnten Baumaterialien Holz und Stein entlehnten, zu lösen: So entstanden beispielsweise Pfeiler mit Betoneckquadern, profilierte Betonmaßwerke oder Turmmauerwerke mit Beton-, Zier- und Profilsteinen, die von bearbeiteten Natursteinen kaum zu unterscheiden waren.[1]

In Deutschland setzte erstmals Theodor Fischer beim Bau der Garnisonskirche in Ulm (1906–1910) eine sichtbare Konstruktion von Stahlbetonbindern ein und gab damit einen wichtigen Impuls.[2] Weitere vorbildhafte Kirchenbauten waren die 1922/23 von Gustav Perret in Le Raincy bei Paris errichtete Kirche Notre Dame, die Pfarrkirche St. Antonius[3] in Basel (1925–1927) von Karl Moser oder die 1926 von Fischers Schüler Dominikus Böhm in Mainz erbaute Christus-König-Kirche, die in der Öffentlichkeit allerdings auf eine zwischen schroffer Ablehnung und Anerkennung geteilte Resonanz stieß – ebenso wie die 1930/31 von Karl Pinno und Peter Grund in Stahlbeton errichtete Petri-Nikolai-Kirche in Dortmund oder die Kölner St. Petrus-Canisisus-Kirche von Wilhelm Riphahn, die dieser trotz erheblicher Widerstände des Kirchenvorstands mit Fensterflächen aus Sichtbetonfertigteilen ausstattete.[4]

Einflussreich für die Entwicklung einer neuen Formensprache im Kirchenbau war außerdem das (nicht ausgeführte) »Sternkirchenprojekt« von Otto Bartning[5] und die mit sozialen Utopien verbundene Idee der »Stadtkrone,«[6] die ein kristallines Kultgebäude als Mittelpunkt vorsah.

Bis in die Nachkriegszeit herrschten im Kirchenbau jedoch meist verkleidete Betonkonstruktionen vor. Auch dem Sichtbeton gegenüber aufgeschlossene Architekten folgten der Tradition: Rudolf Schwarz verputzte die Betonkonstruktion seiner 1929/30 in Aachen errichteten Fronleichnamskirche und Dominikus Böhm verkleidete die 1932/33 erbaute Kirche St. Engelbert in Köln-Riehl außen mit Klinkern und im Inneren – allerdings wohl eher aus akustischen Gründen – mit einem Putz aus Bims- und Schlackensand in Weißkalkmörtel.[7]

Abb. 1
Franziskanerkloster Allensbach, Mittelschiff im Rohbau, 1926

Abb. 2
Franziskanerkloster Allensbach, nach der Fertigstellung, 1926

Die unmittelbare Nachkriegszeit

Seit dem Ende des Zweiten Weltkriegs sind im Kölner Erzbistum über 600 Kirchenbauten entstanden. Bei etwa einem Drittel von ihnen bestimmt Sichtbeton das Erscheinungsbild.[8] Wie ist diese breitenwirksame Hinwendung zum unverkleideten Beton zu erklären?

Zwei Publikationen leisteten hierbei Hilfestellung: Zum Einen die 1947 erschienene Enzyklika »Mediator Dei«, in der Papst Pius XII. – ein Bewunderer des Baus von Christus König in Mainz, den er aus seiner Zeit als päpstlicher Nuntius in Deutschland kannte – feststellte: »*... daß die modernen Bilder und Werke nicht aus vorgefaßter Meinung verachtet und verworfen werden dürfen, und* *daß ehrfürchtig dienender moderner Kunst unbedingt die Bahn offen stehen soll.«* Zum Anderen die 1948 in der Schweiz veröffentlichte wegweisende Darstellung »Betonkirchen« von Ferdinand Pfammatter, die erstmals ausführlich über die Verwendung von Beton im Kirchenbau von ca. 1890–1948 in Europa und in Einzelbeispielen auch darüber hinaus berichtete.[9]

Zudem hatten die Zerstörungen des Krieges ein neues Verhältnis zur unverhüllten Konstruktion vorbereitet. »*Vielmehr war es, daß wir den Wert dieser großartigen Bauten eigentlich in diesem zerbrochenen Zustand erst so recht zu erkennen glaubten*«, so Gottfried Böhm,[10] und ähnlich Josef Lehmbrock: »*In Rommerskirchen habe ich nur aus Trümmersteinen gebaut. Aus abgehauenen Steinen, da waren die Putzreste noch dran. Das ging natürlich nicht restlos ab, aber die sahen fantastisch aus. Die Wände, wo die ganzen winzigen Reste von Putz noch waren, das war wie gemalt, und wunderbar sah das aus (…) da hatten wir die Bruchsteine, Plattenbruchboden und all diese Sachen – und das sah wunderbar aus. Das war eine echte Nachkriegskunst, aus der Not heraus.*«[11]

So führte die Notwendigkeit, sich in den Ruinen einzuhausen, zu einer neuen Formensprache im Kirchenbau, die auch Architekturfragmente mit einbezog. Dies geschah z. B. in St. Columba in Köln, wo ursprünglich die erhalten gebliebene Nordwand in den Neubau integriert werden sollte, dann jedoch als bauliches Zitat auf eine neue Sichtbetonfläche übertragen wurde.[12] Wo die erwünschte Materialsichtigkeit der Konstruktion nicht hinreichend hervortrat, schlug man nun sogar den Putz von Wänden und Gewölben, z. B. 1950 in der neugotischen Kirche St. Mariä Empfängnis in Düsseldorf. Der zuständige Architekt, Josef Lehmbrock, öffnete Teilbereiche der Kirche außerdem großflächig für eine verstärkte Durchlichtung mit Betonfenstern von Günter Grote.[13]

Die erste Kirche im Erzbistum Köln seit Kriegsende entstand 1947–1949 mit St. Sakrament in Düsseldorf Heerdt. Willi Weyres baute hier einen auf kirchlichem Grund errichteten Luftschutzbunker um und gab dem Sichtbeton zugleich eine neue gestalterische Rechtfertigung. Denn die Kombination der herausgesprengten Fensterlöcher und des ausgekernten Raums – die Spuren der ehemaligen Schutzräume sind an den Wänden heute noch ablesbar – entfalten eine sehr suggestive, geradezu symbolische Wirkung. Außerdem wurde hier erstmals erprobt, Gussbetonfenster in einen Betonrahmen einzusetzen.[14]

Neue Formen

Gottfried Böhm und andere suchten jedoch bald nach neuen Wegen im Umgang mit Sichtbetonkonstruktionen. Böhm versuchte beispielsweise, die teilweise reich gefalteten und kassettierten

Abb. 3
St. Josef, Köln-Braunfels, 1954

Abb. 4
St. Rochus, Düsseldorf, 1955

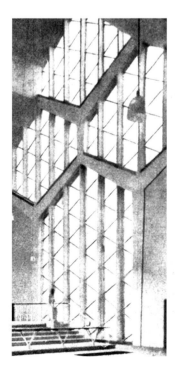

Deckensysteme seines Vaters Dominikus Böhm in ein selbständiges Tragwerk zu überführen und entwickelte gemeinsam mit dem Statiker Fritz Leonhardt die so genannte Gewebedecke, die auf der Ausnutzung der Zugkräfte des Stahls im Sinne von umgekehrt aufgehängten Schalen beruht.[15] Sie wurde erstmals 1949 bei der Überdachung der St. Columba-Kapelle in Köln erprobt[16] und 1953 auch in den größeren Kirchen Heilig Geist in Essen-Katernberg und St. Paulus in Velbert eingesetzt.

Inspirierend wirkte natürlich auch der von Le Corbusier konzipierte Neubau der Wallfahrtskirche in Ronchamp mit seinen skulptural geordneten Baumassen.[17] Diese Anregung wurde 1955 in der von Paul Schneider-Esleben errichteten Pfarrkirche St. Rochus in Düsseldorf aufgegriffen. Die zweite Neuerung Le Corbusiers, die Zusammenfügung von Beton und Natursteinen, wurde 1957 u. a. von Rudolf Steinbach und Horst Kohl im Neubau der Kirche Zum Hl. Kreuz in Hennef-Süchterscheid umgesetzt. In ähnlicher Montageweise führte Josef Lehmbrock 1956–1958 das Innere der Kirche Zum Heiligen Kreuz in Düsseldorf-Rath aus.

Rückblickend sind für die nach 1945 errichteten Kirchenbauten hauptsächlich drei Konstruktionsvarianten festzustellen. Dies belegen die nachstehenden Beispiele aus dem Erzbistum Köln:

Sichtbeton und Ziegel

Die Kombination von Sichtbetontragwerk und Ziegelausfachung herrscht in der Mehrzahl der Kirchenbauten vor. Ein frühes Beispiel ist die 1951 von Heinz Thoma errichtete Marienkirche in Düsseldorf-Lörick. Es folgen u. a. 1954 die von Rudolf Schwarz erbaute Kirche St. Josef in Köln-Braunsfeld und die Kirchen Zum Göttlichen Erlöser in Köln-Rath und St. Maria Königin in Kerpen-Sindorf von Fritz Schaller, die 1959 – wiederum von Schwarz – geplante St. Christophorus in Köln-Niehl und 1963 St. Elisabeth in Bergisch-Gladbach-Refrath von Bernhard Rotterdam.

Kirchenbau mit Fertigteilen

Schon 1952 konstruierte Georg Maria Lünenborg die Kirche St. Marien in Köln-Gremberg aus großformatigen Fertigteilen in Plattenbauweise. 1958 folgte Josef Lehmbrock mit dem Montagebau St. Albertus Magnus in Leverkusen-Schlebusch, den er mit einem hölzernen Tragwerk hallenartig überspannte.

Abb. 5
Innenraumperspektive, St. Marien, Köln-Gremberg, 1952

Abb. 6
St. Marien im Bau, Köln-Gremberg, 1952

Abb. nächste Doppelseite
Betonskelett der St. Marienkirche in Ludwigshafen, 1928. Firmenarchiv der Ways & Freytag AG

Im selben Jahr setzte Fritz Schaller in die Sichtbetonkonstruktion der Kirche St. Johannes der Täufer in Leverkusen-Alkenrath große Fertigteilelemente als Fensterwände ein, ebenso Klaus Goebel 1960 beim Neubau von St. Michael in Wuppertal, bei dem er zugleich erstmals Betonreliefs in eine Betonwand integrierte.

1964/65 griff Erwin Schiffer beim Kirchenneubau St. Elisabeth in Gummersbach-Derschlag das Bauen mit Betonfertigteilen wieder auf. Vorfertigung gab es dann (vorläufig) letztmals beim Bau von St. Viktor in Düsseldorf-Knittkuhl 1982.

»Monolithe« aus Beton

Monolithisch-skulptural wirkende Sichtbetonkirchen entstanden vor allem in den 1960er- und 1970er-Jahren, so beispielsweise 1962 die Kirche St. Stephan in Brühl von Gottfried Böhm. Er hatte hier in Anlehnung an die 1930 von seinem Vater Dominikus in Birken-Honigsessen errichtete St. Elisabeth-Kirche einen quadratischen Grundriss und ein gefaltetes Holzdach gewählt. Erst als der Rohbau schon bis zum Dachrand stand, hatte Böhm die Idee, das Gebäude mit einem Betonfaltdach abzuschließen, »... *denn mich begeisterte die Möglichkeit, Decken und Wände zu einer Einheit zusammenzufassen.*«[18] In diesem Sinne entwarf er daher auch das Kinderdorf mit Kapelle in Bergisch-Gladbach-Refrath, außerdem die Kirche St. Anna in Wipperfürth-Hämmern (1962–1966), die Stadtkirche St. Gertrud in Köln (1964) und die Wallfahrtskirche in Neviges (1963–1968).

Eine Reihe weiterer monolithischer Kirchenbauten im Erzbistum Köln wurde schließlich mit der Studentenkirche in Köln, die 1968/69 von Josef Rikus und Heinz Buchmann errichtet wurde, abgeschlossen.

Heute sind leider viele Sichtbetonkirchen durch Farb- und Pastenbeschichtungen oder durch Verkleidungen bis zur Unkenntlichkeit entstellt,[19] so z. B. die 1954–1956 von Dominikus und Gottfried Böhm gemeinsam errichtete Pfarrkirche St. Anna in Köln-Ehrenfeld. Es liegt an uns, Fachwelt und breiter Öffentlichkeit die architektonische Bedeutung, Schönheit und Wertschätzung dieser Bauten und damit auch die Notwendigkeit ihres Erhalts zu vermitteln.

Ortbeton oder Vorfertigung | Sichtbeton im Kirchenbau

Anmerkungen

1 Paloma Gil: El templo del siglo XX. Ediciones Del Serbal, Arquitectura / Teoria, Bd. 5. Barcelona 1999, S. 16ff. Ferdinand Pfammatter: Betonkirchen. Zürich / Köln 1948, S. 36.
2 Wolfgang Pehnt: Die Architektur des Expressionismus. Ostfildern 1998, S. 269.
3 Die Antoniuskirche in Basel, herausgegeben von der Römisch-Katholischen Kirche Basel-Stadt. Basel 1991.
4 Siehe dazu Barbara Kahle: Rheinische Kirchen des 20. Jahrhunderts, Landeskonservator Rheinland, Arbeitsheft 39. Köln 1985, S. 33ff.; Pfammatter, wie Anm. 1, S. 72 f.; Willy Weyres: Der Kirchenbau im Erzbistum Köln 1920–1931, Verein für Christliche Kunst im Erzbistum Köln und Bistum Aachen, Kunstgabe 1932. Erzbischöfliches Diözesanmuseum. Köln 1932, S. 13, Abb. 23 f.; Josef Habbel (Hg.): Dominikus Böhm – Ein deutscher Baumeister. Regensburg 1943, S. 45 f.
5 Gesine Stalling: Studien zu Dominikus Böhm mit besonderer Berücksichtigung seiner Gotik-Auffassung, Europäische Hochschulschriften, Reihe 28: Kunstgeschichte, Bd. 4. Frankfurt/M. 1974, S. 56, Abb. 41–44.
6 Bruno Taut. Ausstellungskatalog, herausgegeben von der Akademie der Künste Berlin. Berlin 1980, S. 61 ff., 99ff.; Die gläserne Kette. Ausstellungskatalog, herausgegeben von der Akademie der Künste Berlin u. a. Berlin 1963; Schriftenreihe der Akademie der Künste Berlin 10 (1979), S. 13 ff.
7 Dominikus Böhm, wie Anm. 4, S. 124, Abb. S. 121–125; Karl Josef Bollenbeck: Sichtbeton an Kirchen des Erzbistums Köln. In: Rheinisches Amt für Denkmalpflege (Hg.): Denkmalpflege im Rheinland 14 (1997), Nr. 2, S. 80–90, 508, Tafel 264–279.
8 Einen Überblick geben Karl Josef Bollenbeck: Neue Kirchen im Erzbistum Köln 1955–1995, herausgegeben vom Erzbistum Köln, Abteilung Bau-, Kunst-, Denkmalpflege, Bd. 1 und Bd. 2. Brühl 1995; Bollenbeck, wie Anm. 7; Kahle, wie Anm. 4.
9 Pfammatter, wie Anm. 1.
10 Gottfried Böhm: Romanische Kirchen in Köln – Zwischen Denkmalpflege und Denkmalzerstörung, Beitrag zum Symposium des BDA. Masch.schriftl. Vorlage des Verfassers, 1991.
11 Katherin Bollenbeck / Gavrilo Zambon: Josef Lehmbrock im Interview, Schriftenreihe »Schwarz auf Weiss« 1 (2000), S. 12 f.
12 Bollenbeck, wie Anm. 7, S. 80–90, S. 84 f. Die Wand und das angrenzende Kloster sind dem Neubau des Diözesanmuseums zum Opfer fallen.
13 Karl Josef Bollenbeck: Denkmalpflege als schöpferischer Prozess. 16 Kirchen in Düsseldorf, Schriftenreihe »Schwarz auf Weiss« 2 (2000), Abb. 18.
14 Karl Josef Bollenbeck, wie Anm. 13, Abb. 64–72.
15 Svetlozar Reav (Hg.): Gottfried Böhm. Bauten und Projekte 1950–1980. Köln 1982, S. 14.
16 Gottfried Böhm, wie Anm. 15, S. 15.
17 Le Corbusier: Œuvre Complète 1946–1952. Zürich 1955, S. 86 f.
18 Gottfried Böhm, wie Anm. 15, S. 16.
19 Ulrich Krings: Oberflächenschutz mit Tiefenwirkung? Sanierungsstrategien für Sakralbauten der Moderne in den Rheinlanden. Masch.schriftl. Vorlage zu einem Vortrag anlässlich einer Jahrestagung der Landesdenkmalpfleger der BRD in Halle an der Saale, 19.–22. Juni 2001.

Abb. 7
Wallfahrtskirche Neviges, 1963–1968

Abb. 8
St. Sakrament, Düsseldorf-Herdt, 1947–1949

Abb. nächste Doppelseite
Wohnsiedlung Freiberg bei Stuttgart-Mühlhausen, städtebauliche Planung durch das Stadtplanungsamt Stuttgart in Kooperation mit Richard Döcker, Wohnungsbauten von Brenner, Greif, Jäger/Pabst/Oelssner/ Storm, Kilper & Partner, Klatt, Rau, Torner, Weinbrenner/Kuby/Rehm, Zimmer u. a., geplant 1959–1961 und gebaut 1963–1969

Bruno Krucker

Zum entwerferischen Potenzial der »Schweren Vorfabrikation«

Die Architekturgeschichte des 20. Jahrhunderts ist geprägt von Bestrebungen, Fertigungsmethoden der industriellen Produktion von Gütern auf die Erzeugung von Bauten anzuwenden. Solche Versuche sind auf sehr unterschiedlichen Ebenen und mit unterschiedlichen Zielen angesetzt worden, die ein enormes Spektrum von Möglichkeiten hervorgebracht haben. Die Aspekte der Industrialisierung reichen dabei von technischen und prozessualen Veränderungen der Baustelle bis zu ganz neuen architektonischen Fragestellungen zur materiellen und ästhetischen Beschaffenheit von industriell hergestellten Gebäuden.

Bezüglich solcher Themen verhält sich die »Schwere Vorfabrikation« recht ambivalent. Im Vergleich zu anderen Technologien war sie in der Verbreitung zwar äußerst erfolgreich, hatte aber meist mit dem Problem des Vorrangs von technologischen vor architektonischen Qualitäten zu kämpfen, was manche als reine Massenprodukte gebauten Siedlungen illustrieren. Die Entwicklung und das architektonische Potenzial der »préfabrication lourde« möchte ich stellvertretend an drei konkreten Beispielen aus Frankreich untersuchen, da sich dort der Übergang von primär technischen Innovationen zu bewusst architektonisch motivierten Anwendungen exemplarisch nachvollziehen lässt. Daran anschließend folgt ein Blick auf die Verhältnisse in der Schweiz mit einem aktuellen Beispiel aus meiner eigenen praktischen Tätigkeit als Architekt.

Mit diesen Fallstudien möchte ich das architektonische Potenzial der »Schweren Vorfabrikation« erörtern und Möglichkeiten aufzeigen, wie innerhalb des beschränkten Spielraums dieser Technologie dennoch entwerferische Themen erarbeitet werden können.

Abb. 1
Siedlung in Drancy, Beaudouin und Lods

Abb. 2
Stahlskelett, Siedlung in Drancy

Frankreich

Die Entwicklung nach dem Ersten Weltkrieg in Frankreich[1] ist stark von einzelnen Personen geprägt: so dem Architekten Marcel Lods, der zusammen mit seinem Partner Eugène Beaudouin seit den 1930-Jahren in verschiedenen Bereichen an der Entwicklung des industriellen Bauens beteiligt war. Namentlich aus der Zusammenarbeit mit Jean Prouvé entstanden wegweisende Werke im Stahlbau neben der bekannten Maison du Peuple in Clichy (1937–1939)[2] kurz vorher ein Clubgebäude in Buc (1935/36) oder Prototypen für Weekend-Häuser (1937–1939).

Neben diesen innovativen Beiträgen im Stahlbau gelang es Beaudouin und Lods, eine bedeutende Reihe von Bauten in Beton-Vorfabrikation zu realisieren. Dass am Anfang vor allem technische Interessen und die Faszination an der Herstellung im Vordergrund standen, belegt eine Siedlung im Norden von Paris, in Drancy, die in zwei Etappen von 1933 bis 1936 realisiert wurde.[3] Neben der städtebaulich interessanten Disposition der Siedlung als Kombination von Hochhaustypen mit fingerartigen, niedrigen Gebäuden lag der Hauptbeitrag der Entwicklungen im konstruktiven Bereich. Das angewandte Verfahren beruhte auf der Verbindung eines minimal dimensionierten Stahlskeletts mit vorfabrizierten Betonteilen, die zusammen vergossen wurden und erst im Verbund die Tragfähigkeit des Gebäudes gewährleisteten. Diese patentierte Entwicklung stammte von einem Ingenieur namens Eugène Mopin, der solche Verbundkonstruktionen bereits in England erprobt hatte.[4] In Drancy wurde die Detailausbildung und Befestigung der Teile weiterentwickelt, indem an der Rückseite der Elemente vorstehende Beton-Noppen direkt in die Stahlprofile eingelegt und mit diesen vergossen werden konnten.

Die Betonteile wurden wie damals üblich in eigens erstellten Hallen auf der Baustelle fabriziert, um teure Transporte zu vermeiden, und sie mussten ohne mechanischen Kran versetzt werden können, was ihre geringe Größe erklärt. Im Gegensatz etwa zu den Bauten in Dessau oder den bekannten Siedlungen von Ernst May in Frankfurt wurden die Teile nachträglich nicht verputzt, sondern roh belassen, da sie bereits mit der Produktion die fertige Oberfläche erhalten hatten, indem sie vor der Trocknung gewaschen und gebürstet worden waren, was eine Art Waschbeton ergab. Mit dieser Vorgabe war es klar und unumgänglich, die einzelnen Platten und die Fugen zwischen ihnen als solche sichtbar zu lassen: Das Gebäude erschien als gefügtes Gebilde, das die Art und Weise seiner Produktion im fertigen Zustand direkt zeigte. Die formalen Konsequenzen dieser Bauweise waren weit reichend und zeigten sich in Drancy zwar offensichtlich, wurden aber auf architektonischer Ebene kaum thematisiert.

Erst mit der kurz nach der Siedlung in Drancy erbauten Freiluftschule in Suresnes 1935/36[5] entwickelten Beaudouin und Lods die Oberflächenbehandlung und Fügung der Teile in einem nun bewusst auch ästhetisch motivierten Einsatz weiter und führten so die gefügte Konstruktion zu einem ihr eigenen Ausdruck.

Le Corbusiers Unité in Marseille: »Schwere Vorfabrikation« und »Béton brut«

Solche Entwicklungen wurden, unterbrochen durch die Kriegszeit, nach 1945 wieder aufgenommen. Eugène Mopin selbst war nicht beteiligt, hingegen spielte der Ingenieur Vladimir Bodiansky eine wichtige Rolle; er hatte schon bei der Siedlung in Drancy und an der Maison du Peuple in Clichy mitgearbeitet. Bei der »Unité d'habitation« in Marseille kamen die von Mopin entwickelten und in Drancy ausgearbeiteten Prinzipien in wesentlichen Bereichen zum Einsatz. Wie dort wurde ein Verbund von vorgefertigten Teilen mit am Ort gegossenen Bauteilen erzeugt, indem die vorfabrizierten Betonbrüstungen der vorgelagerten Loggien direkt mit dem statisch eingesetzten Ortbeton vergossen wurden. Dies führte bei den Übergängen zu leicht unpräzisen, rauen Stellen, die einen eigenen Charme, den des »Béton brut«, verbreiteten. Neben der technischen Anwendung kam so gleichwertig auch das ästhetische Potenzial zur Geltung, das mit ausgesparten Nischen und eingelegten Keramikstücken noch intensiviert wurde. Auf der Ebene der ästhetischen Wirkung war die erzeugte Stimmung für eine ganze Generation folgender Architekten von großer Bedeutung.

Abb. 3
Siedlung in Drancy,
Montage der Betonteile

Dass auch dieser experimentelle Bau nicht ohne Rückgriffe auf bereits erarbeitete Technologien auskam, wird hier offensichtlich. Solche konstruktiven Prinzipien aber in neue Zusammenhänge und zu einer ästhetischen Wirksamkeit gebracht zu haben, ist ein Hauptfaktor für die Dichte und Komplexität der Unité in Marseille, die sie zu einem ‚Leitbau' der Nachkriegsarchitektur werden ließen.

Jean Dubuisson: Auf dem Weg zur Normierung

In der weiteren Entwicklung der »Préfabrication lourde« wurden aber ganz andere Wege eingeschlagen, die für die Entwicklung des Wohnungsbaus in Frankreich prägend waren. Mit der Siedlung »Shape Village« (1951/52) in Saint Germain-en-Laye, westlich von Paris, wurde ein neues Kapitel der Vorfabrikation mit geschosshohen Elementen erprobt, auch wurden die Grundlagen für eine weit gehende Normierung und Reglementierung von Bausystemen und Wohnungstypen gelegt.[6]

Neben den architektonischen Untersuchungen von Jean Dubuisson stand die Analyse des Ablaufs der Planung, Produktion und Montage der Bauten im Vordergrund des Experiments – mit dem Ziel, die Gesamtlogistik zu erfassen und die Koordination zwischen Herstellung, Lagerung und Montage der Elemente zu optimieren. In diesem Sinne ist »Shape Village« ein Angelpunkt zum Verständnis der Entwicklung bis in die 1960er-Jahre.

Auf der architektonischen Ebene gelang es Dubuisson, unter Verwendung teilweise nichttragender Fassaden einen Ausdruck von Leichtigkeit und ‚Modernität' zu erzeugen. Weit bestimmender und einschränkender für spätere Baustellen waren aber die Folgerungen aus den Analysen des Gesamtablaufs: Zugunsten der Effizienzsteigerung und Kostenoptimierung wurde die mögliche Anzahl unterschiedlicher Elementtypen drastisch reduziert, um größere Serien herstellen zu können. Die Auswirkungen dieser staatlich erlassenen Normierungen der Bausysteme und der Reglementierung möglicher Grundrisstypen sind bekannt und weit reichend: Mit der zunehmenden Zahl der auf Grund dieser Vorgaben erstellten Siedlungen verbreitete sich rasch ein Bild der Monotonie über ganze Vororte um Paris.

Die anfängliche Begeisterung für die Vorfabrikation zur Lösung der Wohnungsnot wendete sich binnen weniger Jahre in weit verbreitete Kritik und in Unzufriedenheit: Die industrielle Produktion von Häusern in großen Mengen erlebte zwar mit der »Schweren Vorfabrikation« ihren Durchbruch, sie ging aber einher mit einer städtebaulichen und architektonischen Banalisierung nie ge-

Abb. 4
»Grands Ensembles«

Abb. 5
Industrielle Produktion von Häusern, Siedlung in Moskau

kannten Ausmaßes und mit schwerwiegenden sozialen Problemen in den »Grands Ensembles«, wie die Siedlungen genannt wurden.

Die Reaktion der Architekten auf die stark einschränkenden Bedingungen waren unterschiedlich: Während manche sich diesen Vorgaben unterwarfen, gab es Fälle von völliger Verweigerung solcher Aufträge, wie sie etwa Claude Parent demonstrativ betrieb, der sich stattdessen einem Betätigungsfeld widmete, das in utopischen Zeichnungen und manifestartigen Texten eine neue, zukünftige Welt zu schaffen versuchte.[7] Mit wenigen Bauten und einigen Texten hatte er jedoch erst recht einen nachhaltigen Einfluss auf die heutige Architektur, indem er Themen wie die schräge Ebene oder skulpturale Baukörper untersuchte, die bis heute beispielsweise in Projekten von Rem Koolhaas anklingen.

Uns interessieren hier aber Konzepte und Möglichkeiten nicht der Verweigerung, sondern des Umgangs mit den realen Bedingungen der Produktion von Bauten. Diese möchte ich an zwei völlig konträren Beispielen zeigen: Das eine stammt von Paul Bossard, der in einer Art Archaisierung ein ganzes System neu erfand, das andere von Emile Aillaud, der mit der poetischen Bejahung des Bestehenden arbeitete.

Paul Bossard: Archaisierung der Vorfabrikation

Der Auftrag für eine Siedlung in Créteil, im Süden von Paris, war für den Architekten Paul Bossard die Gelegenheit, ein ganzes System von vorfabrizierten Teilen nach eigenen Kriterien neu zu entwickeln, da die Baustelle einem speziellen Programm für experimentelle Bauweisen zugeordnet wurde. In einem ehemaligen Steinbruch gelegen, sind die Gebäude in einer bewegten Topografie situiert, auf die sie mit ausgeprägten, leicht geböschten Sockeln, Versätzen und Abbrüchen reagieren. So wird schon auf der Ebene der städtebaulichen Anordnung ein repetitiver Eindruck vermieden. Die Volumen selbst sind mit umlaufenden Betonbändern stark horizontal gegliedert. Dazwischen alternieren Öffnungen unterschiedlicher Breite mit geschlossenen Betonelementen in lockerer Anordnung. Die einzelnen Wohnungen treten dadurch in den Hintergrund zugunsten einer großzügigen, diskreten Wirkung des Ganzen. Der auffälligste Aspekt der Siedlung ist aber die Rauheit ihrer Ausführung. Die vorfabrizierten Teile wirken unpräzise, fast grob, und die überbreiten Fugen, mit denen beträchtliche Toleranzen aufgenommen werden konnten, lassen die Vorfabrikation hier als nicht besonders hoch stehende Technologie erscheinen. Deren übliche Rationalität und Präzision wird auf diese Weise demontiert und in eine archaische Welt überführt.

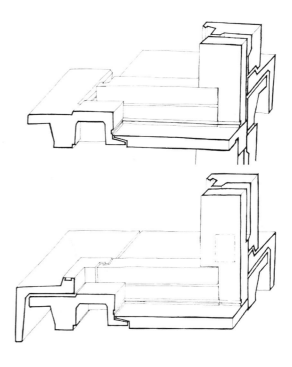

Abb. 6
Siedlung in Creteil, Paul Bossard

Abb. 7
Siedlung in Creteil, »Individualisierung« der Elemente

Das Vorgehen Bossards beruhte auf einer kritischen, detaillierten Analyse einfacher Funktionen. So untersuchte er zum Beispiel die Wasserdichtigkeit zwischen den einzelnen Elementen, die üblicherweise mit einer Kittmasse in den Fugen gewährleistet wird und die bekannten Ansichten der liniendurchzogenen Flächen von Plattenbauten ergibt. Aus einer solchen Analyse heraus wurde bei Bossard die Anforderung der Dichtigkeit nicht mit einer geschlossenen Fuge, die das Wasser abwehrt, gelöst, sondern mit einer offenen Verzahnung der Elemente, die eingedrungenes Wasser zu sammeln und wieder auszuscheiden vermag. Daraus entstanden komplex geformte Teile, die auf einem Übergreifen und räumlichen Verschränken beruhen. Im Gegensatz zu normierten Vorfabrikationssystemen, bei denen das Zusammenkommen der Elemente nur aus stumpfen, flächigen Fugen besteht, wird hier die Verzahnung der Elemente zur sinnlichen Visualisierung eines Vorgangs. Die dreidimensionale Ausformung der Teile thematisiert die Logik der Fügung und macht sie nachvollziehbar. Diese Verzahnung und Verfaltung der Elemente zeigt stellvertretend die Denkweise von Paul Bossard, die auf der Analyse von einfachen Gegebenheiten beruht und aus der Hinterfragung bekannter Muster ein ganzes Konstruktionssystem neu entwickelt.

So hat dieses Denken auch formale Konsequenzen, die in der Gesamtheit der Maßnahmen zu einer stark wirksamen ästhetischen Strategie werden.

Manifestationen dieser kritischen, auf das Spezifische hinarbeitenden Haltung und deren formale Auswirkungen finden sich auch an anderen Stellen; so an den in die Betonelemente eingelegten Steinen. Sie durchziehen in unregelmäßiger Anordnung und unterschiedlicher Dichte die ganzen horizontalen Bänderungen und die geböschten Schalen im Sockelbereich. Die Steine wurden von den Arbeitern – auf diese Weise in den Prozess der Kreation eingebunden – in die noch feuchten Elemente gedrückt. Mit dieser ‚Individualisierung' der Elemente wird die anonyme, endlose Repetition der Serie gebrochen und in Frage gestellt. Darüber hinaus induzieren die eingelegten Steine einen Geschichtsbezug: Zum Einen sind sie eine direkte Reminiszenz an den vormaligen Steinbruch an diesem Ort, zum Andern verweisen sie auf eine unbestimmte Prähistorie, mit dem Artifiziellen auf menschliche Dimensionen, mit dem Konglomerathaften der Blöcke auf geologische Zeiträume.

Aus einem kritisch-analytischen Denken heraus gelang es Bossard, die Dinge auf seine Art neu zusammenzusetzen. Statt Verallgemeinerung suchte er auf jeder Ebene das Spezifische: am Ort, bei der konstruktiven Durchbildung des Bausystems und der Behandlung der Oberflächen.

Die Haltung, die hinter diesem Vorgehen liegt, und der humanistische Aspekt darin versuchten mit den Konventionen der »Modernen Architektur« zu brechen. Ausgehend von realen Bedingungen

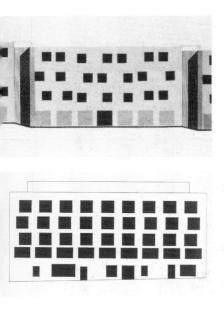

Abb. 8
Fassadenzeichnung, Siedlung »La Grande Borne«, Grigny

Abb. 9
Fassadenzeichnung, Büro Diener & Diener

Abb. 10, 11, 12
Siedlung »La Grande Borne«, Grigny

benutzte er die Gelegenheit, einen Diskurs über die Problematik der »Grands Ensembles« und die Technik der Vorfabrikation zu führen, indem er die üblichen Prämissen genau umkehrte: Es sieht roh und primitiv aus, ist aber höchst raffiniert durchdacht. Das Ergebnis hat in seiner Rauheit und Unmittelbarkeit eine große Sinnlichkeit und Poesie.

Emile Aillaud: Poetische Aufladung vorhandener Bausysteme

Auf ganz anderen Strategien beruhte die Arbeit des Architekten Emile Aillaud, der nicht mit Verweigerung oder einer kritischen Analyse auf die eingeschränkten Möglichkeiten reagierte, sondern in Form einer radikalen Bejahung der Bedingungen der Produktion zu einer eigenen Haltung fand. So unternahm Aillaud keinen Versuch, die Vorfabrikationssysteme mit konstruktiven Innovationen zu verändern, sondern baute auf ihren inhärenten Regeln auf und nutzte diese für einen spielerischen Umgang.[8]

Am Beispiel der von ihm 1967–1971 erstellten Siedlung »La Grande Borne« in Grigny, im Süden von Paris, lässt sich zeigen, wie er mit einer Reduktion der Elementtypen dennoch einen großen Spielraum eröffnen konnte. Im Wesentlichen operierte er mit drei Grundtypen von Platten, einer ebenen und je einer nach innen oder nach außen gekrümmten. Dazu kamen einige wenige Öffnungstypen, alle als Aussparungen innerhalb der Platte, sowie eine Auswahl von Mosaiksteinen für die äußeren Oberflächen der so genannten Sandwichelemente, die bei fast allen Systemen seit Anfang der 1960er-Jahre dreischichtig aufgebaut waren, mit einer Dämmschicht zwischen einer dünnen äußeren und einer tragenden inneren Betonwand.

Trotz dieser restriktiven Auswahl ergaben sich unter Ausnützung der großen Zahl gleicher Elemente und ihrer Kombination enorme Variationsmöglichkeiten; als wichtigste Variabel setzte Aillaud die unterschiedliche Lage der Öffnungen innerhalb der Elementflächen ein, was ohne großen Aufwand möglich war. Dadurch entstand eine Art Unschärfe in den Fassaden, die den rigiden, repetitiven Charakter der Elemente überspielte und so zu einem wesentlichen Mittel des Ausdrucks wurde. Gerade aus der extremen Reduktion heraus erreichte Aillaud so eine große Freiheit in der Repetition und Variation des eben nicht ganz Identischen.

Auf intelligente Weise nutzte er das Potenzial der industriellen Herstellung im Hinblick auf eine eigene Interpretation der Serie. Unter dem Begriff des »expressiven Gegenstandes« suchte er die Auflösung der maßstabgebenden Elemente und deren Überführung in eine poetische, fast kindliche Industriewelt. Ihn interessierte die Ästhetik des »Zahllosen«, die Sinnbild für die Rolle der

Masse im öffentlichen Leben sein sollte und den Aspekt des Zufalls miteinbezog. Er versuchte am Bau selbst und in der Bejahung seiner Produktionsbedingungen zu einem neuen Ganzen zu finden und das »menschliche Element« wieder in das industrielle Bauen einzuführen. Der Ansatz von Aillaud galt in den 1960er-Jahren neben den architektonischen Qualitäten auch in sozialer Hinsicht als vorbildlich und war auch in der kommerziellen Verbreitung recht erfolgreich.

Dass genau in Grigny Filme gedreht wurden, welche die Misere dieser Siedlungen zeigen, z. B. »La Haine« von Mathieu Kassowitz, mag ein Zufall sein, es zeigt aber die radikale Umwertung der Sichtweisen.

Die von Aillaud in den 1960er-Jahren untersuchten aformalen Aspekte von Fassaden sind in neuester Zeit wieder von großer Aktualität; solche Themen werden etwa von den Schweizer Architekten Diener & Diener untersucht, indem sie mit ähnlichen Mitteln gegen eine schematische Wirkung arbeiten – auf eine bewegte Oberfläche hin. Auch hier wurde der Begriff des »Informellen« wieder verwendet.[9]

Auswirkungen der Architektur der 1960er-Jahre zeigen sich daneben in starkem Ausmaß über Bilder und formale Aspekte vorfabrizierter Bauten. Dabei geht es um Fragen von homogenen oder gefügten Baukörpern, dieser an sich gegensätzlichen Eigenschaften, die aber am selben Objekt auf verschiedenen Ebenen vorkommen können und zu einer ,gefügten Homogenität' führen. Von solchen Interessen zeugen etwa die Studentenhäuser der Architekten Herzog und de Meuron in Dijon von 1992, die städtebaulich präzise auf ein weites, heterogenes Umfeld reagieren und mit einer Mischbauweise aus Ortbeton und gefügten Betonplatten versuchen, die bekannten, negativ belegten Bilder solcher Gebäude wieder mit neuen Assoziationen zu verbinden.

In der Schweiz

In der Schweiz gewannen industrialisierte Bauweisen erst im Zusammenhang mit der Bevölkerungsentwicklung in den 1960er-Jahren an Bedeutung, abgesehen von individuellen Experimenten und einigen erfolgreichen Entwicklungen in der Zwischenkriegszeit, etwa den Durisolelementen.[10]

In großen Zügen verlief die Anwendung von Bausystemen in der Schweiz, wenn auch mit zeitlicher Verzögerung, in ähnlicher Weise wie in Frankreich, indem unter dem Kriterium der Verbreitung nur die »Schwere Vorfabrikation« von Beton-Sandwichplatten einen wahrnehmbaren Erfolg erzielt hat. Ab 1966 entstanden in der Romandie und in Vororten um Zürich herum zahlreiche

Wohnsiedlungen, die von der Firma »Ernst Göhner AG« erstellt wurden. Die Bauweise basierte auf dem übernommenen und bewährten französischen Plattenbau-System »Camus«, das in Kombination mit wenigen Wohnungstypen und Gebäudeanordnungen das typische Bild der Schweizer Agglomerationen mitgeprägt hat. Die Grundrisse der Wohnungen waren gut brauchbar, als Architektur waren diese Göhner-Siedlungen jedoch von einer gewissen Banalität geprägt. Mit der Erdölverknappung Anfang der 1970er-Jahre ging die Wohnbautätigkeit stark zurück und die Produktion von Elementen für den Wohnungsbau kam praktisch zum Erliegen.

Und heute?

Am Beispiel eines Projekts für einen gemeinnützigen Wohnungsbau am Stadtrand von Zürich, das aus unserem Büro stammt, geht es um eine auf den neuesten Stand der Technologie und der Architektur gebrachte Anwendung von »Schwerer Vorfabrikation«: Die Wohnüberbauung mit dem Namen »Stöckenacker« ist 1997 aus einem Projektwettbewerb hervorgegangen und ist Teil eines zur Zeit laufenden Wohnbauförderungsprogramms der Stadt Zürich.[11]

Dimension und Maßstab der Bebauung nehmen großräumig Bezug auf die umliegenden Wohnsiedlungen, auf den grünen Freiraum eines Friedhofs und die Weite des Tales. In einem räumlich und städtebaulich unterdeterminierten Gebiet werden über die Konstellation von einzelnen Volumen und Gebäudefluchten wirksame Bindungen geschaffen und eine urbane Grundhaltung etabliert. Die unterschiedliche Konturierung von Straßen- und Gartenseite der Gebäude erlaubt spezifische Reaktionen auf die Umgebung: Linearität und eine gewisse Härte zur Straße, an der die artikulierten Zugänge zu den Häusern liegen, zum Grünraum hin eine bewegte Gliederung und Offenheit, die von der Ausrichtung der privaten Terrassen bestimmt wird. So entstehen urbane Qualitäten in einem Gebiet, das mit herkömmlichen Mustern kaum adäquat zu bebauen wäre. Dieses Verhalten generiert Volumen, die ungewohnte Abwicklungen annehmen und die nicht mehr auf einen Blick erfassbar sind, sondern sich erst in der Bewegung des wahrnehmenden Menschen erschließen. Eine großzügige, klare Gliederung verleiht den Baukörpern eine ruhige Präsenz und zurückhaltende Neutralität. Die bewegten Konturen werden durch die vertikale Gliederung vereinheitlicht und beruhigt. Das gleiche Gliederungsprinzip regelt sowohl die Öffnungen als auch die Balkone.

Das Kernstück der Wohnungen bildet die funktionale Zuordnung der Raumgruppe Wohn-/Essraum-Küche-Balkon. Sie generiert räumliche Zusammenhänge, die vom Wohnraum zur Terrasse

Abb. 13, 14, 15
Wohnüberbauung
»Stöckenacker«, Zürich, von
Ballmoos Krucker Architekten

führen und den Umraum über die Fassadenflucht direkt miteinbeziehen. So entstehen aus dieser einfachen, lebenstauglichen Anordnung räumlich komplexe Situationen, die über diese Grundkonstellationen einen hohen Grad an Strukturierung und Regelhaftigkeit erreichen. Weniger über Repetition als durch eine Art Selbstähnlichkeit werden immer wieder verwandte Stellen geschaffen.

Mit diesem inhärenten Ordnungsprinzip wird es möglich, über unterschiedliche Erschließungstypologien und Wohnungsgrößen hinweg andere Baukörper mit ähnlichen Eigenschaften zu erzeugen. Die Regelhaftigkeit kontrolliert dabei den Grad an zulässiger Dispersität.

Ein solches Verfahren setzt ein hohes Maß an Offenheit gegenüber formalen Konsequenzen voraus, da gewisse Erwartungen, z. B. nach einfachen, linearen Baukörpern, nicht erfüllt werden. Im Gegenteil: Die Volumen nehmen ungewohnte Abwicklungen an, die erst in der Bewegung des wahrnehmenden Menschen in ihrer Komplexität erfasst werden können.

Obwohl gänzlich anders generiert, nehmen die Gebäude Merkmale der umliegenden Bebauungen auf und sind so ganz selbstverständlich in das gegebene Umfeld eingebunden, bis zu einem Maß an Gewöhnlichkeit, das erst bei genauerem Hinsehen oder im Gebrauch seine ganze Dichte und Differenz offenbart.

Solche anonymen »Siedlungen und Agglomerationen« aus den 1960er- und 1970er-Jahren sind von den Schweizer Künstlern Fischli/Weiss 1993 unter diesem Titel fotografiert worden und so zu einem dokumentierten Teil der neueren Geschichte geworden und in ein allgemeines Bewusstsein getreten.

Konstruktion

Mit der Wiederaufnahme und Adaption der erprobten und bewährten Technologie der »Schweren Vorfabrikation« auf heutige Verhältnisse versuchen wir, Eigenschaften wie Haltbarkeit und Alterungsfähigkeit mit entwerferischen Themen zu einer Synthese zu bringen und daraus neue Qualitäten zu schaffen. Dahinter steht die Überzeugung, dass die »Schwere Vorfabrikation« von Fassadenelementen auch unter heutigen Anforderungen ein großes Potenzial aufweist und in diesem Sinne wegweisend sein kann für weitere Anwendungen.

Zum Einsatz kommen vorfabrizierte, außen leicht gewaschene Beton-Sandwichelemente, die bewegte Abwicklungen aufnehmen können und das Ganze zu einem relativ homogenen Bild führen. Die geschosshohen Lücken zwischen den Wandplatten ergeben die Öffnungen.

Abb. 16, 17, 18
Fertigteilelemente Wohnüberbauung »Stöckenacker«, von Ballmoos Krucker Architekten

Im vorliegenden Fall haben wir aus entwerferischen und konstruktiven Überlegungen heraus die Eckausbildung der Elemente nicht auf die dünne äußere Schicht des Sandwichs bezogen, sondern auf die ganze Wanddicke bis zum Fensteranschlag. Das heißt, dass die äußere Betonschale dreiseitig umlaufend ist und dadurch eine massive Erscheinung erhält.

Ein weiteres Merkmal der Detaillierung liegt in der Verzahnung der Elemente, die liegende Silikonfugen vermeidet und geeignet ist, Rollläden aufzunehmen. In analoger Weise zeigt sich diese Verzahnung am Dachrand, an dem auch wieder Elemente mit umlaufenden Ecken vorkommen: Mit solchen Deformationen werden räumlich ziemlich komplexe Elemente erzeugt, die höchste Anforderungen an die Planung und Ausführung stellen. In diesem Sinne wurde hier die Grenze der Betonvorfabrikation gesucht.

Die Verzahnung der Elemente wird auch ästhetisch wirksam, indem die einzelnen Wandelemente leicht figurative Qualitäten erhalten. Solche Maßnahmen erhöhen die Präsenz und Kraft der Teile und ergeben einen Zusammenhang und eine Art Identität, die zur spezifischen Wirkung der ganzen Siedlung beiträgt.

Zudem wurden die meisten der umliegenden Überbauungen aus den 1970er-Jahren in dieser Elementbauweise realisiert: So wird auch auf der Ebene der Herstellung der Gebäude trotz der relativen Härte der ganzen Anlage eine Rückbindung an den Ort erreicht.

Gerade in der – möglicherweise auch gefährlichen – Nähe zu diesen Bauten werden jedoch ganz andere Ziele verfolgt: Urbane Einbindung in diesem typologisch kaum fassbaren Gebiet, Erzeugung von Identität und Charakter bei einem hohen Grad an Neutralität und Aktualisierung einer technisch bewährten Bauweise. Letztlich steht hinter dieser Arbeit ein entwerferisches und architektonisches Interesse, das von einer Haltung geprägt ist, die versucht, mit dem Ergebnis etwas von dem zu vermitteln, was der Archtekturtheoretiker Bruno Reichlin in Anlehnung an Ezio Manzini als »listige Rationalität« bezeichnet hat.[12]

Um in diesem Umfeld begrenzter Spielräume doch zu neuen Erkenntnissen und neuem Handlungsspielraum zu gelangen, ist es unumgänglich, sich auch als Architekt mit der historischen Entwicklung zu beschäftigen und die Auswirkungen solcher Technologien auf das architektonische Objekt und das gesellschaftliche Umfeld zu analysieren. Die detaillierte Kenntnis der Geschichte, auch der jüngsten, ist geeignet, eine wesentliche Grundlage zu bilden im Hinblick auf einen bewussteren Umgang mit der Tragweite von an sich ‚nur' technischen Entwicklungen auf die Architektur und auf die ganze Lebenswelt.

Der Text basiert auf einem Beitrag in: Arthur Rüegg / Bruno Krucker: Konstruktive Konzepte der Moderne. Sulgen 2001.

Anmerkungen

1. Zu Frankreich: Anatole Kopp / Frédéric Boucher / Danièle Pauly: L'architecture de la reconstruction en France. Paris 1982. In kürzerer Form: Marcel Meili / Markus Peter: Bauen in Frankreich (nach 1944). In: archithese 5 (1984).
2. Dazu Bruno Reichlin: Maison du Peuple in Clichy. Ein Meisterwerk des ‚synthetischen' Funktionalismus?, Daidalos 188 (1985).
3. In diese Reihe gehört auch die kurz vorher von Beaudouin und Lods realisierte Siedlung »Cité du Champ des Oiseaux« in Bagneux, bei der das beschriebene Prinzip von Mopin in Frankreich zum ersten Mal direkt angewandt wurde. Publiziert etwa in: L'Architecture d'aujourd'hui 2 (1932). Zu Drancy: Science et Industrie 12 (1933), L'Ossature métallique 4 (1934) und 6 (1937) zur 2. Etappe, La Technique des Travaux 11 (1934).
4. Genauer ausgeführt in: A. E. J. Morris: Precast Concrete in Architecture. London 1978.
5. Publiziert etwa in: Alfred Roth: Die Neue Architektur 1930–1940. Zürich 1941.
6. In: Techniques et Architectures 9/10, 11/12 (1952).
7. Zusammen mit dem Architekten Paul Virilio publizierte er die Zeitschrift »Architecture Principe«, deren Thesen und Projekte zur Zeit wieder breit rezipiert werden, etwa in: The Function of the Oblique. The Architecture of Claude Parent and Paul Virilio 1963–1969. London 1996.
8. Als Überblick: Jean-François Dhuys: l'architecture selon Emile Aillaud. Paris 1983.
9. Dazu: Ulrike Jehle-Schulte Strathaus / Martin Steinmann (Hg): Diener & Diener. Basel 1991. Darin vor allem der Aufsatz von Marcel Meili.
10. Für einen Überblick über den Stand der Entwicklung vgl. Max Bill: Wiederaufbau. Zürich 1947.
11. Publikation der Überbauung in: archithese 01 (2003), werk, bauen und wohnen 7/8 (2003).
12. Bruno Reichlin: Den Entwurfsprozess steuern – eine fixe Idee der Moderne?, Daidalos 71 (1999), S. 6–21, vor allem ab S. 18.

ABBILDUNGSNACHWEIS

Titel Firmenarchiv der Wayss & Freytag Schlüsselfertigbau AG **2, 3, 6** Foto Deutsches Museum, München **7** Firmenarchiv der Wayss & Freytag Schlüsselfertigbau AG **10, 11** Firmenarchiv der Züblin AG **12|1** Helmuth Albrecht: Kalk und Zement in Württemberg. Industriegeschichte am Südrand der Schwäbischen Alb (=Schriften des Landesmuseums für Technik und Arbeit in Mannheim 4). Verlag Regionalkultur, Ubstadt-Weiher 1991, S. 184 **|2** Gustav Haegermann: Vom Caementum zum Spannbeton. Beiträge zur Geschichte des Betons, Bd. I, Teil A. Bauverlag, Wiesbaden / Berlin 1964, S. 39 **13|4** Handbuch der Architektur, Teil 3, Bd. 2: Raumbegrenzende Konstruktionen, Heft 1, S. 117. Zeichnung aus der Publikation von B. Liebold 1875 **|5** B. Liebold: Der Zement in seiner Verwendung im Hochbau und der Bau mit Zement-Béton. Knapps Verlagsbuchhandlung, Halle 1875; wie 13|4, S. 124. Zeichnung von Dollinger 1870 **14|6-7** Peter Collins: Concrete. The Vision of a New Architecture. Faber & Faber, London 1959, Abb. 27a, 27b **15|10** Bruce B. Pfeiffer: Frank Lloyd Wright. Taschen, Köln 1991, S. 26 **16|11-12** W. Boesiger / O. Stornorov: Le Corbusier et Pierre Jeanneret. Œuvre complète 1910–1929. Edition Giersberger, Zürich 1964, S. 23, 46 **|3** Alfred Roth: Zwei Wohnhäuser von Le Corbusier und Pierre Jeanneret. Nachdruck Karl Krämer Verlag, Stuttgart 1977, S. 12 **17|14** Karin Kirsch: Die Weißenhofsiedlung. Werkbund-Ausstellung »Die Wohnung«. Stuttgart 1927, S. 120 **|5** Mayèlene Ferrand u. a.: Le Corbusier: Les Quartiers Modernes Frugès. Fondation Le Corbusier, Paris. Birkhäuser, Basel / Boston / Berlin 1998, S. 33 **18|17** Ed. Jobst Siedler: Lehre vom Neuen Bauen. Bauwelt Verlag, Berlin 1932, S. 38 **19|18-19** Kurt Junghanns: Das Haus für Alle. Zur Geschichte der Vorfertigung in Deutschland. Ernst & Sohn, Berlin 1994, S. 126 f. **20, 21|21-22** Ernst Neufert: Bauordnungslehre. Verlag Volk und Reich, Berlin 1943, S. 456, 471 **24, 25** Foto Deutsches Museum München **26** Transcription calligraphique de Pascal Sigrist, élève architecte à l'EPFL en 1996 **30** IFA, Fonds Hennebique **36, 37|9-12** Archives de la Ville de Lausanne **38|13** Francis de Jong, Bibliothèque cantonale et universitaire de Lausanne **45|10-11** H. Grzegorz / F. Kaufmann: Wohnhochhäuser in Feidner-Bauweise, Bauwelt 20 (1954), S. 384-38 **50|1-3** Hartwig Schmidt, Karlsruhe **51|4-5** Der Portland-Cement und seine Anwendungen im Bauwesen, bearbeitet im Auftrage des Vereins Deutscher Portland-Cement-Fabrikanten. Berlin 1892, S. 278 **52, 53** Stadtarchiv Holzminden, E. 4 Nr. 216 **54, 55|6-8** Landkreis Holzminden, Bauamt **58, 59** Firmenarchiv der Züblin AG **61|1** L. Scarpa: Martin Wagner und Berlin. Architektur und Städtebau in der Weimarer Republik. Braunschweig 1986, S. 171 **62|2** Kaiser & Schlaudecker, Rheinpfälzische Eisenindustrie, St. Ingbert, Saar **63|4** Arthur Köster, Akademie der Künste Berlin **64|6** Bezirksamt Reinickendorf, Bau- und Wohnaufsichtsamt **|7** Bauwelt 48 (1930), S. 6 **65|8** Bauwelt 34 (1986) **|9** DBZ – Deutsche Bauzeitung 64 (1930), S. 130 f. **67|10-11** Hans Spiegel: Der Stahlhausbau, Bd. 1: Wohnbauten aus Stahl. Leipzig 1928, S. 117 **68|12-13** A. Sigrist: Das Buch vom Bauen. Berlin 1930, S. 48 **69|14** Brüder Luckhard und Alfons Anker. Berliner Architekten der Moderne, Schriftenreihe der Akademie der Künste, Band 21. Berlin 1990, S.224 **|15** wie 69|14 S. 151 **70|16** Hans Spiegel: Der Stahlhausbau, Bd. 1: Wohnbauten aus Stahl. Leipzig 1928, S. 122 **|17** Neue Bauten der Richter & Schädel GmbH. Berlin-Steglitz. Berlin o. Jg. (um 1930) **71|18** W. Rein: Der Stahlskelettbau – seine Eigenschaften und Konstruktionen. Dresden 1930 (7. Folge), S. 47, Abb 34 **|19** wie 71|18, Abb. 35 **72|20** G. Wellershaus, Forschungssiedlung Spandau-Haselhorst. In: Die Wohnung, Zeitschrift für Bau- und Wohnungswesen 6 (1931), Heft 6, S. 57 **73|21** wie 72|20, Heft 7, S. 179, Abb. 1 **74|22** wie 72|20, Heft 7, S. 179, Abb. 2 **74** wie 72|20, Heft 7, S. 180, Abb. 4 **75** wie 72|20, Heft 7, S. 179, Abb. 3 **78|1** Baujahrbuch – Jahrbuch für Wohnungs- und Bauwesen 3 (1926/27), Anzeigenteil **78, 79|2-3** Bauwelt 17 (1926), Heft 12, S. 273, 275 **|4** Baujahrbuch – Jahrbuch für Wohnungs- und Bauwesen 3 (1926/27), S. 701 **80|5-6** Bibliothek der Unterhaltung und des Wissens (50) 1926, Bd. 11, S. 129, 131 **|7** Wohnungswirtschaft 3 (1926), Nr. 11-14, S. 109 **81|8** Deutsche Bauzeitung 60 (1926), Beilage Konstruktion und Ausführung, Heft 15, S. 115 **|9** Der Bauingenieur 7 (1926), Heft 14, S. 287 **82|10** Wohnungswirtschaft 3 (1926), Nr. 11-14, S. 110 **|11** Bibliothek der Unterhaltung und des Wissens 50 (1926), Bd. 11, S. 135 **|12** Deutsche Bauzeitung 60 (1926), Beilage Konstruktion und Ausführung, Heft 15, S. 115 **83|13** Heim und Garten, Beilage zum Reichsbund 4 (1927), Nr. 4, S. 25 **86, 87** Firmenarchiv der Züblin AG **89, 90|1-2** Bauhaus-Archiv Berlin **|3** Ivonne Jäger, Stiftung Bauhaus Dessau **91|4** Bauhaus-Archiv Berlin **92|5-6** Martin Tamke, Stiftung Bauhaus Dessau **93, 94|7-9** Bauhaus-Archiv Berlin **95|10** Stiftung Bauhaus Dessau, Foto: Florian Monheim **97, 99, 100|1-4** RDMZ, Zeist **100, 101|5-7** Municipal Housing Department, Amsterdam **102|8** NDB Amsterdam **104|9** RDMZ, Zeist **|10** Municipal Housing Department, Amsterdam **108, 109** Firmenarchiv der Züblin AG **111|1** Grafik des Verfassers, Daten aus: F. Keil: Deutscher Zement 1852–1952, herausgegeben vom Verein Deutscher Portland- und Hüttenzementwerke e. V., Bauverlag, Wiesbaden 1952, S. 149; Bundesverband der Deutschen Zementindustrie (Hg.): Zahlen und Daten, 1996; Die Baustoffindustrie krankt an ihren Überkapazitäten. Firmenbericht der Readymix AG, Beton und Fertigteil 7 (2001), S. 123 **112|2** Grafik des Verfassers, Daten aus: HSBC. The European Cement and Aggregate Review. February 2001 **113|3-4** Grafiken des Verfassers **115|5** Grafiken des Verfassers, Daten aus: H. Kloft: Untersuchungen zu den Material- und Energieströmen im Wohnungsbau. Diss. TU Darmstadt, Institut für Statik (Bericht Nr. 15), 1998; J. Tränkler: Bauschuttentsorgung. Entwicklung